U0605520

天地一体化应急导航增强技术与系统

范广腾　徐学永　张爽娜
曹　璐　王锦晨　张瑞辰　编著

国防工业出版社
·北京·

内 容 简 介

本书通过分析历史案例，强调了在应急情况下提高导航精度和可靠性的迫切需求。书中详细介绍了天地一体化应急导航增强技术的组成、服务模式、技术细节与功能需求，构建了覆盖系统设计、服务部署到应用验证的完整技术体系，为读者提供了一个全面的视角，以理解应急导航增强系统的设计和应用。本书旨在推动应急导航增强系统向更快速、智能、精准、可靠的方向发展，为卫星导航与导航增强领域的研究和实践提供技术支撑。

本书适合卫星导航与导航增强领域的学生、研究人员和从业人员参考学习。无论是在学术研究还是实际工作中，本书都能帮助读者构建对应急导航增强系统全面而深入的理解，提高应对应急场景下导航保障需求的系统化解决方案设计的能力。

图书在版编目（CIP）数据

天地一体化应急导航增强技术与系统／范广腾等编著. -- 北京：国防工业出版社，2025. 6. -- ISBN 978 - 7 - 118 - 13580 - 0

Ⅰ. P228. 4

中国国家版本馆 CIP 数据核字第 2025G90W94 号

※

*国防工业出版社*出版发行

（北京市海淀区紫竹院南路 23 号　邮政编码 100048）

三河市天利华印刷装订有限公司印刷

新华书店经售

*

开本 710×1000　1/16　印张 14¼　字数 252 千字

2025 年 6 月第 1 版第 1 次印刷　　印数 1—1500 册　　定价 109.00 元

（本书如有印装错误，我社负责调换）

国防书店：（010）88540777　　书店传真：（010）88540776

发行业务：（010）88540717　　发行传真：（010）88540762

前　言

随着科技的不断进步，卫星导航在应急保障中扮演着越来越重要的角色，但实际应用中仍存在部分环境下无法应用的问题。通过天地一体化应急导航系统的构建能够有效解决这一问题。

本书正是基于这一背景，旨在全面梳理和探讨天地一体化应急导航技术的现状、系统组成、基本原理及未来发展趋势。在撰写过程中，我们深感天地一体化应急导航领域的复杂性和挑战性。每一项技术的突破都需要科研人员付出巨大的努力和智慧。同时，我们也看到了这些技术在应急领域中的广泛应用和巨大潜力。

作为一名基层科研工作者，学习同行的经验和做法已成为习惯。互联网、书籍、文件、学术报告，国内外尖端的科研成果和学术研究成果都成为本书重要的参考资料。本书中的内容有的是本单位、本系统的成果，有的是兄弟单位的成功实践，有的列入了参考书目，有的因为作者疏漏没有列入，在此均表示感谢。

本书从确定思路，组织编写，再到完成全书撰写，得到了诸多同志的倾心帮助，在此对他们一并表示感谢。范广腾、徐学永、张爽娜、曹璐拟定了全书编写提纲、各章编写思路以及要点，范广腾、曹璐、张瑞辰负责第 1 章的撰写，徐学永、王锦晨负责第 2 章的撰写，张爽娜、范广腾、曹璐负责第 3 章的撰写，范广腾、张爽娜、王锦晨负责第 4 章的撰写，徐学永、张爽娜、王锦晨负责第 5 章的撰写，范广腾、张瑞辰、张爽娜负责第 6 章的撰写。全书由张瑞辰、龚子良统稿整理，徐宇航负责校对。

展望未来，天地一体化应急导航增强系统的发展前景广阔。我们相信，在科研人员的共同努力下，这一领域将不断取得新的突破和进展，为在特殊场景下导航的可用性提升做出更大的贡献。我们也期待更多的读者能够关注这一领域的发展动态，共同推动应急导航技术的进步和应用。

最后，感谢所有参与本书编写、校对和出版工作的同志们的辛勤付出和无私奉献。愿本书能够成为天地一体化应急导航领域的一本经典之作，为相关领域的发展贡献一份力量。有不妥之处，敬请读者斧正。

作者
2024 年 11 月于北京

目　录

第1章 **概述** ··· 1

1.1　军事领域应急导航增强典型需求场景 ······························· 2

1.2　民用领域应急导航增强典型需求场景 ······························· 6

1.3　天地一体化应急导航增强系统功能和特点 ····················· 11

第2章 **现有导航增强系统现状** ··· 12

2.1　现有卫星导航系统 ··· 12

2.1.1　美国 GPS ··· 12

2.1.2　俄罗斯 GLONASS ·· 15

2.1.3　欧盟 Galileo 卫星导航系统 ························· 16

2.1.4　中国北斗卫星导航系统 ································ 17

2.1.5　其他卫星导航系统 ······································ 18

2.2　天基导航增强系统 ··· 19

2.2.1　传统星基增强系统 ······································ 19

2.2.2　低轨卫星增强系统 ······································ 23

2.3　地基导航增强系统 ··· 28

2.3.1　地基定位精度增强系统 ································ 28

2.3.2　地基定位可用性增强系统 ···························· 32

2.4　现有应急导航增强系统现状分析 ································· 40

2.4.1　天基导航增强系统的特点 ···························· 41

2.4.2　地基增强系统的特点 ··································· 42

第3章 **天地一体化应急导航增强系统服务能力** ··········· 45

3.1　系统基本组成 ·· 45

3.1.1　应急导航增强服务侧 ··································· 46

　　　3.1.2　应急导航增强应用侧 ･･････････････････････････ 47

　3.2　系统服务模式 ････････････････････････････････････ 48

　　　3.2.1　高精度增强模式 ････････････････････････････ 48

　　　3.2.2　高可用增强模式 ････････････････････････････ 51

　3.3　系统工作原理 ････････････････････････････････････ 53

　　　3.3.1　精度增强服务工作原理 ････････････････････ 53

　　　3.3.2　可用性增强服务工作原理 ･･････････････････ 55

第4章　应急导航增强系统服务侧 ･･････････････････････････ 57

　4.1　应急增强系统时空基准 ････････････････････････････ 57

　　　4.1.1　基于低轨卫星辅助的时空基准建立 ･･････････ 57

　　　4.1.2　基于空时频抗干扰手段的时空基准建立 ･･････ 64

　　　4.1.3　基于网络协同测量的时空基准建立 ･･････････ 75

　　　4.1.4　基于精密单点定位的时空基准建立 ･･････････ 81

　4.2　应急导航增强系统信号体制 ･･･････････････････････ 88

　　　4.2.1　应急高精度增强播发信息设计 ･･････････････ 88

　　　4.2.2　导航信号增强 ･･････････････････････････････ 99

　4.3　应急导航增强系统服务平台 ･････････････････････ 109

　　　4.3.1　应急导航增强定位增强服务 ･･････････････ 109

　　　4.3.2　应急导航增强服务节点指挥调度服务 ･････ 147

第5章　应急导航增强系统应用侧 ････････････････････････ 172

　5.1　终端基本组成 ･･････････････････････････････････ 172

　　　5.1.1　终端功能指标 ････････････････････････････ 172

　　　5.1.2　终端总体架构 ････････････････････････････ 173

　　　5.1.3　终端模块设计 ････････････････････････････ 174

　5.2　精度增强应用终端定位算法 ･･･････････････････････ 186

　　　5.2.1　位置差分 ････････････････････････････････ 187

　　　5.2.2　伪距差分 ････････････････････････････････ 188

　　　5.2.3　载波相位差分 ････････････････････････････ 189

　5.3　可用性增强应用终端定位算法 ･････････････････････ 194

　　　5.3.1　独立定位算法 ････････････････････････････ 194

　　　5.3.2　融合定位算法 ････････････････････････････ 200

第 6 章 应急导航增强系统未来发展趋势 ······ 208

6.1 通导一体化 ······ 208

6.2 协同导航 ······ 212

参考文献 ······ 217

第1章
概　　述

自 20 世纪 60 年代美国建设全球卫星定位系统（Global Positioning System，GPS）以来，卫星导航定位系统（Satellite Narigation and Positioning System，SNPS）以其全天候、广覆盖、开放免费等特性，成了全球用户最主要的定位手段，是现代社会中必不可少的一个环节。现已建成的美国 GPS、俄罗斯导航系统（Global Navigation Satellites System，GLONASS）、欧盟伽利略（Galileo）系统以及中国北斗导航系统为代表的全球四大卫星导航系统，广泛应用于民航、交通运输、海上作业、地表测量、军事作战等领域。但是，卫星导航定位系统也有一定的局限性，如卫星信号到达地面时功率低容易被遮挡和干扰、信号频段高绕射能力差等，导致其在遮挡空间、室内、地下以及电磁干扰等复杂环境下难以应用。为了提升卫星导航在复杂环境下的定位精度和可用性，建设了天基、地基等各类导航增强系统。例如，星基增强系统（Satellite - Based Augmentation System，SBAS）、北斗地基增强系统等，但上述系统属于时空基础设施，建设成本高，部署周期长，难以满足灾害救援、军事行动等应急场景下的导航增强需求。

天地一体化应急导航技术与系统专注于满足紧急情况下对导航精度和可靠性的迫切需求，这些技术致力于在缺乏地面基础设施的环境中，迅速实现高精度定位，并依托伪卫星基站的快速组网等关键技术，打造以天基低轨卫星为核心，融合地基机动增强系统和伪卫星系统的综合性应急导航增强体系。这一体系旨在显著提高在灾后救援和军事行动等紧急情况下的导航定位精度和系统的可用性，确保在关键任务中提供无所不在的精确导航能力。

具体而言，应急导航技术的发展紧密围绕两大类核心需求：高精度增强

Ⅰ和高可用增强Ⅱ。

1. 高精度增强 Ⅰ

这一需求的核心目标是提供极其精确的定位信息，使用户能够在紧急情况下，如灾后救援或军事行动中，准确地识别和锁定目标位置。这通常涉及先进的定位算法和高精度的测量技术，以确保即使在没有地面基础设施支持的情况下，也能实现分米、厘米甚至毫米级的定位精度。

2. 高可用增强 Ⅱ

这一需求的核心目标是在各种苛刻的环境条件下，如城市峡谷、室内环境、山区、矿井、隧道等，确保定位服务的连续性和可靠性。这需要通过伪卫星基站的快速组网、机动增强系统和天基低轨卫星的协同工作，来增强或替代可能受到干扰或遮挡的天基导航信号，从而提供无缝的导航服务。

这两大类应急导航需求在军事和民生领域均有典型的应用场景，在本章下面的内容中，通过实际案例来展示应急导航系统在这两个领域的重要作用和它不可或缺的价值。首先，探讨应急导航系统如何在军事行动和民用应急响应中提供关键支持，以及缺乏必要应急导航手段的影响；然后，探讨全球范围内应急导航增强系统技术进步的概况。

1.1 军事领域应急导航增强典型需求场景

在现代军事冲突中，精确的导航和定位能力是实现战术优势和战略目标的关键。应急导航增强系统在这一领域的需求日益凸显，它们在确保部队部署、武器精确打击、情报收集和战场态势感知等方面发挥着至关重要的作用。从特种部队的深入敌后行动到大规模的装甲部队机动，从空中打击的精确制导到海上力量的导航与定位，每一个环节都离不开对高精度导航能力的依赖。

在这样的背景下，应急导航增强系统成了军事领域中不可或缺的技术支撑。它们不仅需要在复杂的战场环境中提供连续、可靠的定位信息，还要在面对敌方干扰和攻击时保持高度的抗干扰能力和冗余性。无论是在城市峡谷、山区密林，还是在开阔的沙漠或海洋，应急导航系统都必须能够提供精确的定位服务，以支持军事行动的有效执行。

GPS 作为定位、导航和授时（Positioning Navigation and Timing，PNT）的核心技术，已被全球广泛应用。然而，随着国际局势的变化，特别是在俄乌冲突和巴以紧张局势的影响下，GPS 干扰和欺骗活动显著增加，暴露出目前全球导航卫星系统（Global Navigation SatelliteSystem，GNSS）存在的脆弱性。

安全专家担忧，GPS 信号可能易受干扰、网络攻击甚至是动能反卫星武器的影响，这对国家安全、军事行动乃至日常生活的多个方面构成潜在威胁。各国军事领导层普遍认识到，在现代冲突中，GPS 很可能会成为攻击的首要目标。为了应对这种不断升级的威胁，各国正加紧研发新技术，旨在提供 GPS 增强或替代方案，确保在危机时刻能够排除 GPS 干扰，同时为快速有效的部署和行动提供高精度、高可用的定位导航支持。其中，高精度导航增强提供了必要的定位精度，以确保军事行动的精确性；高可用导航增强则确保了在任何情况下，导航服务都不会轻易被中断，从而保障了军事行动的连续性和稳定性。

案例一：伊拉克战争

在伊拉克战争期间，美军的"蓝军追踪系统"（Blue Force Tracking System，BFTS）发挥了重要作用。美军在军事演习中通常将己方称为蓝军，而将假想敌称为红军，并在沙盘上演练时用红色和蓝色的小旗标记双方的作战态势。因此，美军最早研发的用于追踪己方部队位置的系统自然而然地称为蓝军跟踪。蓝军跟踪是敌我识别的一个重要组成部分，但它与单纯的敌我识别有所不同。敌我识别侧重于实时探测目标特征并辨明身份，以决定是否发动攻击；而蓝军跟踪则着重于掌握己方部队的位置、状态和行动意图，美国士兵正在配置蓝军跟踪设备如图 1-1 所示。

图 1-1　美国士兵正在配置蓝军跟踪设备

根据 2003 年 9 月 15 日美国《航天》网站的报道，一位美国空军官员指出，在伊拉克战争中，美军取得了重大胜利，其中一个关键因素就是使用了新研发的基于 GPS 技术的蓝军跟踪系统来进行友军位置跟踪，从而避免友军误伤。在伊拉克战争中，美国陆军的第一个数字化师——第 4 步兵师的 3 个旅中，有 2 个旅装备了蓝军跟踪系统，每个旅配置了 300 套设备。在阿富汗和伊拉克的实战验证了蓝军跟踪系统的有效性，误伤率从海湾战争时期的 24% 降低到了伊拉克战争主要战斗阶段的 11%，而对于装备了蓝军跟踪系统的部队来说，误伤事件则完全没有发生。

伊拉克战争的经验表明，蓝军跟踪系统极大提升了友军之间的协同作战效率。尽管指挥官们对其给予了高度评价，但也指出了系统在位置数据实时更新方面的不足。在当前全球局势日益复杂化的背景下，美军面临着更为多变的战场环境，尤其是在 GPS 信号可能遭受干扰和欺骗的情况下，美军迫切需要提升蓝军跟踪系统的高精度定位能力。美军高层的目标是实现对每个友方单位的实时、高精度定位，以减少在紧张战场环境中的友方误判和误伤情况。为此，美军正在探索使用地基增强站来提供局部增强信号的方案，以实现在特定区域内的高精度导航。这种应急导航增强方案能够在卫星导航信号受到干扰或遮挡时，提供一种备份手段，确保关键操作的连续性和准确性。通过这些努力，美军旨在提高其导航系统的稳健性，以应对现代战争中 GPS 可能面临的各种威胁。

案例二：巴以冲突

2023 年 10 月，巴以之间爆发了新一轮的大规模冲突。同年 10 月 15 日，以色列国防军宣布，为了满足多种作战需求，将对作战区域内的 GPS 使用加以限制。据报道，在经历哈马斯的突袭后，以色列开始部署一个广泛的系统，通过干扰北部空域的 GPS 信号来阻止来自黎巴嫩真主党和哈马斯的无人机与导弹袭击，如图 1-2 所示，以色列军队使用欺骗技术能够使依赖于 GPS 信号的飞机和精确制导导弹偏离预定的目标。尽管以色列政府没有公开具体的技术细节，但一些专家推测，这可能是通过使用 GPS 信号欺骗装置实现的。这种装置可能在捕获到真实的 GPS 信号之后，再使用经过修改的信号，从而干扰无人机、导弹等装备上接收设备的定位计算，使其无法准确定位和导航。

图 1-2　以色列铁穹拦截哈马斯火箭弹

案例三：俄乌冲突

自 2022 年 2 月爆发的俄乌冲突已超过两年，在此期间双方及其支持者，包括美国和北约，均投入了大量资源。据报道，俄罗斯和乌克兰在这场冲突中都采用了 GPS 干扰技术。美国太空军指出，自冲突开始，俄罗斯就一直在干扰乌克兰军队使用的 GPS 卫星信号。美国鹰眼 360 公司披露，俄罗斯在 2022 年 2 月的特别军事行动前，就开始对乌克兰和白俄罗斯边境地区发射 GPS 干扰信号，以此阻断当地的 GPS 导航和定位服务。鹰眼 360 公司的首席执行官透露，公司自 2021 年秋季就开始监测并收集 GPS 干扰信号，这些信号被识别为监测军事活动的重要指标。公司持续在东欧地区收集这类信号，为分析潜在军事行动提供数据支持。在俄罗斯对乌克兰发起进攻前不久，鹰眼 360 公司的分析师在切尔诺贝利北部地区侦测到了 GPS 干扰，这一发现揭示了俄罗斯军事行动中电子战战术的运用，这种战术显著削弱了乌克兰的防御能力。

此外，2021 年 11 月在卢甘斯克和顿涅茨克地区的亲乌和亲俄部队间的边界附近也出现了 GPS 干扰，严重影响了该地区无人机的运营。这些情况凸显了现代战争中导航干扰技术的威胁，清楚地表明了作战装备不能完全依赖于 GNSS 信号进行导航。为了应对这种人为蓄意的干扰，可以采用地面伪卫星系统作为备份，实时接管导航任务，确保导航系统的连续运行和可靠性。因此，开发和部署应急导航增强系统变得尤为关键，它们能够在 GNSS 信号被拒止或受到干扰的环境中提供必要的导航能力，保障作战行动的顺利进行。这种增强系统对于维护战场优势和提高作战效率至关重要。

案例四：黎以冲突

在黎巴嫩与以色列的紧张关系不断升级的背景下，GPS 信号的中断成了一个严重的问题。特别是在 2024 年 9 月 28 日，以色列对黎巴嫩贝鲁特南部的空袭导致黎巴嫩真主党领导人纳斯鲁拉遇难。空袭之后，黎巴嫩南部的华人社区遭遇了谷歌地图服务的异常，他们的手机定位信息错误地显示在邻国约旦，使得一些居民外出时迷路。有关分析人士指出，纳斯鲁拉遇袭时谷歌地图服务的中断，很可能是由于 GPS 信号遭受了"阻塞式干扰"。这种干扰可能是以色列利用高性能电子战设备对黎巴嫩地区的 GPS 信号进行的，目的是阻止黎巴嫩方面使用 GPS 信号进行导弹拦截或反击。

在过去的一年里，以色列的干扰导致黎巴嫩频繁接收到错误的 GPS 定位信息，严重扰乱了包括出租车、海运、航空客运在内的陆海空交通，对生产生活秩序造成了极大影响。特别是对降落航班的干扰，错误的航空信息虚构了周边的空情与地情，使清空的空域出现虚假的飞机信息，甚至明明是机场的地方却被显示为一座山，严重影响了航空安全。

退一步讲，在城市作战环境中，即使敌方没有采用电子战手段中断 GPS 信号，GPS 信号仍有可能因为高楼大厦的遮挡而变得不可用。鉴于 GPS 信号的不稳定性，在战争中进行应急导航可用性增强的需求变得尤为迫切。在上述情况下，需要布设导航增强设备，如部署车载伪卫星系统，以确保基础导航服务的连续性。车载伪卫星系统的优势在于其灵活性和高效性，它能在战场环境中提供精确的定位、导航和授时服务。此外，该系统还具备短报文通信功能，这在 GPS 信号受阻或被干扰时尤为重要。在黎巴嫩等地区，车载伪卫星系统可以为军方行动和民间导航提供坚实的支持，如图 1 - 3 所示确保关键操作不会因为导航信号的中断而受到影响，从而在现代战争中保持作战优势。

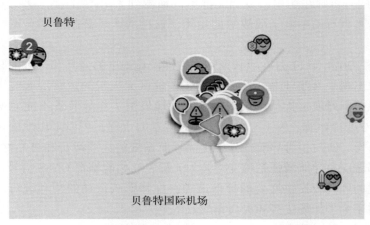

图 1 - 3   以色列特拉维夫的司机发现导航定位在贝鲁特

1.2   民用领域应急导航增强典型需求场景

在非战争状态下，应急导航增强系统的应用需求主要聚焦于民间领域，尤其是应急救灾和灾害减灾。面对地震、洪水或飓风等自然灾害的突袭，常规的导航与通信设施往往首当其冲，遭受毁灭性打击。这种情形下，救援队伍迫切需要一套独立于传统设施之外的导航和通信方案，以保障搜救行动的顺利进行。应急导航增强系统在这一背景下显得尤为重要，它能够提供一种备份手段，确保在关键时刻能够进行有效的定位和导航。无论是在灾区内部进行快速部署，还是在偏远地区、地下空间或者隧道矿井提供持续的监控和支持。

　　通过提供高精度的定位信息,这类系统显著提高了救援效率和成功率,使得救援队伍能够快速准确地到达受灾区域,及时展开救援行动。这样,高可用应急导航增强系统则在此基础上增加了系统的可靠性和稳定性。它通过多重冗余和故障转移机制,确保即使在部分系统受损的情况下,也能维持关键的导航和通信功能。高精度、高可用的应急导航增强系统使得救援队伍在面对复杂多变的灾害环境时,能够持续依赖这些系统进行救援工作,从而最大限度地减少灾害带来的损失和影响。

　　场景一:高层建筑火灾救援

　　在现代社会,高层建筑火灾是一个严重的公共安全隐患。根据国家消防部门的数据,在 2023 年的前 10 个月中,全国共记录了超过 74.5 万起火灾事件,造成了 1381 人死亡,2063 人受伤,并导致了大约 61.5 亿元人民币的直接经济损失,这些数据反映了火灾对我们社会安全与经济发展的重大威胁。随着城市化进程的加快,建筑物的高度不断增加,结构设计更加复杂,这样虽然满足了人们对美观和功能性的需求,但也增加了火灾发生时人员疏散的难度,纽约特朗普大厦火灾如图 1 - 4 所示。

图 1 - 4　纽约特朗普大厦火灾

　　传统导航系统在高层建筑内部或密集的城市环境中,尤其是在烟雾弥漫的情况下,可能无法提供可靠的高精度位置信息,降低了消防员的救援效率,从而造成严重的人员财产损失。应急导航增强系统通过增强导航信号,即使在信号受阻或干扰的环境中也能提供高精度的定位信息。例如,基于浮空器平台的应急导航增强系统能够在高层建筑火灾中提供持续稳定的导航服务,帮助被困人员迅速定位并提供逃生路线指导,同时也使救援队伍能够快速准确地抵达受灾现场。

场景二：地震救援

地震发生后，基础设施往往会遭受严重破坏，道路坍塌、桥梁断裂，使得救援通道阻塞，通信设施损毁，导致信息传递受阻。以2008年的汶川地震为例，地震造成了大量基站和通信设备的损毁，通信中断使得救援工作面临巨大挑战。在这种情况下，震后地形地貌的剧烈变化还可能引发滑坡、泥石流等次生灾害，进一步增加了救援工作的难度和危险性。2008年汶川8.0级地震诱发了超过5.6万起山体滑坡，大多数滑坡分布于山坡和峡谷中，在震后强降雨的作用下导致泥石流发生频率急剧增加。汶川地震之后泥石流的长期活动给当地的生产生活带来了极大的威胁，其中以2010年8月14日发生在龙池镇和映秀镇，2013年7月10日发生在汶川的群发型泥石流最为严重。

应急高精度导航增强技术在地震发生后的灾区地质变化监测中发挥着重要作用。应急高精度导航增强技术通过集成北斗卫星导航系统、空地基应急导航增强服务节点以及其他传感器技术，如倾角计、加速度计、雨量计和土壤含水率计，能够实时监测和分析山体的微小位移和形变。这些技术可以提供毫米级的定位精度，实时捕捉到地形变化、降雨量增加等关键指标，从而预测山体滑坡和泥石流等地质灾害的发生。结合人工智能算法和大数据分析，系统能够处理和分析监测数据，及时发出预警信号，为灾害预防和应急响应提供科学依据，有效地提升了灾害监测的准确性和预警的时效性，从而确保救援人员和受灾群众的安全。例如，在2022年9月5日12时52分，四川甘孜州泸定县发生了6.8级地震，震源深度16km。地震发生后，应急管理部指挥中心迅速获取并分析了泸定县地震灾后的遥感影像图，如图1-5所示。影像显示，在震中3km范围内的海螺沟景区，检测到了一处山体滑坡，导致大约200m的道路损毁。灾情一经确认，当地抢险救援力量立即赶赴现场，展开紧急的抢险处置工作。

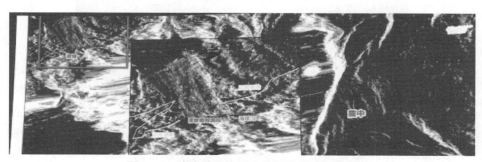

图1-5 泸定地震灾后山体滑坡遥感影像图

通过应用这些高精度导航增强技术，抗震救灾的效率得到了显著提升，保障了更多生命的安全。因此，高精度导航增强技术在地震救援中发挥着至关重要的作用，它是提高救援效率、保障人员安全的关键技术之一。

场景三：矿井救援

2023 年以来，我国煤矿事故出现反弹。根据国家统计局 2024 年 2 月 29 日发布的《中华人民共和国 2023 年国民经济和社会发展统计公报》，2023 年全国各类生产安全事故共造成 21242 人死亡，相比上一年下降了 4.7%；然而，煤矿安全事故造成死亡人数却上升至 94 人，增幅达到 23.7%。煤矿井下环境恶劣且地形地质条件复杂，使得井下环境比地面环境更加复杂，井下作业人员难以像在地面上那样清晰地判断自身及其周围的位置。这些因素导致煤矿井下事故的发生频率较高。尽管 GNSS 提供了全天候的导航服务，但煤矿巷道通常位于地下几百米甚至更深的位置，传统的室外定位系统不仅成本高昂，而且信号无法穿透地面，难以满足井下所需的高精度、实时定位需求。

矿井涌水和煤气爆炸是两种最主要的矿井事故，在发生此类事故时，矿工需要迅速戴上自救器并寻找临时避难所。然而，如果矿工在短时间内无法安全撤离灾区，则需要在灾区内部采取自救和互救措施，尽量维持和改善自身的生存条件，等待救援。但是，由于无法及时准确地判断事故地点和自身位置，矿工们可能会错失宝贵的逃生时间，如图 1-6 所示，进而危及生命，给家庭带来不可弥补的损失。同样，救援人员在施救过程中，由于井下定位系统的信号接收问题和缺乏精确的定位服务，也会面临救援延迟的挑战。

图 1-6 2021 年新疆丰源煤矿透水事故救援现场

为了解决这些挑战，可以采用应急高可用导航增强方案，基于伪卫星技术建立独立的定位网络，以提升井下定位系统的信号接收能力和精确度。这种技术不仅能够提供准确的定位信息，还能结合路径导航功能，在井下发生煤气超限等紧急情况时，帮助矿工快速找到逃生路线，这对于救援行动具有重要意义。这种方式可以提高救援效率，减少事故造成的人员伤亡。

场景四：森林火灾救援

在森林火灾救援中，导航系统的可用性和精度是确保救援行动成功的关键因素。森林火灾往往伴随着道路的损毁和通信设施的中断，这使得救援通道阻塞，信息传递受阻，救援队伍难以快速准确地到达火场，火情评估和救援策略的制定也变得异常困难。此外，火灾后的地形地貌变化可能引发滑坡、泥石流等次生灾害，进一步增加了救援工作的难度和危险性。森林火灾的突发性和复杂性导致传统的导航系统无法提供可靠的服务。例如，在四川 3·30 木里县森林火灾，如图 1-7 所示，着火点在海拔 3800m 左右，地形复杂、坡陡谷深，交通、通信不便。在这种情况下，应急导航增强系统的应用变得至关重要。

图 1-7　四川 3·30 木里县森林火灾

应急导航增强系统通过在建立移动基站，提供差分修正信号，以增强现有卫星导航系统的精度和可靠性。该系统能够辅助提供厘米级甚至毫米级的定位精度，极大地提高了救援行动的效率和准确性。在森林火灾救援中进一步辅助救援队伍快速准确地定位火场位置，及时制定救援路线，避免因地形复杂或视线受阻而迷失方向，从而极大提高了救援行动的效率和准确性，为救援人员和受灾群众的安全提供了有力保障。通过无人机等移动平台搭载应急导航增强设备，前往救援队伍无法前往的区域，对受灾群众实施精准的定位，有利于救援队伍及时调整救援策略，控制火势进一步扩散，减少人员伤亡和财产损失。

1.3　天地一体化应急导航增强系统功能和特点

卫星导航定位系统已成为大众生活中获取位置信息的主要手段，然而在部分应急场景下，卫星导航定位应用受限，需要构建相关应急导航增强系统从定位精度与可用性两个方面提供定位增强服务。相比民用领域，军事领域由于其作战的灵活性、突发性、对抗性等特点，其作战场景电磁环境复杂，在定位导航频段存在大量有意、无意的干扰信号，导致卫星导航定位系统难以提供持续可靠的服务，而且战场区域大多无固定基础设施支撑，对应急导航增强系统的需求尤为强烈，具体体现在如下 3 个方面：

1. 快速响应

军事领域单次作战行动对响应速度要求较高，因此应急导航增强系统应能够结合作战需求，在短期内快速进行部署或响应以提供作战区域内所需的定位导航服务，支撑作战行动中各作战单元位置信息的快速精确获取，确保战斗行动的有效完成。

2. 可靠服务

在卫星导航定位系统受限时，应急导航增强系统是用户获取定位服务的重要来源，因此需要其从技术体制、服务模式上进行创新设计，规避战场上复杂电磁环境导致的干扰，从而能够在卫星定位精度或可用性较低的环境下持续提供服务，以保证作战单元位置信息的可靠获取。

3. 无感切换

现有用户定位终端大多仅能接收卫星导航定位系统的服务进行定位，若应急导航增强服务系统的信号体制、服务模式相比卫星导航定位系统有较大差异，则用户定位终端在形态上、功能上需要大幅改变。因此，较好的应急导航增强服务系统应能做到终端接收在切换卫星导航定位服务与应急导航服务时尽可能无感，定位终端在现有基础上也不应大幅改动。

第2章
现有导航增强系统现状

2.1 现有卫星导航系统

2.1.1 美国 GPS

在 GPS 开发之前，美国海军在 1964 年完成了"Transit"导航卫星系统的建设。然而，由于"Transit"卫星数量少，用户观测间隔约 1h，因此无法提供连续定位服务。基于多普勒频移定位方法，该系统的单次定位精度约为 100m，其用户主要是船舶和潜艇。为了向用户提供高动态、高精度的连续定位和导航服务，1973 年，美国国防部（United States Department of Defense，DOD）批准了基于测距定位的卫星定位系统的并行开发，即 GPS。1993 年，GPS 实现了初始运行能力，并提供了基于完整星座的标准定位服务（Standard Positioning Service，SPS）。到 1994 年，由 24 颗 GPS 卫星组成的星座部署完成，实现了全球 98% 的覆盖率。

GPS 由空间段、地面段和用户段组成。其中，GPS 空间段的标准星座由 24 颗中轨道（Medium Earth Orbit，MEO）卫星组成，这些卫星不均匀地分布在 6 个轨道平面上，轨道倾角为 55°，轨道高度为 20200km。每个卫星都通过鞍形天线阵列向地球中心广播导航信号，大部分信号能量位于信号波束的 ±22.5° 内。GPS 地面段包括一个主控站、地面天线和监测站：主控站位于美国科罗拉多州斯普林斯的联合太空作战中心，主站基于大型电子计算机提供数据收集、计算、传输和诊断等服务；地面天线位于美国 3 个军事基地，即大西洋的 Ascension 岛、印度洋的 Diego Garcia 岛和太平洋的 Kwajalein 环礁；GPS 监测站配备了 GPS 接收机、环境数据测量仪器、原子频率标准和处理器。此后，卫星技术的发展不断推动着 GPS 卫星的更新迭代，依次经历了 Block Ⅰ、Block Ⅱ、Block ⅡA、Block ⅡR、Block ⅡR – M、Block ⅡF、Block Ⅲ 等发展阶段，其优异的定位服务能力也逐步确定了 GPS 卫星的国际领先地位。

第 1 颗 Block Ⅰ 卫星作为 GPS 初始阶段的实验卫星于 1978 年发射。而后，到 1985 年又陆续开发了 10 颗此类卫星。每颗 Block Ⅰ 卫星的质量为 760kg，功率为 400W，设计在轨寿命为 4 ~ 5 年，但有些实际寿命可达 10 年。

Block Ⅱ 卫星是第一批完全功能的卫星。它们的改进版是 Block ⅡA，字母 "A" 代表 "Advanced"，在 1990 年到 1997 年期间已经开发并发射了 9 颗 Block Ⅱ 卫星和 19 颗 Block ⅡA 卫星。Block Ⅱ 系列质量为 1160kg，功率为 710W，设计寿命为 7.5 年。Block ⅡA 系列质量为 1816kg，功率 1100W，设计寿命为 7.5 年。每颗卫星都配备了 2 个铯钟和 2 个铷钟。其中，Block Ⅱ/ⅡA 系列设计了选择可用性（Selective Availability）功能，通过干扰卫星钟信息和导航信息，故意降低民用 GPS 用户的定位精度，但该功能于 2000 年取消。

Block ⅡR 系列作为 Block Ⅱ/ⅡA 的 "补充"。在 1997 年至 2005 年期间开发并发射了 13 颗 Block ⅡR 卫星。Block ⅡR 系列质量为 2032kg，功率为 1600W，设计寿命为 7.5 年。它提供了超高频（Ultra High Frequency，UHF）星间链路、核爆炸探测器、电子侦察等功能，并配备了 2 个铷钟和 1 个铯钟。该系列卫星能够进行自主定轨和自主导航消息生成。Block ⅡM 系列是 Block ⅡR 系列的 "Modern" 版本，在 2005 年至 2010 年期间开发并发射了 8 颗该系列卫星。Block ⅡM 系列质量为 2060kg，功率为 1960W，设计寿命为 10 年，该系列能够为特定区域提供 7dB 功率增强服务，并提供比 Block ⅡR 系列更强的抗干扰导航性能。同时，为了提高 GPS 军用信号的抗干扰能力以及民用信号的高精度应用性能，Block ⅡM 引入了 L1M 和 L2M 军事信号和 L2C 民用信号，开启了 GPS 现代化计划的第一阶段。

Block ⅡF 系列是 Block ⅡM 系列的 "Follow – on" 版本，在 2010 年至 2016 年期间开发并发射了 12 颗。Block ⅡF 系列质量为 1630kg，功率为 2440W，设计寿命为 15 年。Block ⅡF 引入了 L5C 民用信号和增强功率的军事 M 码信号，以启动 GPS 现代化计划的第二阶段。

截至 2017 年 11 月，已经开发并发射了 Block Ⅰ、Block Ⅱ、ⅡA、ⅡR、ⅡM 和 ⅡF 系列 GPS 卫星。目前，GPS 星座在轨有 40 颗卫星，其中 31 颗 GPS – ⅡR 卫星、7 颗 GPS – ⅡM 卫星和 12 颗 GPS – ⅡF 卫星处于运行状态。GPS 卫星概览如表 2 – 1 所列。

表 2 - 1　GPS 卫星概览

卫星系列	Block Ⅰ	Block Ⅱ/ⅡA	Block ⅡR/ⅡR - M	Block ⅡF	GPS Ⅲ
首次发射时间/年	1978	1989	1997	2010	2018
制造商	洛克威尔国际公司	洛克威尔国际公司	美国通用电气公司（如今为洛克希德·马丁公司）	洛克威尔国际公司（如今为波音公司）	洛克希德·马丁公司
设计使用寿命/年	5	7.5	7.5	12	15
质量/kg	450	>850	1080	1630	2200
系统功耗/W	400	700	1140	2610	4480
太阳能电池阵列面积/m²	5	7.2	13.6	22.2	28.5
时钟钟类	铷原子钟，铯原子钟	铯原子钟，铷原子钟	铷原子钟	铯原子钟，铷原子钟	铷原子钟
时钟稳定性（每日）	2×10^{-13}，1×10^{-13}	1×10^{-13}，5×10^{-14}	1×10^{-14}	1×10^{-13}，$0.5 - 1 \times 10^{-14}$	5×10^{-14}
信号	L1，L2	L1，L2	L1，L2	L1，L2，L5	L1，L2，L5
激光反射器	-	GPS - 35 和 GPS - 36	-	-	SV9 和 SV10

目前，美国正在积极推进下一代 GPS 的开发，即 GPS ⅢF 项目。GPS ⅢF 卫星将包括增强激光反射器阵列、搜救载荷、数字化导航载荷等。同时，GPS Ⅲ和 GPS ⅢF 卫星还具备加密的 M 码信号的能力，进一步增强 GPS 信号的安全和可靠，并包含了区域军事保护功能，以增强 M 码信号的功率。全面部署后，GPS Ⅲ和 GPS ⅢF 将确保该能力能够覆盖整个星座。截至 2024 年 4 月，洛克希德·马丁公司已经完成了剩余 4 颗 GPS Ⅲ卫星（编号 7 ~ 10）的生产以备发射。同时，该公司已开始生产 GPS ⅢF 系列卫星（编号 11 ~ 20）。据估计，第 1 颗 GPS ⅢF 卫星的组装、测试和发射将在 2026 年完成，这将是 GPS 持续演进中的又一个重要里程碑。

2.1.2　俄罗斯 GLONASS

俄罗斯 GLONASS 是由苏联在低轨卫星导航系统"Tsikada"的基础上开发的全球卫星导航系统,与美国的 GPS 系统同时部署。经过 10 年的研发,第 1 颗 GLONASS 卫星于 1982 年发射。GLONASS 系统在星座、信号和卫星设计方面与 GPS 有所不同。

GLONASS 星座由 24 颗 MEO 卫星组成,分布在 3 个轨道面上,每个轨道面上均匀分布着 8 颗卫星。每颗卫星通过鞍形天线阵列向地球中心广播导航信号。由于北半球地理纬度较高,GLONASS 轨道倾角被设计为 64.8°,以优化卫星导航信号的本地覆盖性能,轨道高度为 19100km。GLONASS 地面段由系统控制中心、中央同步器、遥测跟踪和指令中心以及监测站组成。地面段的主要功能是轨道测量、时间测量、生成导航消息以及遥测遥控。

GLONASS 卫星最早开发始于苏联时期。目前,已经发展成几个系列,包括原型验证系列、GLONASS 系列、GLONASS–M 系列、GLONASS–K1 系列、GLONASS–K2 系列和 GLONASS–KM 系列。与采用码分多址(Code Division Multiple Access,CDMA)信号广播的 GPS 不同,GLONASS 的信号采用频分多址(Frequency Division Multiple Access,FDMA)体制,从而有效减少由于信号在多路径和频率选择性信道中传播而引起的误差。此外,不同卫星在不同信号频段的分布有助于提升 GLONASS 的抗干扰性能。然而,随着技术进步,FDMA 在接收机上的优势不再明显,而多模接收机的频谱效率低和资源消耗大的问题日益凸显。因此,新一代 GLONASS 卫星采用了 CDMA 信号体制。

由于 GLONASS 卫星的设计寿命短,加之 20 世纪 90 年代末俄罗斯经济低迷,1995 年后 GLONASS 系统变得难以提供连续稳定服务。到 2001 年年底,只有 6 颗卫星在轨,其中 4 颗卫星能够正常提供导航信号。为了改变这种情况,俄罗斯政府在 2001 年 8 月批准了"GLONASS 2002 至 2011 发展规划"。至此,GLONASS 现代化计划启动。GLONASS–M 是 GLONASS 现代化的产物,也被称为 GLONASS 的第 2 代卫星。作为现代化计划的第 1 步,GLONASS–M 卫星信号在 G2 频段(1246 + MHz)增加了第 2 个民用信号 L2OF,以提供双频服务,从而减轻了对无线电天文服务的干扰。自 2014 年以来,GLONASS–M 卫星已经在 G3 频段(1202.025MHz)广播 CDMA 民用信号 L3OC。同时,还在发射天线附近增加了激光反射器和星间链路,使卫星能够通过激光测量实现更精确的卫星定轨,并展示其自主运行能力。GLONASS–M 是目前在轨卫星的主要类型,质量为 1480kg,功率为 1270W,设计寿命为 7 年。截至 2017 年,共发射了 45 颗。GLONASS–K 被称为 GLONASS 的第 3 代卫星。

GLONASS - K 卫星设计质量为 750kg，功率 1400W，服务寿命为 10 ~ 12 年，并配备了星间链路。

目前，GLONASS 星座由 26 颗卫星组成，其中 21 颗为 GLONASS - M 卫星，4 颗为 GLONASS - K 卫星，1 颗为 GLONASS - K2 卫星。GLONASS - K2 卫星的引入标志着 GLONASS 向更高的精确度和可靠性的转变。GLONASS - K2 卫星搭载新的军事载荷，包括搜救载荷及情报载荷。预计到 2030 年，GLONASS 星座将完全由 K2 系列卫星组成，以提供更精确的导航服务。

2.1.3 欧盟 Galileo 卫星导航系统

由欧盟（European Union，EU）和欧洲航天局（European Space Agency，ESA）合作开发的 Galileo 卫星导航系统于 2002 年 3 月正式启动。2016 年 12 月，宣布了其全球早期运行能力。Galileo 卫星导航系统星座由 30 颗 MEO 卫星组成，包括 24 颗运行卫星和 6 颗备份卫星。它们均匀分布在 3 个轨道面上，轨道倾角为 56°，轨道高度为 23322km。由于 Galileo 卫星导航系统的轨道高度高于 GPS 和 GLONASS，因而其具有更好的信号覆盖性，在地球上任何一点的任何时间将至少有 6 颗卫星可以在大于 10° 的仰角下可见。

Galileo 卫星导航系统地面段包括 2 个地面控制中心、5 个遥测跟踪和指令站、10 个任务数据上行站和分布在世界各地的监测站。遥测跟踪和指令站主要用于传输遥控指令，并作为任务数据上行服务的备份。任务数据上行站用于向卫星传输 6 种数据，包括操作系统、下行信号、外部区域完整性系统、公共授权服务、商业服务和搜救服务数据。

Galileo 卫星导航系统测试卫星包括 2005 年发射的 GIOVE - A 和 2008 年发射的 GIOVE - B。GIOVE - A 设计质量为 600kg，功率为 700W，寿命为 2 年，并配备了 2 个铯钟。GIOVE - B 总质量为 523kg，功率 700W，寿命 2 年，并配备了两个铯钟和一个被动氢钟，使得其原子钟日稳定性从 10ns 提高到 1ns。GIOVE - A 和 GIOVE - B 的开发目的是验证 Galileo 卫星导航系统卫星的广播性能及其监测 MEO 轨道的能力。

Galileo - IOV 卫星包括 2011 年和 2012 年发射的 PFM、FM2、FM3 和 FM4 卫星，该卫星系列携带 2 个铷钟和 2 个氢钟，同时在 E1、E5 和 E6 频段广播带有导航消息的导航信号。此外，其能够接收地面在 406.0 ~ 406.1MHz 频段的搜救服务信号。搜救载荷通过 L6 频段发送信号到救援中心以提供搜救服务。每颗 Galileo - IOV 卫星都配备了激光反射器，以实现更高的定轨精度。Galileo - IOV 卫星的主要目的是验证空间段、地面段和用户段的整体运行，以及整个系统的定位、速度测量和定时服务性能。目前，4 颗 Galileo - IOV 卫星中的 3 颗仍然作为 Galileo 卫星导航系统早期星座的一部分处于运行状态。

Galileo - FOC 卫星系列是 Galileo 卫星导航系统的正式卫星，最早于 2014 年发射。根据计划，Galileo - FOC 卫星将完成 3 个轨道面上的整个星座的填补，以提供全球导航和定位服务。Galileo - FOC 系列质量为 680kg，提供 1600W 的功率，寿命 12 年。截至 2017 年 11 月，欧盟的 Galileo 卫星导航系统卫星星座已经拥有 17 颗在轨卫星，其中 15 颗处于运行状态，包括 3 颗 Galileo - IOV 卫星和 12 颗 Galileo - FOC 卫星。由于使用了氢原子钟作为空间段的时间频率参考，加之导航信号的现代化设计，Galileo 卫星的信号传输质量优于 GPS 和 GLONASS。

2.1.4　中国北斗卫星导航系统

自 20 世纪 80 年代开始，我国开始探索卫星导航系统发展道路。在 1994 年启动北斗一号系统（BeiDou Navigation Satellite System，BDS）工程建设，于 2001 年实现了双星有源定位，为中国用户提供服务；从 2004 年开始建设北斗二号系统（BDS - 2），并于 2012 年底完成 14 颗卫星组网，为亚太地区用户提供服务；自 2009 年开始启动北斗三号系统（BDS - 3）的建设，于 2018 年建成了基础系统，开始提供全球服务，在 2020 年 6 月顺利完成了所有卫星的发射组网，并于 2020 年 7 月宣布北斗全球卫星导航系统正式开通，比原计划提前半年完成。至此，北斗导航卫星系统的三步走建设战略取得圆满成功，实现了从无到有，从区域导航到全球服务的发展路程。

BDS - 3 是北斗导航卫星系统"三步走"发展战略中的第三步。它在全球范围内提供雷达定位卫星（Radio Navigation Satellite System，RNSS）雷达定位卫星和全球短报文服务，同时在中国及周边地区提供区域短报文、导航增强、功率增强等特殊服务。在 BDS - 3 的设计中，为了满足更多要求（如空间服务体积、多系统兼容性和互操作性等），对系统进行了重大改进。此外，BDS - 3 还延续了 BDS - 2 的一些服务，以实现用户端的平稳过渡和升级。BDS - 3 采用了"3 地球静止轨道（Geosynchronous Orbit，GEO）卫星 + 3 倾斜地球同步轨道（Inclined GeoSynchronous Orbit，IGSO）卫星 + 24 MEO 卫星"的混合星座。通过现代化的信号设计、星间链路和改进的星载原子钟，BDS - 3 能够在全球范围内提供高稳定服务。

BDS - 3 GEO 卫星采用 2360mm × 2100mm × 3600mm 的箱形结构，由服务舱、推进舱和有效载荷舱组成，其南北板在 $\pm x$ 方向上延伸至 2960mm。其质量为 5400kg，设计寿命为 12 年。BDS - 3 GEO 卫星平台包含综合电子、轨道控制、推进、遥测跟踪和指令、电源、综合布局、自主操作、热控制和结构共 9 个子系统。空间有效载荷包括导航、天线和转发器共 3 个子系统。

BDS – 3 IGSO 卫星使用 DFH – 3B 平台，采用 2360mm × 2100mm × 3600mm 的箱形结构。其质量为 5400kg，设计寿命为 12 年。BDS – 3 IGSO 卫星平台组成与 BDS – 3 GEO 卫星平台相似，但其空间有效载荷仅包括导航和天线两个子系统。

BDS – 3 MEO 卫星基于新型导航卫星平台进行设计，采用桁架式结构，包括单一推进系统、改进的电源和综合电子系统。卫星采用 1804mm × 1224mm × 2300mm 的箱形结构，由服务舱、推进舱和有效载荷舱组成。其质量 1060kg，设计寿命 10 年。BDS – 3 MEO 卫星平台包含综合电子、轨道控制、推进、遥测跟踪和指令、电源、综合布局、自主操作、热控制和结构子系统共 9 个子系统。空间有效载荷包括导航和天线共两个子系统。

自北斗三号系统开通以来，系统运行稳定，持续为全球用户提供高品质服务。下一步将继续推动系统运行管理工作向智能化发展，在 2035 年建设成更加泛在、更加融合、更加智能的国家综合定位导航授时体系。

2.1.5 其他卫星导航系统

1. 日本 QZSS

准天顶卫星系统（Quasi – Zenith Satellite System，QZSS）卫星星座是为了解决 GNSS 卫星信号在城市峡谷和山区等地形障碍物影响下性能下降的问题，通过日本政府和私营企业合作开发。该系统旨在为移动用户在指定区域内提供高仰角通信、广播和定位服务，以增强 GPS 的性能。另外，当 GPS 信号中断时，日本仍然可以依靠 QZSS 完成独立导航和定位。2010 年，第 1 颗 QZSS 卫星 QZS – 1 发射。经过一年的在轨测试，QZS – 1 成功完成了技术确认和应用验证任务。2017 年 7 月，日本发射了第 4 颗 QZSS 卫星，全面建成 QZSS。目前，日本正计划将 QZSS 卫星数量增加到 7 颗，以便将 QZSS 升级为类似于北斗二号系统的独立导航和星基增强系统。QZSS 由多个高倾斜地球静止轨道卫星组成，共享相同的轨道投影，通过调整偏心率和倾角，可实现在服务区域内任何时间的最小仰角均超过 70°，这意味着用户在任何时间都能在天顶方向接收到至少一颗来自 QZSS 的高仰角卫星信号。QZSS 能够传输与 GPS L1、L2 和 L5 信号兼容的信号，基本导航服务区域是 125°E ~ 146°E 和 25°N ~ 45°N，可覆盖日本及其周边区域。

2. 印度 NAVIC 系统

印度卫星星座导航（Navigation with Indian Constellation，NAVIC）系统，

前称为印度区域导航卫星系统（Indian Regional Navigation Satellite System, IRNSS），是印度独立开发的区域导航卫星系统。第一颗 IRNSS-1A 卫星于 2013 年 7 月发射。到 2018 年 4 月，共有 7 颗 NAVIC 卫星在轨运行，包括 3 颗 GEO 和 4 颗 IGSO。NAVIC 地面段包括卫星控制中心、导航中心、监测站、测距和完好性监测站、NAVIC 网络授时中心、CDMA 测距站、激光测距站和数据通信网络。其中，NAVIC 监测站的主要功能是接收来自 GEO 和 IGSO 卫星的数据，校正接收到的测距数据，并将原始数据和校正数据传输到控制中心。导航中心的主要功能是计算卫星星历、卫星钟差校正参数、电离层延迟校正数据及其相应的完好性信息，将计算结果传输到上行站，然后通过 GEO 卫星广播给用户。卫星控制中心主要负责管理、控制和维护卫星在轨的正常运行。CDMA 测距站和激光测距站负责收集来自 NAVIC 卫星的测距信息，并将校正数据传输到导航中心。NAVIC 卫星在 L5（1176.45MHz）和 S（2492.028MHz）频段广播民用 SPS 信号和授权信号，为民用和军事用途提供双频段服务，在其服务区域定位精度优于 20m。

2.2　天基导航增强系统

天基导航增强系统旨在提高 GNSS 定位的性能，根据卫星轨道分布的差异，主要分为系统和低轨卫星增强系统。

2.2.1　传统星基增强系统

传统星基增强系统是一个利用 GEO 或 IGSO 作为通信载体，提供差分改正数据和完好性数据的广域差分系统。SBAS 直接在 GPS L1 频段上广播差分数据的信号，通过提供误差源改正信息来提高定位精度。此外，SBAS 的完好性服务对导航系统提供信息正确性的可信任度进行评价，在信息导航信息可信度较低时向用户发出及时报警。最初，这些 SBAS 由民用航空局为了提高航空导航服务而建立。目前，基于信号免费、容易集成到 GNSS 接收机中等特点，SBAS 服务也在其他行业中广泛采用。

SBAS 利用一系列地面监测站持续观察导航卫星的性能，其中，参考站将其测量结果发送给主控站，后者确定差分改正和相应的置信区间。每个主控站处理测量结果，并将数据传输到上行站。上行站通过 GEO 卫星将此信息转发到最终用户。每个 SBAS 都有多个主控站、上行站和 GEO 卫星，以便增加服务的稳健性。当前主要的 SBAS 增强卫星如表 2-2 所列。

表 2 – 2　星基增强系统中的地球同步轨道卫星

PRN 码序列	星基增强系统	卫星	位置
120	欧盟 EGNOS 系统	INMARSAT 3F2	15.5°W
121	欧盟 EGNOS 系统	INMARSAT 3F5	25°E
122	未分配		
123	欧盟 EGNOS 系统	ASTRA 5B	31.5°E
124	欧盟 EGNOS 系统	预留	
125	俄罗斯 SDCM 系统	Luch – 5A	16°W
126	欧盟 EGNOS 系统	INMARSAT 4F2	25°E
127	印度 GAGAN 系统	GSAT – 8	55°E
128	印度 GAGAN 系统	GSAT – 10	83°E
129	日本 MSAS 系统	MTSAT – 1R（或 –2）	140°E
130	未分配		
131	美国 WAAS 系统	Satmex 9	117°W
132	未分配		
133	美国 WAAS 系统	INMARSAT 4F3	98°W
134	未分配		
135	美国 WAAS 系统	Intelsat Galaxy XV	133°W
136	欧盟 EGNOS 系统	ASTRA 4B	5°E
137	日本 MSAS 系统	MTSAT – 2（或 –1R）	145°E
138	美国 WAAS 系统	ANIK – F1R	107.3°W
139	印度 GAGAN 系统	GSAT – 15	93.5°E
140	俄罗斯 SDCM 系统	Luch – 5B	95°E
141	俄罗斯 SDCM 系统	Luch – 4	167°E
142 – 158	未分配		

SBAS 通过以下 3 项服务增强导航卫星系统。

（1）差分改正：SBAS 广播地面网络跟踪的每颗卫星的差分改正数据。

SBAS 还传输其覆盖区域上电离层延迟的改正数据。通过将这些改正应用于伪距测量，可进一步提高用户设备的定位精度。

（2）完好性监控：SBAS 通过地球静止轨道（GED）卫星向用户提供导航卫星星历、时钟和电离层的改正数及完好性参数，以增强定位精度和完好性。SBAS 广播的误差界限是用来确保在应用差分改正数据后，定位误差能够控制在用户可以接受的范围内。由于需要确保位置误差界限的差错率极低（通常小于 10^{-7} s），因此生成这些误差界限的过程比差分改正更为复杂。此外，SBAS 必须能够在发现任何不安全状况后的 6s 内提供告警，以保障航空等关键应用的安全性和可靠性。

（3）测距：SBAS 信号设计上与 GNSS 的 L1 C/A 码信号相似，这意味着大多数 GNSS 接收机无需额外硬件即可接收 SBAS 信号。由于 SBAS 与 GNSS 信号同步，其能够用于测距，从而为 GNSS 接收机提供额外的测距选项。这种额外的测距能力提高了定位的准确性和可靠性，增强了定位解算的可用性和连续性。

1. 美国广域增强系统

美国广域增强系统（Wide Area Augmentation System，WAAS）是由美国联邦航空管理局（Federal Aviation Administration，FAA）负责建设的一种星基增强系统，起初主要为北美地区提供航空导航服务，确保飞行过程、升空、着陆时的安全。目前，WAAS 也广泛应用于大地测量、精密工程测量、地壳形变测量、地球物理测量等领域。

WAAS 由 38 个分布于北美大陆的广域参考系统（Web Report System，WRS）、位于美国大陆两岸的 3 个主控站（Warehouse Manage System，WMS）、4 个地面注入系统（Ground Electronic System，GES）、2 个运行控制中心（国家运行控制中心和太平洋运行控制中心）及 2 颗 GEO 卫星组成。WAAS 依赖于 2 颗地球静止轨道卫星播发增强信号，分别位于 107°W 和 133°W，该系统的目的是确保用户接收机至少能看到 2 颗 GEO 卫星。

WAAS 通过 WRS 捕获 GPS 卫星和 GEO 卫星发射的信号，然后传输给 WMS 的处理中心。首先，它们用来生成 GPS 卫星的完好性数据、差分改正数据、残差和电离层延迟信息。这些数据被发送到地面站，并上传到 GEO 卫星。然后，GEO 卫星采用与 GPS L1 相同频率和类似于 C/A 码的编码方式，将数据播发给用户，从而增强定位的准确性、可靠性、持续性和有效性。WAAS 对于 GPS 性能的辅助十分明显。根据 FAA 的 WAAS 联合评估组的报告，WAAS 提供的非精密进近的最大水平位置误差分别为 2.33m（95%）和 5.818m（99.999%），最小水平位置误差分别为 0.741m（95%）和 1.738m

（99.999%）。

2. 欧洲地球静止导航增强服务系统

欧洲地球静止导航增强服务系统（European Geostationary Navigation Overlay Service，EGNOS）在 2009 年 10 月宣布投入运营，并在 2011 年 3 月获得了生命安全服务的认证。EGNOS 由空间、地面、用户和支持系统 4 部分组成。空间部分由搭载在 3 颗 GEO 上的地球同步卫星导航转发器组成，这 3 颗地球同步卫星是 INMARSAT-3 的大西洋东区（Atlantic Ocean Region East，AOR-E）的卫星和印度洋区的（Indian Ocean Region，IOR）卫星，以及欧洲宇航局的 ARTEMIS 卫星；地面系统包括 1 个由大约 40 个测距和完整性监测站（Research Information Management System，RIMS）组成的地面网络、6 个导航地面地球站、2 个任务控制中心、1 个运营协调中心和 1 个服务中心，以及在 3 颗由卫星通信服务提供商运营的地球同步卫星上的信号转发器组成。EGNOS 用户接收机可以接收 GPS 信号、GLONASS 信号及 EGNOS 信号。

Galileo 卫星导航系统为 E1/E5 双频开放服务用户设定的位置精度目标是水平方向 4m（95%）和垂直方向 8m（95%）。为了达到这些精度目标，所需的测距精度是 130cm（95%）。这些目标被用来作为性能预测的基准，并确定服务精度的预期可用性。EGNOS 的开发更加强调多模式支持，即除航空外，还支持海运、铁路和汽车运输。EGNOS 提供测距功能、广域差分改正及 GNSS 完好性三类增强服务，通过 GEO 卫星广播给用户，使用户改善导航的精度、完好性、连续性和可用性。

3. 俄罗斯差分校正和监测系统

俄罗斯差分校正和监测系统（System for Differential Correction and Monitoring，SDCM）能够监测 GPS 和 Galileo 卫星导航系统，提供系统的改正信息以及 GLONASS 性能的后处理数据，并在 L 波段向民用用户实时发送改正信息，与美国 WAAS 和其他 SBAS 兼容。实时差分信息能够提供水平精度 1.5m、垂直精度 3m 的定位精度。

4. 北斗星基增强系统

北斗星基增强系统（BeiDou Satellite-Based Augmentation System，BDSBAS）是北斗卫星导航系统的重要组成部分，通过 GEO 卫星搭载卫星导航增强信号转发器，可以向用户播发星历误差、卫星钟差、电离层延迟等多种修正信息，实现对于原有卫星导航系统定位精度的改进。按照国际民航标准，开展北斗星基增强系统设计、试验与建设。目前，北斗星基增强系统民用服务平台完成系统建设，具备服务能力，已为中国及周边地区用户提供单频和双频多星座（Dual-Frequency Multi-Constellation，DFMC）试运行服务，正在开展行业应用验证。

　　北斗星基增强系统是全球范围内最早开始长时间持续播发 DFMC 服务电文的星基增强系统，电文格式符合 2016 年发布的 SBAS – L5 DFMC ICD 文件要求，未来将依据 2023 年国际民用航空组织（International Civil Avi – ation Organization，ICAO）最新发布的 DFMC 星基增强系统标准，即 ICAO 制定的"标准和建议做法（Standards and Recommended Practices，SARP）"，进行更新升级。由于单频技术体制的制约，现有星基增强系统均未达到一类精密进近性能指标的要求。为满足航空用户对星基增强系统在精度、完好性、连续性和可用性上的要求，目前全球的星基增强系统都在开展由单频单系统向双频多系统阶段过渡。北斗星基增强系统 DFMC 服务目前正处于测试阶段，提供北斗卫星系统和 GPS 增强信息。根据《中国民航北斗卫星导航系统应用实施路线图》，预计 2025 年底全面实现北斗卫星系统通用航空定位、导航与监视应用，基本完成北斗星基增强系统在运输航空定位导航的应用。

2.2.2　低轨卫星增强系统

　　虽然现有的 SBAS 仅需要少量的 GEO 卫星就可以向全球用户播发增强信息，但其轨道资源和频率轨位极其有限，同时受信号强度、星座构型等各种因素影响，其应用范围仍然受到限制。特别是随着现代战争、无人驾驶等应用对导航定位精度、速度要求越来越高，在追求少数几个历元时间内就能达到定位要求时，SBAS 面临一些困难。

　　（1）GNSS 和 GEO 卫星在较短时间内的几何位置改变有限，导致间隔较短的观测历元间的数据有较大的相关性，定位解算方程的相关性不可避免；

　　（2）GNSS 和 GEO 卫星导航定位信号到达地面时已很微弱，在遮蔽阴影环境中的定位几乎不可行。

　　当前，利用低地球轨道（Low Earth Orbit，LEO）卫星作为导航增强卫星正在逐渐成为一种趋势。随着星载 GNSS 测定轨技术的成熟和辅助加速度计在摄动力测定中的应用，LEO 卫星定轨精度优于分米级。与传统 GEO 卫星相比，LEO 卫星有着得天独厚的优势，较低的轨道有利于改善地面信号强度和用户终端的抗干扰能力，快速变化的几何构型为定位解算提供了相关性更小的观测数据，有利于提高定位速度和精度。此外，GNSS – LEO 的高低轨星间链路也可以很好地改进 GNSS 完好性的监测能力。

　　LEO 卫星导航增强最为成功的案例是美国海军研究实验室于 2008 年 7 月授予波音公司的"高度完善全球定位系统计划"，该计划将 GPS 和 LEO 铱星通信卫星集成为精确导航系统。低轨卫星增强系统通过完成与 GPS 时的精确同步，播发类似 GPS 信号的直接序列扩频信号，在干扰环境下则利用铱星低轨快速运动带来的几何构型变化，快速估算出载波相位解算整周模糊度，提高精密定位收敛速度。该系统旨在利用 LEO 铱星扩展 GPS 军事应用，提高 GPS 定位和定时性能，包括加快首次定位时间、直接获取军用 P(Y)码信号和提高定位精度等。

LEO 卫星主要功能如下。

（1）导航星功能：播发与现有 GNSS 导航星座相同的导航信号和广播星历，与 GNSS 导航卫星一起构成混合星座，参与导航定位处理。

（2）转发通信功能：转发地面注入的增强信息，如精密轨道、精密钟差、电离层延迟、对流层延迟等产品，实现星基差分功能。

目前，国外已经建成的 LEO 星座卫星通信系统有星链（Starlink）、黑杰克（Blackjack）、一网络（OneWeb）和铱星（Iridium）及我国正在发展的低轨物联网卫星星座等。

1. SpaceX 星链计划

星链计划是美国太空探索计划公司（SpaceX）提出的一项太空高速互联网通信计划，初衷是在地球近地轨道建设卫星互联系统，进而为全球提供高速的互联网服务，不仅可以用于民生领域（偏远地区宽带接入、航空海事宽带服务等），同时具有很强的军事应用潜力，美军已经在积极探索其应用方式。SpaceX 星链计划一旦应用于军事上，将是美国在太空中军事功能最强、最完善的一套体系，堪称新的"星球大战"计划。

该项目拟构建一个巨型 3 层卫星网络，这 3 层分别位于距离地面 340km、550km 和 1150km 的轨道上，最终使所有卫星联成一个巨大"星座"，为整个地球（包括南北极）全天候提供高速低成本的卫星互联网。SpaceX 星链计划的组建基本上分 3 步走：第 1 步，用 1584 颗卫星完成初步覆盖全球；第 2 步，用 2825 颗卫星完成全球组网；第 3 步，用 7518 颗卫星组成更为完整的低轨道星座。前两步为 LEO 卫星，工作在较为传统的 Ka 和 Ku 波段，第 3 步的卫星工作在 V 波段。

2020 年，美国联邦通信委员会代表 SpaceX 公司又向国际电信联盟提交了 30000 颗低轨道运行的小型卫星计划。这意味着"星链"计划最终会形成近 42000 颗卫星的超巨型卫星星座。"星链"的每颗卫星质量约为 227kg，采用紧凑的平板形设计，可最大限度减小体积。发射时以自堆叠的设计置于整流罩中，不需要专用的多星适配器。卫星采用单翼太阳能阵列，大大简化了系统，标准化的太阳能电池，更容易整合到制造过程中。卫星配备了由氪驱动的高效离子推进器，使卫星能在太空中进行机动，并在其使用寿命结束时进行离轨操作。

2. DARPA 黑杰克星座系统

2018 年 2 月,美国国防部高级研究计划局(Defense Advanced Research Projects Agency,DARPA)启动了"黑杰克"小卫星项目,旨在构建功能可扩展、规模可适变、软硬件自适应的空间体系结构,减少任务中关键数据的采集、处理、利用和分发所需时间,通过开发尺寸、质量、功耗和成本较低的空间有效载荷和民用、商用卫星平台,寻求在近地轨道上组网、有弹性、持久性强的军用有效载荷,部署 LEO 星座准确、自主地获取目标位置、特征以及对目标的持续跟踪;为美国未来构建太空体系结构,实现导弹防御预警、定位导航和授时替代等奠定基础,提高美军关键太空任务的抗毁性和持续有效能力;实现军用卫星有效载荷的高度网络化,提高空间通信系统的弹性和持久性。

"黑杰克"星座计划在近地轨道建立一个包含 60 ~ 200 颗卫星的星座,用于实现或超过现有 GEO 军用卫星系统的功能。每颗小卫星配备"PitBoss"自主协同任务控制管理系统。该系统具备在轨计算能力和加密能力,可充分利用低轨道卫星星座跟踪数据,实现在没有任何人工输入的情况下将目标信息传送给地球上的用户。该星座轨道高度为 500 ~ 1300km,具有高度的自主性和网络弹性,能够在没有运营中心管理的情况下独立运行 30 天。PitBoss 的目的是使用先进的体系架构、处理器技术和加密算法来自动收集和处理整个黑杰克星座中的数据,未来还能够通过迭代设计不断整合验证包括人工智能和机器学习在内等的高级算法,主要指标如表 2 - 3 所列。

表 2 - 3　"黑杰克"卫星项目主要指标

参数	指标
载荷体积及最大尺寸/cm × cm × cm	$50 \times 50 \times 50$
载荷质量约束/kg	50
载荷功率/W	150(均值),500(峰值)
单星成本	<600 万
设计寿命	2 年内可靠度 95%

该项目原型星座架构包括传输层、功能层、观测组/瞬时轨道观测组等概念。传输层是利用商用低轨通信星座为依托,为系统提供星间/星地网络传输服务。功能层是军用卫星的同构或异类星座,采用互补的有效载荷共同执行特定的军事任务。观测组/瞬时轨道观测组是一个或多个星座或功能层节点的

集合，它们瞬时位于给定地理区域上空，并能够从给定地理区域收集数据。

该项目的研发进度分为 3 个阶段：确定卫星平台和有效载荷的需求；2 颗卫星的在轨演示验证研发卫星平台和有效载荷；在低轨对拥有 2 个轨道平面的系统进行 6 个月的演示验证。未来用于演示验证的星座将包含 20 颗卫星，每颗卫星拥有 1 个或多个有效载荷。

3. 一网系统

一网系统是由 O3B 系统创始人格雷格·维勒于 2012 年提出创建的新一代卫星互联网系统。在星座设计方面，一网系统选择了约 1200km 高度的低地球轨道，相较于运行在 8000km MEO 的 O3B 系统，其重访周期缩短至约 110min，并选取 18 个轨道面部署至少 648 颗卫星，以期获得更低的接入速度（上行 50Mb/s，下行 200Mb/s）。一网系统于 2017 年正式获得美国 FCC 授予的地轨卫星通信运行许可，2019 年开始卫星发射，截至目前，该系统已部署 618 颗卫星投入运行。

作为同一创始人主导下与 O3B 系统并行开展的太空互联网项目，在与美军的合作方面，一网系统拥有更大的便利，其所选的低轨、多量、高速的星座设计结构，更为符合美军遂行全球任务以及夺取制天权的能力需求。美国空军及北方司令部在一网系统建立初期就提出与其合作，重点加强针对北极地区战场态势的感知能力，填补军用宽带全球卫星通信系统在北纬 70°至南纬 65°覆盖区域以外的能力空白。相较于数量稀少且造价昂贵的军用系统，新一代民用卫星互联网系统在军事领域的运用更加灵活，这一优势将有效提升野战条件下偏远地域部队的战术通信能力，使预警雷达、侦察飞机、空间卫星的信息资源得到进一步集成。

4. 铱星（Iridium）系统

铱星移动通信系统是美国铱星公司委托摩托罗拉公司设计的一种全球性卫星移动通信系统，它通过使用卫星手持电话机，透过卫星可在地球上的任何地方拨出和接收电话信号。铱星计划需要 66 颗在轨运行的通信卫星以及一定数量的备份星。铱星移动通信系统中的卫星大多分布在 780km 高的近地轨道上，2000 年 3 月铱星通信公司宣布破产。在破产前，组网计划所需的 66 颗星大部分已完成部署。2001 年，铱星通信公司再度重建。但受制于各种因素，在 2017 年前，只有 7 颗替代星发射升空。进入 2017 年后，铱星通信公司启动 Iridium NEXT 计划，发射 75 颗新通信卫星，以更新此前的卫星网络。

2017 年，铱星通信公司将 40 颗通信卫星成功发射升空。2019 年 1 月 11 日，铱星通信公司的 10 颗第二代铱星系统（Iridium NEXT）卫星送入轨道，本次发射的 10 颗是最后一批卫星，本次发射标志着 Iridium NEXT 完成组网。

铱星通信公司计划利用 75 颗卫星取代现有商业通信网络。

铱星系统的星座由 66 颗卫星组成，均匀分布在倾角 86.4° 的 6 条极地卫星轨道上。卫星高度为 780km，绕地球运行的周期约 100min，提供从南极到北极的全球无缝覆盖。铱星通信系统每颗卫星配置 4 条星间链路与相邻的卫星连接，每颗卫星对地形成 48 波束的蜂窝点波束覆盖，覆盖半径约为 4700km。

铱星系统采用频分多址/时分多址（Time Division Multiple Access，TDMA）/空分多址（Space Division Multiple Access，SDMA）/时分双工（Time Division Duplexing，TDD）用户多址方式，每颗卫星上的 48 个点波束，按照相邻 12 波束使用一组频率的方式对总可用频带进行空分频率复用（SDMA），在每个波束内把频带按 FDMA 方式分为许多条 TDMA 通道。在每条 TDMA 载波内使用时分双工，即同一用户的上行和下行链路分别处在同一条 TDMA 载波的同一帧的不同时隙内。铱星系统信号体制如表 2-4 所列。

表 2-4　铱星相控阵波束示意图及通信信号体制参数表

	用户链路（上行/下行）
业务频率	1616~1626.5MHz
极化方式	右旋圆极化
多址方式	FDMA/TDMA/SDMA/TDD
调制方式	正交相移键控（Quadrature Phase Shift Keying，QPSK）
数据速率	50kb/s
工作带宽	31.50kHz
每颗卫星容量	4.8kb/s 的 3840 路双工语音

5. 我国低轨卫星星座

面对美国星链的激烈竞争，中国的互联网卫星产业正迅速发展，形成了以国有企业为主导、民营企业积极参与的多元化格局。其中，GW 星座计划由中国卫星网络集团有限公司负责实施。该计划旨在构建一个全球覆盖的低轨卫星通信网络，以提供高速互联网服务。GW 星座由两个子星座组成，分别是 GW-A59 和 GW-2，计划发射的卫星总数达到 12992 颗。GW-A59 子星座计划部署 6080 颗卫星，在 500km 以下的极低轨道运行；GW-2 子星座计划部署 6912 颗卫星，在 1145km 的近地轨道运行。这些卫星的轨道倾角介于 30°~85° 之间，以实现全球覆盖。

鸿雁星座是中国航天科技集团公司计划建立的低轨宽带卫星系统,由 320 颗 LEO 卫星和一定数量的地面数据处理中心组成,旨在构建一个空地一体的通信系统。鸿雁星座预计在 2025 年完成,通过数百颗卫星构建一个全面的卫星移动通信与空间互联网接入系统,实现全球任意地点的互联网接入。鸿雁星座的单星容量为 3~6Gb/s,一期系统容量为 4Gb/s,能够支持 6 万~7 万话音用户并发,而 2 期系统容量预计将达到 1~2Tb/s。鸿雁星座的业务场景包括智能终端通信、宽带互联网接入、物联网、热点信息推送、导航增强、航空航海监视等 6 大应用服务。

此外,虹云工程作为中国航天科工集团的五大商业航天工程之一,计划发射 156 颗卫星,构建一个星载宽带全球移动互联网络。自 2018 年起,虹云工程已经开始进行低轨宽带通信的演示验证,并预计在 2022 年完成星座部署,届时将提供全球无缝覆盖的宽带移动通信服务,为用户构建一个综合信息平台。这些星座计划的实施,不仅展示了中国在卫星通信领域的雄心,也为全球用户提供了更多的选择和更优质的服务。

中国的低轨卫星互联网星座计划在全球范围内与美国 SpaceX 的 Starlink 以及英国 OneWeb 等项目展开竞争,这些星座计划的实施将创造巨大的火箭发射需求,推动中国商业运载火箭的发展,并可能在未来几年内实现规模商用。中国的星网计划不仅关注卫星的制造和发射,还包括地面系统建设,如测运控中心、区域运营中心、测控站、核心节点信关站等,以实现全球数据承载网的构建。

2.3　地基导航增强系统

2.3.1　地基定位精度增强系统

地基定位精度增强系统通过对卫星导航信号进行长期连续观测,并由通信设施将观测数据实时或定时传送至数据中心的地面固定观测站,数据中心对基准站数据进行处理,形成高精度、高可靠性和高连续性的实时增强服务产品或事后高精度数据处理成果,最终将产品播发至用户,提升用户基于卫星导航系统的定位精度。

地基定位精度增强系统经历了从区域实时载波相位差分(Real Time Kinematic、RTK)系统(即单参考站系统)到多参考站服务系统再到大型参考站、数据中心和专用播发系统的增强服务系统 3 个阶段。目前,应用较为广泛的有连续运行参考站系统和我国自主建设的北斗地基增强系统。

1. 连续运行参考站系统

连续运行参考站系统（Continuously Operating Reference Stations，CORS）通常由基准站、数据处理中心、通信网络及系统服务软件组成。其中，基准站一般不少于 3 个，覆盖特定区域，用于收集 GNSS 观测数据；数据处理中心一般为一个或多个，用于处理来自基准站的观测数据；通信网络包括基准站数据通信网络（用于汇集基准站数据流）和播发网络（为无线网络用户提供服务）；系统服务软件包含基准站数据同步、解算及数据播发等功能。

CORS 的基本运行数据流程如下：①数据收集，各个基准站的实时观测数据流（通常传输频度为 1Hz）发送至数据处理中心；②数据处理，数据处理中心采用基准站网软件进行处理和分析，实时估计各类误差信息或模型；③信息播发，服务播发系统向用户播发各类改正信息；④用户定位，流动站用户自身连续跟踪 GNSS 观测信号，接收到来自服务播发系统的改正信息后，进行综合解算处理，实现精确定位。

这种系统能够为用户提供高精度的定位服务，广泛应用于测绘、导航、交通管理、气象预报等领域。通过 CORS，用户可以获得比单独使用 GNSS 设备更高精度的位置信息，从而提高相关应用的准确性和可靠性。

连续运行参考站系统在国际上的发展较早，许多发达国家已经建立了自己的 CORS 或相关应用系统。一些国家的 CORS 介绍如下。

1）美国国家 CORS 网

由美国国家大地测量局（National Geodetic Survey，NGS）管理，属于国家海洋局与大地管理局的官方机构。提供 GNSS 观测数据，包括载波相位和伪距观测值，支持三维定位、气象研究、天气预报及气球物理应用。覆盖区域包括美国本土及少数其他国家领域。用户群体包括测量用户、信息系统用户、工程用户、科研用户及大众公共用户，他们可以接收 CORS 提供的 GPS 数据以提高定位精度。CORS 还可通过后处理得到基于国家大地基准的水平和垂直精度均达到几厘米的坐标定位成果。美国国家 CORS 网由不同行业的站网联合而成，包括政府部门、科研机构及私人组织等。各站点分别管理运行，共享 GNSS 数据给 NGS，作为回报，NGS 免费分析和分发这些数据。

2）英国国家大地测量局网络

英国国家大地测量局网络（Ordnance Survey Net，OSNet）由英国国家大地测量局负责运行和管理。该系统建有超过 140 个基准站，平均间距约为 50km，提供实时高精度 GPS 差分服务，同时可为非实时高精度用户提供最近 30 天跟踪站免费的 Rinex 格式数据。OSNet 系统的基础设施属于英国国家大地测量局，但运营和管理交给了 Leica 公司和 Trimble 公司。英国国家大地测量局负责向两个公司提供原始数据，并由这两个公司提供服务。

3）德国卫星定位与导航服务系统

由德国国家测量管理等部门建立，作为现代空间参考框架，提供多种服务：实时定位服务、高精度实时定位服务、精密大地定位服务和高精度大地定位服务。

4）加拿大主动/被动控制网系统

加拿大主动/被动控制网系统包括加拿大主动控制网系统（Canadian Active Control System，CACS）、被动控制网及加拿大重力基准网，由加拿大自然资源部与大地测量局负责及提供数据。CACS 包括国家级永久跟踪站 17 个、区域主动控制站 32 个、西部变形监测站 23 个及新斯科舍主动控制网 40 个等，总计 112 个站点。CACS 提供的数据产品包括：主动控制点（Active Control Points，ACP）的点信息和位置、GNSS 观测数据、广播星历信息和基于 NGS – SP3 格式的精密轨道和钟差改正信息等。

5）澳大利亚新南威尔士州连续运行参考站网络

澳大利亚新南威尔士州连续运行参考站网络（Continuously Operating Reference Stations Network of New South Wales，CORSnet – NSW）是新南威尔士的一个导航卫星跟踪站网络，支持不同行业和企业用户的科研和产业创新应用，能提供精确的位置和导航服务，如测量、农业、矿业、紧急服务、科学研究、建筑和气象探测等行业应用。

CORSnet – NSW 由新南威尔士土地和财产管理局管理，共建有 80 多个参考站，除提供差分 GPS 数据、RTK 数据之外，还提供 Rinex 格式原始观测数据。

6）日本 GPS 连续应变监测系统

日本 GPS 连续应变监测系统由日本国家地理院（Geospatial Information Authority of Japan，GSI）管理，主要任务包括作为国家现代电子大地控制网点、地壳运动高精度监测网和 RTK 服务系统。

7）中国 CORS 网

为了解决地区及城市高精度实时定位问题，许多城市、省相继建立起了 CORS 站。目前，北京、香港、上海、深圳、天津、武汉、昆明、成都等地已建立了城市的服务系统，广东、江苏、浙江、河北、山西、江西、福建、安徽、山东、湖南、广西、内蒙古、河南、湖北、贵州、吉林等省建成或正在建设覆盖全省的连续运行卫星定位综合服务系统，部分省市基准站网已经开始对社会提供服务。其中，湖北省率先完成了基于北斗的精密定位服务站网的建设，而且在长江航道、气象测报、国土资源调查、城市建设等领域得开始应用。

国家测绘地理信息局作为国内最早应用 GNSS 技术的部门之一，一直非常重视 GNSS 技术的应用和发展，通过引进、消化、吸收，掌握了 CORS 站的建设、管理及应用的相关技术。国家测绘地理信息局于 2012 年 6 月启动了国家现代测绘基准体系基础设施一期工程（简称测绘基准工程）。测绘基准工程将在全国范围内建设 360 个基准站，其中新建 150 个，改造 60 个，直接利用陆态网络项目 150 个基准站，初步形成国家 GNSS 连续运行基准站骨干网。

据不完全统计，国内测绘地理信息系统区域级基准站建设规模已近 2000 个基准站，涉及国土、地震、测绘、气象等多个部门。

2. 北斗地基增强系统

北斗地基增强系统作为北斗系统的重要组成之一，自 2014 年 4 月启动建设，2021 年 3 月全面完成研制建设目标，建成了覆盖我国大陆、首个北斗高精度服务全国"一张网"，形成了米级、分米级、厘米级和毫米级的高精度卫星导航定位服务能力，满足政府、行业和大众对北斗高精度定位、导航及授时等方面的迫切需求。目前，北斗地基增强系统与大数据、卫星遥感、无人机、自动驾驶、智慧交通、精准农业、物联网等新兴领域相互融合、创新发展，成为牵引我国卫星导航与位置服务产业高质量发展最重要的时空智能引擎。

北斗地基增强系统主要由基准站站网、通信网络分系统、数据处理分系统、数据播发分系统和用户终端等五部分组成。

基准站站网由 155 框架网基准站和 2422 个区域网基准站组成，基准站遍及祖国大江南北，在"最南、最北、最东、最西、最高、最低、最冷、最热"环境下均有分布。

通信网络分系统包含国家数据综合处理系统与基准站、行业数据处理系统（含数据备份系统）、数据播发系统等系统间的通信网络，通信网络系统按功能分为基准站接入区、行业平台区和数据播发区三大部分。

数据处理分系统包括计算、存储、备份和安全等基础支撑平台，以及和核心处理软件子系统。核心处理软件子系统具备对北斗基准站数据的存储、处理、分发，差分数据产品发布以及系统运行状态实时监控等基本功能，可满足北斗地基增强系统服务产品播发与高精度拓展应用客户需求。

数据播发分系统由播发处理平台、移动通信播发平台、中国移动多媒体广播播发平台、卫星播发平台（C 波段/L 波段）等组成。

此外，还形成了北斗地基增强系统标准体系，包括总体标准、工程建设标准、运维服务标准、数据接口标准、用户终端标准、测试标准和安全保密标准7个部分。

商业运营方面，中国兵器工业集团公司与阿里巴巴集团于2015年8月联合成立"千寻位置网络有限公司"，注册资本20亿元，成为全球最大的地基增强系统运营商，开创了北斗卫星导航应用新的商业模式。通过互联网融合，北斗地基增强体系基于阿里云计算和数据技术，针对具体应用场景推出了多种特色产品和服务，并已在危房监测、精准农业、自动驾驶等领域实现应用。

2.3.2 地基定位可用性增强系统

地基定位可用性增强系统指在卫星导航系统可用性较低时，通过陆基各类无线电导航技术进行定位以增强定位可用性的导航系统。早先的陆基无线电导航系统如无线电信标、指点信标以及四航道信标系统等，由于历史原因已逐渐退出舞台，而目前使用较多的增强系统有罗兰系统、增强罗兰系统和伪卫星增强系统。

1. 罗兰系统

罗兰（Loran）系统是在第二次世界大战期间由美国开发的一种双曲线无线电导航系统。罗兰系统使用低频段（1750～1950kHz），能够在1500mile（约2400km）的距离内进行导航定位，其准确度为数十英里①。最初，罗兰系统被应用于穿越大西洋的舰队和远程巡逻机，随后在太平洋战区广泛用于舰船和飞机的导航。最早的罗兰系统是Loran-A系统，也称标准罗兰，早期的罗兰系统成本高昂，需要使用阴极射线管显示器进行显示，这限制了其在军事和商业领域的广泛应用。

到了20世纪50年代，随着电子技术的快速发展，更高精度的导航系统应运而生。这一时期，美国海军开发了Loran-B系统，其导航精度达到了几英尺②之内。然而，由于周期识别困难的问题，Loran-B系统并未得到广泛采用。随后，美国空军主导开发了Cyclan导航系统，该系统后来被正式命名为"Loran-C"，并转由海军接管。Loran-C系统使用长波波段，定位距离更远，精度可达数百英尺以内。1958年，美国海岸警卫队接管了Loran-B和Loran-C系统。

目前，世界上最广泛使用的版本是Loran-C系统。其工作频率为100kHz，作用距离可达2000km，定位精度优于300m。Loran-C系统不能确

① 1英里=1609.34米。
② 1英尺=0.3048米。

定高度，只能提供二维导航。其应用领域包括飞机航线导航、终端导航和非精密进场的航空应用、陆上载体定位和车辆自动调度管理方面的陆地应用、海上和空中交通管制应用、高精度区域差分应用、精密授时以及与其他导航系统的组合应用等。

　　这些系统在全球范围内提供了广泛的导航服务，特别是在卫星导航系统无法覆盖或受限的情况下，发挥了重要作用。Loran – C 系统的基本特征如表 2 –5 所列。

表 2 – 5　Loran – C 系统基本特征

基本原理	脉冲相位双曲面定位原理
组成	由地面的 1 个主台与 2 ~ 3 个副台合成的台链和飞机上的接收设备组成
工作频段	90 ~ 110kHz
导航工作区域	2000km（在海面上为 3600km）
一般精度	200 ~ 300m
应用	通过接收多个信号基站的信号，计算出自身所处的位置
缺点	覆盖的工作区域小；电波传播受大气影响；定位精度不高

　　Loran – C 系统是一组具有同一时间基准、同一组重复周期和位于同一地区的 Loran – C 地面发射台。每一个 Loran – C 台链由一个主台和同步工作的两个以上副台组成。一个台链理论上最多可达 5 ~ 7 个，但是目前实际工作的台链最多只有 4 个。最常用的基本几何配置是三角形、Y 形和星形，但是实际台链的几何配置还取决于台址的可利用条件。

　　主台和副台之间的基线长度为 500 ~ 1000km，系统的作用距离约为 1000km。对不同的台链，各台链发射脉冲信号的重复频率是不一样的，即采用频率分割的方式来区分不同台链的信号。而在同一个台链内，各台采用时间分割的方式发射信号，即在一个发射周期内，主台先发射，然后副台依次发射。而且所有的副台在发射时间上和发射载波相位上都与主台同步，以保证双曲线格网的稳定。目前，在 Loran – C 系统中，通常采用高精度的原子钟作为时频标准，使各台链中各台既能独立地工作，又能确保发射信号在时间和相位上的同步。在同一个台链中，主、副台的发射格式和发射顺序有严格的规定，主、副台间歇性地发射具有确定格式的脉冲组。在同一个发射周期内，主台发射的脉冲组共有 9 个脉冲，前 8 个脉冲间的间隔都是 1000μs，第 8 个和第 9 个脉冲间的间隔为 2000μs。各副台发射的脉冲组中只包含 8 个脉冲，各脉冲间隔为1000μs。各台的工作顺序是：主台最先发射，经τ_X的时间休止后，第1个副台发射，经τ_Y休止后第2个副台发射。发射休止时间τ_X、τ_Y、τ_Z、τ_W取值的不同使发射周期不同，因此休止时间可用来区分不同的台链，主台的第9个脉冲用于构成识别台链中各台工作是否正常的编码。

从平面几何学中我们知道，在平面上，任意一点的坐标可由两条线相交确定。这些线可以是直线、圆和双曲线。在导航中，把具有固定导航参数的点的轨迹线（等值线）称为位置线。导航参数可以是用户（舰船、飞机或车辆）相对导航台的方位（相应的位置线是直线或大圆弧），或用户至导航台的距离（相应的位置线是以导航台为圆心的圆周），或至两导航台的距离差（相应的位置线是双曲线），或用户自身的径向速度等。至两个地面导航台具有等距离差的位置线，是这该两个地面导航台为焦点的双曲线族，所以等距离差位置线定位又称为双曲线定位。双曲线位置线的取得是基于在接收点测量来自两个地面台信号到达时间之差，测量得到了上述时差，也就是得到了接收点到两个地面台的距离差。通常认为无线电波传播的速度是不变的常量，故时差与距离差之间具有如下的对等关系：

$$\Delta D = v(t_2 - t_1) \tag{2.1}$$

式中：v为无线电波传播速度，在真空中等于光速约为300m/μs，在海面大气中等于299.5m/μs，在陆地大气中等于299.2m/μs。

双曲线相对虚轴是对称的，也就是说同一距离相应有两条双曲线，双曲线的这种对称特性又称为多值性。另外，在其两个地面台连线的中垂线上，距离差等于零。为了消除上述双曲线多值性和使基线中垂线上的距离差等于零，通常采用使各副台发射信号时间相对主台发射信号时间具有固定延迟的办法来解决，该固定延迟时间必须大于主台信号从主台到副台的基线传播时间与副台设备电路对主台信号的延迟时间之和。这样就可以保证在台链工作区内任何一点，主台信号总是比副台信号先到达。

2. 增强罗兰系统

由于Loran – C和GPS在工作体制（陆基、星基）、工作频率（低频、特高频）以及信号强度（强信号、弱信号）等方面互补性很强，在遭受干扰或打击时一般不会同时受损。因此，Loran – C系统理论上完全可以成为GNSS的增强和备份系统，增强罗兰（Enhanced Long – Range Navigation，eLoran）就是在这样的背景下产生。

增强罗兰系统可以简单理解为是具有为全球导航卫星系统提供备份能力的现代化罗兰系统，美国政府组织交通部（Department of Transportation，DOT）、国土安全部（Department of Homeland Security，DHS）对罗兰系统的政策进行了评估和研究。评估和研究结果表明，Loran－C 系统可能是 GPS 最为理想的备份系统。虽然传统 Loran－C 系统不能满足 GPS 备份的要求，但是经过现代化改造的 eLoran（伊洛纳）系统在精度、可用性、完好性和连续性方面可以满足美国现有的非精密进近、港口进近、陆上车辆和导航定位服务的需要；作为精密时间和频率源可以大大降低单一依赖 GPS 的系统风险。

在 2007 年 1 月，国际罗兰协会（International Roland Association，ILA）公布了《增强罗兰定义文件》，为政策制定者、服务商和用户提供顶层的 eLoran 定义。增强罗兰是一个国际标准的定位、导航和定时的 PNT 服务，在传统 Loran－C 系统基础上，结合最新的罗兰数据通信技术、接收机技术、天线技术和发射机系统，使该系统能够承担 GNSS 的备份和补充系统的功能，采用了增强技术后，增强 Loran－C 系统可以拥有传统罗兰系统无法达到的性能指标。

在 2008 年发布的新的联邦无线电导航规划中，对 Loran－C 系统的政策声明是：保持 Loran－C 系统的短期运行并将 Loran－C 经过改造转变成现代化的 Loran－C 系统，即 eLoran。更引人注目的是，eLoran 第一次在规划中单独设立专题进行阐述，根据美国联邦政府 2008 联邦无线电导航规划，对 eLoran 的定位是：eLoran 是下一代罗兰系统，作为陆基系统，它是独立的、不同于 GPS 体制的但是却是 GPS 的一个补充系统，它在 GPS 失效时将为用户保持 PNT 服务，它比传统 Loran－C 系统拥有更高的精度、可靠性和连续性，同时保持了现有的 Loran－C 的所有功能，它可以为通信系统用户和其他重要的基础部门提供高精度的时间频率基准参考。这些对传统 Loran－C 系统的提高是通过对台站设备的升级、在空间传播信号中加入数据信道以及在接收机端的多台链数字信号处理来实现的。它可以满足飞行领域非精密进近和在航海领域港口进近的要求。

2007 年 10 月，ILA 给出了增强罗兰定义文件版本 1.0，认为核心增强罗兰系统包括了现代化的控制中心、发射台站和监测站以及高性能接收机。增强罗兰发射信号同步到协调世界时（Coordinated Universal Time，UTC），与 GNSS 完全独立，系统组成如图 2－1 所示。

增强罗兰系统包括如下内容。

（1）增强罗兰信号：增强罗兰系统与传统罗兰系统的主要不同是具有数据通道。发射台可以通过数据通道发射校正、告警和信号完整性等信息给用户接收机。数据通道也可以用来播发授时、卫导差分以及短消息等信息。

（2）发射台：增强罗兰发射台时间同步到 UTC，并且不依赖于 GNSS，发射台应具有更好的时间频率控制精度和更好的连续不间断工作播发性能。

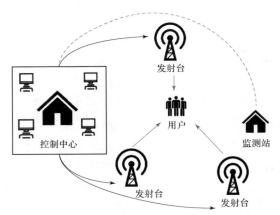

图 2-1 增强罗兰系统组成图

（3）控制中心：发射台站运行不需要人照看，控制中心能快速响应系统故障，制定严格的维修计划以便将影响将到最低，控制中心应具有更高的安全防护措施。

（4）监测站/差分站：监测站实时监测增强罗兰信号的信号，给控制中心实时提供信息，以保障增强罗兰的完整性等性能。监测站也可以作为 Loran - C 信号的差分站，提供增强罗兰的差分信息，以提高用户定位精度。

（5）用户设备：增强罗兰系统用户接收机应是全视野的，对所能接收到的所有增强 Loran - C 信号信号处理，能够接收和解码 Loran - C 信号数据，并对信息进行综合处理应用。增强 Loran - C 信号与传统 Loran - C 信号的性能对比如表 2-6 所列，其中，所需导航性能（Required Navigation Performance，RNP）包括导航系统性能及飞行员和飞机满足特定性能容差的能力。

表 2-6 增强 Loran - C 信号与 Loran - C 信号的性能对比

项目	增强传统 Loran - C 系统	传统 Loran - C 系统
航空		
航线（RNP 2.0→1.0）	具备	具备
终端（RNP 0.3）	不具备	具备
NPA（RNP 0.3）	不具备	具备
航海		
大洋	具备	具备
海岸汇流区	具备	具备
港口入口和接近区域	不具备	具备

续表

项目	增强传统 Loran – C 系统	传统 Loran – C 系统
时间/频率		
1 级频率标准	具备	具备
UTC 每天时间/闰秒	不具备	具备
精确时间 [小于 50ns UTC]	不具备	具备

3）关键技术

为了增强导航性能和授时的准确性，eLoran 在传统 Loran – C 系统的基础上，进一步采用了以下关键技术。

（1）新型发射机技术：传统的 Loran – C 发射台系统占地较大，造价较高，限制了其应用推广。为了减小发射天线尺寸，减少占地和建设成本，并具备理想的信号覆盖范围。据报道，美国达拉斯大陆电子公司（Dallas – based Continental Electronics）提出新的罗兰信号发射方法，使用了数字适应校正、固态放大器、包络调制和宽带匹配网络。通过数字适应校正，在可用带宽内的任何线性失真被去除，包络调制可以对罗兰信号线性化，宽带匹配网络调谐来自电小天线的电容阻抗并改变阻抗来适配发射机，增加可用带宽和压制有害的带外辐射。

（2）改善交叉干扰技术：由于罗兰信号体制的特点，当存在多个罗兰台链工作时，将会产生交叉干扰，影响 eLoran 系统工作性能。有学者提出了降低链参考标识符（Chain Reference Identifier，CRI）对 eLoran 定位精度的影响和减轻方法，介绍了由于 CRI 引起罗兰伪距和定位误差的分析模型，展示了应用于覆盖范围预测和优化 eLoran 脉冲组重复周期（Group Repetition Interval，GRI）选择，结果表明，由于 CRI 引入的误差可以通过明智地选择 GRI 和 eLoran 信号处理的技术发展水平来显著减少。另外，通过使用一个新的相位编码间隔，称为（Bayat Phase Code Interval，BPCI），在频域上消除交叉干扰，所有源自天波延迟大于 700μs 的干扰，通过 BPCI 和平均算法来去除，如果考虑台链 BPCI 的最大公约数和相邻台链干扰等于 0.5kHz 的整数倍，所提出的 BPCI 则消除所有不希望台链的谱线。

（3）传播修正技术：影响增强罗兰性能的主要因素之一是电波传播影响。罗兰信号由发射台到用户端的传播过程中，包括了基本时延、二次相位因子和附加二次相位因子（Additional Secondary Factor，ASF）3 个部分，其中，ASF 是指实际陆地传播路径下的时延，即罗兰地波信号通过陆地相对于全路径为海水的时延变化。在 eLoran 定位和授时应用中，ASF 是引起时延误差的主要因素。

传播修正需要对影响定位精度的传播误差进行修正，传统的传播误差修正方法包括了数学模型修正法、实测修正以及模型加实测修正方法。新的传播修正方法，借助于现代信息处理技术以及互联网技术，通过罗兰信号实时监测传输到数据处理中心，在数据处理中心采用人工智能处理方法并结合气象等外部大数据，来建立短周期和长周期传播修正预测模型，通过装订或者在线更新的方式，应用于接收机中来提供最终的定位精度。

（4）差分高精度定位技术：罗兰定位具有重复定位精度高的特点。通过在港口、码头等局部区域设立实时增强差分罗兰（Enhanced Differential Loran，eDLoran）站，来为用户提供高精度定位和授时服务。在增强差分罗兰系统中，没有采用 Loran - C 系统自身的数据播发通道，而是采用公共移动网络（手机 3G/4G）进行差分数据的传输，并将数据校正的更新率提高到 2s。

增强差分罗兰的基础设施不与 Loran - C 发射台相连接，完全自主运行。荷兰 Reelektronika 公司经过静态和动态试验表明，在鹿特丹港口进行的增强差分罗兰定位结果可以实现 10m 的局部定位精度。韩国计划 eLoran 测试床项目中，要求在差分罗兰站（DLoran）在 30km 区域内的定位精度达 20m（95%），UTC 时间同步 50ns。

3. 伪卫星系统

伪卫星系统主要由 4 个部分组成：伪卫星基站、伪卫星监测站、伪卫星信号网络运行管理系统和相应的伪卫星用户接收机。该系统可以理解为将导航卫星固定在地面上，利用组网伪卫星基站的坐标预先精确测量，并在导航信息中广播。伪卫星系统的原理与 GNSS 相似，也需要至少 4 个基站来提供四维时空服务，由基站发送导航信号，用户接收机接收信号以计算用户接收机和基站之间的距离，伪卫星系统组成如图 2 - 2 所示。

在 GNSS 中，卫星的位置通常由卫星星历获得，而伪卫星的位置一般为固定值。此外，伪卫星通常布设在地面或者低空，因此一般不考虑电离层延迟。

频率 f 上对伪卫星 j 的伪距观测值 P_f^j 为

$$P_f^j = \rho^j + c\overline{\delta t} - c\overline{\delta t^j} + T^j + b_{f,p}^r - b_{f,p}^s + \varepsilon_{P_f} \qquad (2.2)$$

式中：ρ^j 为伪卫星质心至接收机参考点的几何距离；$\overline{\delta t}$ 和 $\overline{\delta t^j}$ 分别为真实接收机和伪卫星的钟差；T^j 为对流层延迟；$b_{f,p}^r$ 和 $b_{f,p}^s$ 分别为频率 f 上接收机端和伪卫星端的伪距硬件延迟；ε_{P_f} 为频率 f 上包含多路径误差在内的其他误差和伪距观测噪声；c 为光速。

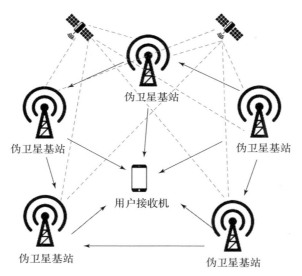

图 2 - 2　伪卫星系统组成图

对于频率 f 上以距离为单位的相位观测值 L_f^j，其观测模型可表示为

$$L_f^j = \lambda_f \cdot W^j + b_{f,L}^r - b_{f,L}^s + \varepsilon_{L_f} \qquad (2.3)$$

式中：λ_f 为频率 f 上的波长；W^j 为以周为单位的相位缠绕误差。

在室内、隧道、地下建筑等复杂场景，GNSS 卫星信号完全被遮挡，甚至完全不可用时，可以使用伪卫星系统作为 GNSS 的备用系统，完全独立地进行工作。由于目标区域的范围一般事先可知，因此可以在目标区域灵活地布设伪卫星基站，提前精确测量伪卫星基站的位置，使得各伪卫星基站之间形成的几何构型最优，这样就可以得到较高的定位精度。而且，伪卫星系统的播发频率可以根据使用场景以及用户需求灵活确定，提高伪卫星系统的可用性。

伪卫星系统可以在以下几个方面增强 GNSS。

（1）增加 GNSS 的覆盖范围和观测时段。虽然 GNSS 具有全球性、全天候等优点，但是由于卫星运动以及地物遮挡，在目标区域的某些观测时段可见卫星数量过少，导致用户定位精度大幅度降低甚至无法定位。然而，伪卫星系统的加入就可以增加 GNSS 的覆盖范围和观测时段。

（2）提高 GNSS 定位的精度。定位系统的定位精度主要与测量误差、卫星的几何分布有关。在目标区域合适地布设伪卫星基站，不仅可以从平面上降低 GNSS 卫星的平面精度因子（Horizontal Dilution of Precision，HDOP）值，而且由于伪卫星基站通常布设在地面或者低空，高度角相对较低，因此在高程方向上也能显著降低高程精度因子（Vertical Dilution of Precision，VDOP）

值，从而整体优化目标区域的几何构型，提高定位精度。

（3）提高 GNSS 定位的求解速度。相对 GNSS 卫星，伪卫星基站与用户接收机的距离通常比较近，因此对于动态定位模式，不同观测历元之间的相关性相对较低，可以提高载波相位测量中整周模糊度的求解速度。

2.4　现有应急导航增强系统现状分析

在当今世界，随着科技的飞速发展和全球化进程的加快，应急导航增强系统的重要性日益凸显。这类系统在保障国家安全、提升灾害应对能力、保护人民生命财产安全方面发挥着至关重要的作用。现有的导航增强系统，包括空基和地基增强系统虽然在可以单独提供高精度或者可用性增强服务，但是面向战场干扰环境、抗震救灾、地下空间等紧急情况下的应用场景时，它们仍然存在显著的局限性。

具体来说，天基增强系统的优势在于其广泛的覆盖范围，能够覆盖到地面基站无法触及的区域，如广阔的海洋和偏远地区。然而，天基系统的成本较高，而且在紧急情况下难以快速部署以提供可靠的增强服务。此外，地基增强系统能够提供高精度的定位服务，精度从毫米级到亚米级不等，满足了众多专业领域的需求。但是，这些系统的服务范围受限于基准站的分布，难以覆盖到高空、海上、沙漠和山区等通信信号覆盖不到的地区。此外，地基增强系统对网络的依赖性较大，网络的不稳定可能会影响服务的连续性和可靠性。建立和维护一个全国性的地基增强系统需要巨额投资，包括基准站的建设、维护以及数据播发系统的运营成本。表 2-7 对代表性增强系统的应急特性进行了统计，重点分析了现有导航增强系统的可用性和应急性能。

表 2-7　现有代表增强系统应急特性统计表

导航系统	精度	适用场景	可用性增强能力	应急性
广域增强系统 WAAS	定位精度在 3m 以内	通过差分技术提升 GPS 的定位精度，适用于民用航空等安全关键应用	不具备	低
欧洲地面导航增强系统 EGNOS	水平精度 1.2m，垂直精度 1.8m	为 GPS 提供额外的准确性，特别适用于航空导航	不具备	低

续表

导航系统	精度	适用场景	可用性增强能力	应急性
SDCM	水平精度 1.5m、垂直精度 3m	为 GLONASS 及其他导航系统提供增强	不具备	低
SpaceX 星链	精度在 8m 以内	提供全球覆盖的高速互联网服务	部分具备	低
DARPA 星座	精度高于 1m	军事通信与监视卫星,提供高精度 PNT 能力	部分具备	低
罗兰系统	精度约 200~300m	传统导航系统,精度较低,主要用于军事和民用航海导航	具备	低
增强罗兰系统	精度约为 20m	通过差分技术显著提高授时精度,适用于关键基础设施	具备	低
连续运行参考站系统 CORS	精度通常可以达到厘米级	通过构建参考站网,支撑城市规划、国土测绘、自动驾驶等多任务场景定位需求	不具备	低
北斗地基增强系统	精度可达毫米级	构建全国范围的参考站网,可以广泛应用于精准农业、智能交通、城市测绘、环境监测、防灾减灾等多个领域	不具备	低
伪卫星系统	精度可达米级	在复杂环境下增强 GNSS 性能,可实现独立导航服务	具备	高

2.4.1　天基导航增强系统的特点

天基导航增强系统作为 GNSS 的重要补充,通过在地球轨道上部署专用卫星或利用已有的通信卫星,对地面用户提供高精度的定位、导航和授时(PNT)服务。这些系统通过播发额外的修正信息和增强信号,显著提高了卫星导航的精度和可靠性,尤其是在地面基站难以覆盖的区域或在复杂环境下。随着技术的进步和应用需求的增长,天基增强系统正逐渐成为现代导航和位置服务不可或缺的一部分。

传统 SBAS,主要由 GEO 卫星星座构成,它在特定应用场景中展现出显著的优势，同时也面临一些挑战。GEO 卫星覆盖广泛区域，能够提供稳定的信号，这对于民航、气象和广播等需要连续稳定导航信号的应用至关重要。GEO 卫星的高仰角有助于减少多路径效应，提高定位的准确性。此外，传统 SBAS 技术相对成熟，已在全球多个国家和地区得到广泛应用，如美国的 WAAS、欧洲的 EGNOS、日本的导航系统和印度的导航系统。它们不仅提供定位服务，还提供完好性增强、连续性和可用性增强，满足航空、航海等领域的高标准要求。然而，SBAS 也存在局限性，如信号衰减、响应时间较长、轨道资源有限和技术挑战，以及建设和维护成本较高。

与此相对的是低轨卫星增强系统技术，它通过部署低轨卫星来增强 GNSS，如 GPS、北斗、GLONASS 和 Galileo 等。这种技术具有信号增强、快速收敛、全球覆盖、抗干扰和防欺骗能力、高精度定位、多系统兼容、灵活性和扩展性以及成本效益等显著特点。低轨卫星由于距离地球表面较近，可以提供更强的信号，这对于改善城市峡谷、室内等遮挡环境下的定位效果尤为重要。低轨卫星的轨道周期短，有助于加快高精度定位的收敛时间。此外，低轨增强系统能够提供厘米级的定位精度，满足智能交通、精准农业、无人驾驶等领域的需求。然而，低轨卫星增强系统也面临着技术挑战，如卫星的短寿命、轨道维持、空间段与地面段的协同控制等。

天基导航增强系统在提供全球覆盖和高精度导航服务方面具有显著优势，但在作为应急增强系统时也存在一些局限性。天基导航增强系统不适合做应急增强的 3 点主要原因如下。

（1）成本问题：天基导航增强系统的布置和维护成本较高，若要实现应急场景区域的覆盖，可能需要调整卫星的姿态或者轨道，这会极大地消耗卫星的寿命，导致巨大的成本开销。

（2）技术挑战：天基导航增强系统面临的技术挑战包括导航增强频率的兼容互操作、通信/导航信号一体化设计、低轨卫星星座管控、高动态导航增强信号捕获与跟踪等。这些技术目前尚未完全攻克，需要时间和资源来进一步研究，对部分应急场景需求可能无法满足。

（3）依赖地面基础设施：虽然天基系统可以提供全球覆盖，但其性能仍然依赖于地面基础设施，如地面监测站和上行注入站。在紧急情况下，这些地面设施可能会受损或无法使用，影响天基增强系统的性能。

2.4.2 地基增强系统的特点

对于地基定位精度增强系统，目前全球范围内已建设了大量的增强系统基础设施，能够在所覆盖范围内提供最高至毫米级的定位增强服务，满足大众及各类行业用户的定位精度需求。然而，现有的地基增强系统在满足应急导航需求方面也存在如下问题。

（1）服务覆盖范围通常十分有限。地基增强系统的服务精度受到基准站建设范围的限制，距离基准站较远的地方无法享受到高精度服务，而且基准站建设的周期较长，难以满足应急场景对精度增强服务建立时效性的要求。

（2）基站对观测环境的敏感性。基准站对卫星观测值质量的要求非常高，周边出现干扰信号则有可能导致该基准站数据无法使用，从而导致高精度服务中断。然而，应急场景多伴随着复杂环境同时出现，对基准站的抗干扰能力也提出了更高的要求。

（3）可用性和高精度难以兼顾。以增强罗兰系统为代表的地基可用性增强系统，采用的是低频信号，具有较强的抗干扰能力，且发射功率较大，不易被干扰，在卫星导航定位系统可用性较低时是一种重要的备份导航定位手段。但传统罗兰系统定位精度在百米量级，相比卫星导航系统较低，而增强罗兰系统虽然可以大幅提升罗兰系统定位精度，但其与地基增强系统类似，需要借助额外的通信手段播发差分信息，其服务范围与持续服务能力均受到播发通道的限制。此外，罗兰系统的用户终端体积大、功耗高、集成度低，作为备份导航定位手段不符合便携要求及无感切换要求。

（4）难以快速构建精准的时空基准。相比罗兰系统而言，伪卫星系统由于发射信号频点、技术体制均与卫星导航系统类似。因此，可将卫星导航定位终端与伪卫星定位终端一体化设计，结合伪卫星基准站的快速开设部署，在应急场景下卫星导航定位系统可用性较低时基于地基设施快速提供导航定位服务，确保航定位信息连续可用。但是，伪卫星基站通常不携带高精度的原子钟，而是使用较为便宜的压控温补晶体振荡器作为时钟，这会造成严重的时钟漂移，影响服务性能，很难快速构建起精准的时空基准。

根据上述分析，现有的空基和地基导航增强系统均不能很好地满足应急导航增强需求，需要开发一套天地一体化的应急导航增强系统。该系统的设计重点应在如下几个核心领域。

（1）提升应急布置的灵活性：新的应急导航增强系统将由可快速部署的应急导航增强节点和用户终端组成。这些增强节点能够利用多种机动平台，如车载或机载平台，实现迅速的现场部署，从而减少建立基站的经济负担。此外，这些节点将集成专用通信设备，以实现从部署到定位再到播发服务的无缝一体化操作。用户终端将配备与增强节点兼容的通信设备，以接收增强信号并实现高精度定位。

（2）确保时空基准的精确性：系统将融合多种先进技术，如低轨卫星支持、空时频抗干扰技术、网络协同测量和精密单点定位技术，以实现应急导航增强节点的快速自定位和精准时空基准的构建。一旦建立，系统将通过专用通信网络向用户播发高精度的定位增强服务。

（3）增加服务模式的多样性：应急导航增强系统将能够根据具体的应急场景提供定制化的高精度和高可用性导航增强服务。例如，在军事行动中，它可以为部队的跟踪系统提供必要的精度增强；在森林火灾等救援行动中，它可以提高消防人员的导航服务可用性。此外，应急导航增强系统还应提供关键的应急导航节点指挥调度服务，以优化应急导航服务的布置时间成本和服务效能。

通过这些提升，应急导航增强系统将能够为各种紧急情况提供快速、可靠和精确的导航支持，从而显著提高应急响应的效率和效果。

第3章
天地一体化应急导航增强系统服务能力

本章对天地一体化应急导航增强系统进行概要介绍，从系统组成、服务模式及系统工作原理3个方面分别展开。

3.1 系统基本组成

天地一体化应急导航增强系统可分为服务侧及应用侧两部分，如图3-1

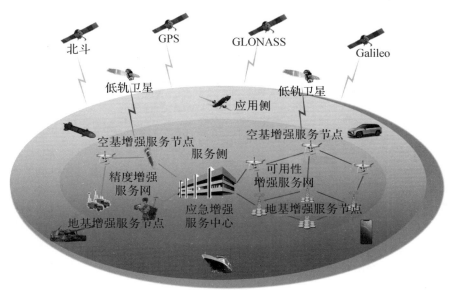

图3-1 应急导航增强系统组成图

所示。其中，服务侧通过播发导航增强信号为应急场景提供导航服务，其承载平台可以是临近空间、空中、地面的各类型载体，如无人机、车辆、地面固定站等。应用侧通过接收服务侧发出的导航增强信号实现应急场景下的导航服务，其承载平台主要是空中及地面的各类型载体，如无人机、车辆、人员等。天地一体化应急导航增强系统通过服务侧提供导航增强信号为应急区域提供恶劣环境下的导航服务，从而保障用户侧在应急场景下的导航，改善各类用户的导航能力。

3.1.1 应急导航增强服务侧

天地一体化应急导航增强系统服务侧通常可采用"一个中心，两类节点"服务架构，如图3-2所示，一个中心为天地一体化应急导航增强系统服务中心，包含精度增强分中心和可用性增强分中心；两类节点包括空基增强服务节点和地基增强服务节点两类。其中"一个中心"天地一体化应急导航增强系统服务中心作为主节点，与空基、地基"两类节点"形成导航增强服务网络，为应急区域提供导航增强服务。

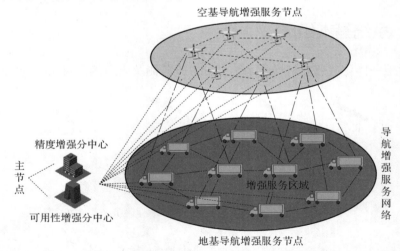

图3-2　应急导航增强服务侧组成图

天地一体化应急导航增强系统服务中心是天地一体化应急导航增强系统服务侧的"智慧大脑"，负责服务侧各节点的运行控制，包括空基和地基导航增强服务节点的时空基准统一、状态监测、指令控制等。服务中心保障了天地一体化应急导航增强系统各节点能够发送正确的增强信号及信息，从而实现应急导航增强服务。

天地一体化应急导航增强系统服务侧的两类节点包括空基导航增强服务

节点和地基导航增强服务节点。其中空基增强服务节点是以无人机、临空飞行器等作为载体，地基增强服务节点是以车辆、固定站点等作为载体，两类节点都是通过播发应急导航信号或导航信息实现应急区域的导航能力提升。两类节点在服务中心的控制下：一方面需要实时确定自身的高精度时空基准；另一方面需要实时对应急区域播发导航增强服务需要的信号或信息。

天地一体化应急导航增强系统服务侧根据导航增强服务类型可分为精度增强和可用性增强，两种模式均需要服务中心与两类节点协同实现。精度增强模式中服务中心需要生成高精度改正信息，通过两类节点播发增强信息。可用性增强模式中服务中心需要为两类节点播发信号注入统一时空信息及播发指令等，通过两类节点播发导航增强信号，从而为各类应用终端提供应急场景下的导航定位精度增强服务及可用性增强服务。

3.1.2　应急导航增强应用侧

天地一体化应急导航增强系统应用侧是可以使用应急导航增强系统服务侧发出信号的各种应用终端，可以为处于应急导航增强系统服务范围内的行人、车辆、无人机等各类载体平台提供应急导航增强服务，实现恶劣环境下导航能力的高精度增强或可用性提升。天地一体化应急导航增强系统应用侧可以根据应急导航增强服务使用者的需求，研制不同功能、不同性能、不同形态的种类丰富的应用终端，如图3-3所示。

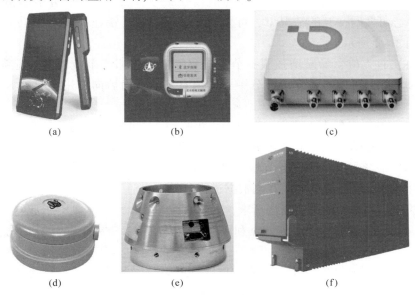

图 3-3　各类应急导航增强系统应用终端

3.2 系统服务模式

天地一体化应急导航增强系统可提供高精度增强及可用性增强两种服务，每种服务又可根据用户使用需求分为多种模式。卫星由于服务范围广，可实现广域增强服务，而对于无人机、车辆等载体，可提供局域增强服务。然而，对于用户而言，根据所处环境特征，将广域网与局域网融合应用，会实现服务性能的改善。

3.2.1 高精度增强模式

应急导航增强服务侧包括增强服务中心精度增强分中心和应急导航增强服务节点，其中增强服务中心精度增强分中心增强模式与其他定位增强系统。例如，CORS、北斗地基增强系统类似，均为在服务中心对各基准站观测数据进行处理，生成多种类型的精度增强产品，通过专用网络向应用终端进行播发。由于应急导航增强服务节点开设部署时间短，距离固定基准站较远，其增强模式相比传统精度增强系统差异较大，可分为实时模式、预载模式和广播星历模式3种增强模式。

1）实时模式

在应急导航增强服务节点应急导航增强服务节点与增强服务中心精度增强分中心可实时交互的情况下，可采用实时模式进行快速高精度定位工作流程如图3-4所示。

（1）首先应急导航增强服务节点应急导航增强服务节点配置相应参数，实现和增强服务中心精度增强分中心的消息互通，而后向军用实时服务平台发送"实时精密定位服务请求"。

（2）增强服务中心精度增强分中心接收到请求指令后，将实时精密轨道、钟差产品推送给应急导航增强服务节点。

（3）应急导航增强服务节点对接收到的实时精密轨道、钟差产品进行解码，并利用自身接收的实时观测数据进行时间戳比对，若时间大于30s，即匹配不成功，则重新向平台发送请求，否则进行下一步。

（4）应急导航增强服务节点利用实时精密轨道、钟差产品计算精密卫星位置、钟差。

（5）对观测值进行粗差剔除、周跳探测及修复后进行消电离层等组合，并对固体潮、对流层、天线相位缠绕、相对论效应等误差进行修正。

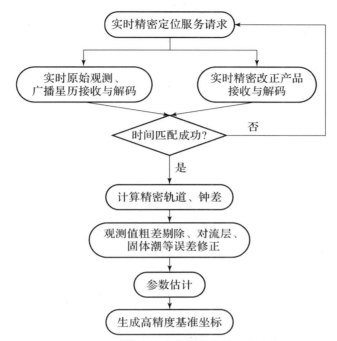

图 3 – 4　实时模式快速高精度定位工作流程图

（6）利用卡尔曼滤波或最小二乘方法对参数进行估计，解算位置信息，经过一段时间的收敛生成高精度基准坐标。

2）预载模式

在应急导航增强服务节点与增强服务中心精度增强分中心无法实时交互的情况下，可采用预载模式提前将预报精密产品加载到应急导航增强服务节点中进行快速高精度定位，工作流程如图 3 – 5 所示。

（1）首先应急导航增强服务节点配置相应参数，实现和增强服务中心精度增强分中心的消息互通，然后向军用实时服务平台发送"预报精密定位服务请求"。

（2）增强服务中心精度增强分中心接收到请求指令后，将预报精密轨道、钟差产品推送给应急导航增强服务节点。

（3）应急导航增强服务节点对接收到的预报精密轨道、钟差产品进行解码，并利用自身接收的实时观测数据进行时间戳比对，若时间大于30s，即匹配不成功，则重新向平台发送请求，否则进行下一步。

（4）对观测值进行粗差剔除、周跳探测及修复后进行消电离层组合，并对流层、固体潮、天线相位缠绕等误差进行修正。

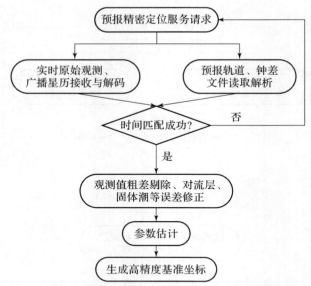

图 3-5　预载模式快速高精度定位工作流程图

（5）利用卡尔曼滤波或最小二乘方法对参数进行估计，解算位置信息，经过一段时间的收敛生成高精度基准坐标。

3）广播星历模式

在应急导航增强服务节点与增强服务中心精度增强分中心无法进行交互的情况下，应急导航增强服务节点可利用广播星历模式进行自身高精度位置的解算，具体工作流程如图 3-6 所示。

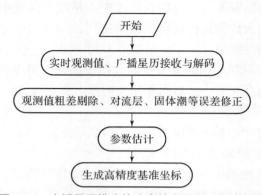

图 3-6　广播星历模式快速高精度定位工作流程图

（1）应急导航增强服务节点实时接收原始观测值、广播星历数据并进行解码。

（2）对观测值进行粗差剔除、周跳探测及修复后进行消电离层组合，并对流层、固体潮、天线相位缠绕等误差进行修正。

（3）利用卡尔曼滤波或最小二乘方法对参数进行估计，解算位置信息，经过一段时间的收敛生成高精度基准坐标。

3.2.2　高可用增强模式

应急导航增强高可用增强服务是通过无人机或车辆等载体播发导航信息或信号，实现辅助情况下的高可用增强导航。根据用户应用条件不同，有多种高可用增强模式，包括独立导航增强、融合导航增强两种模式。

1）独立导航增强模式

用户终端只接收天地一体化导航增强系统服务侧播发的信号即可实现导航，无需接收其他系统信号。主要应用在卫星导航定位系统可见星数量不足或星座状况极差的情况下，如矿井、深谷、隧道、地下环境或室外受电磁干扰严重的场景。在这些环境下，卫星导航定位系统几乎失效。天地一体化导航增强系统是用户在复杂环境下实现了导航能力，极大提升了服务区域的导航可用性。独立导航模式服务侧部署具体工作流程如图 3-7 所示。

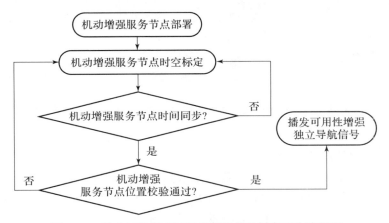

图 3-7　独立导航模式可用性增强信号播发工作流程图

（1）在服务区域部署机动增强服务节点，根据服务节点发射天线高度，满足最大部署间隔约束条件。

（2）机动增强服务节点进行自身时空标定，实现与增强服务中心可用性增强分中心的消息互通。

（3）机动增强服务节点与增强服务中心可用性增强分中心时间实现同步。

（4）全部机动增强服务节点位置互校验，进行位置准确性检验。

（5）播发可用性增强独立导航信号。

2）融合导航增强模式

用户终端需要同时接收天地一体化应急导航增强系统服务侧播发的信号及 GNSS 信号，融合应用两种信号实现导航可用性的提升，因此需要用户处于可接收 GNSS 信号的开阔地带，天地一体化导航增强系统与 GNSS 需采用统一坐标系。用户接收机可同时接收和解调来自卫星导航定位系统和应急导航增强系统的导航信号，并可根据信号强度来自主决策各系统导航信号的权重。如图 3 - 8 所示，当用户处在既有应急导航增强系统信号又有卫星导航定位系统信号的环境下的定位状态。

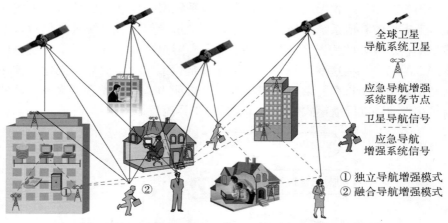

图 3 - 8   应急导航增强系统与卫星导航定位系统协作定位示意图

当用户终端处在室外卫星导航定位系统星座可见区域内，但终端所处地点存在电磁对抗或位于城市峡谷等复杂电磁环境下，可融合卫星导航信号及应急导航增强信号实现定位。应急导航增强系统一方面可转发收到的卫星导航信号电文，使得用户终端在无需解调电文的情况下实现 GNSS 信号接收灵敏度的改善；另一方面可通过应急导航增强信号获取初始位置，通过获取粗略位置及时间，缩短 GNSS 信号的捕获时间。融合导航模式服务侧部署具体工作流程如图 3 - 9 所示。

（1）在服务区域部署应急导航增强服务节点，根据服务节点发射天线高度，满足最大部署间隔约束条件。

（2）应急导航增强服务节点接收 GNSS 信号。

（3）判断应急导航增强服务节点是否成功获取 GNSS 电文、节点位置，若不成功，需要调整应急导航增强服务节点部署位置，直至成功。

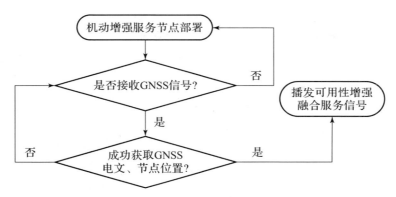

图 3-9　可用性增强融合导航信号播发工作流程图

（4）播发可用性增强融合服务信号。

除卫星导航定位系统外，应急导航增强系统还可以与其他定位系统协同定位，如惯性导航系统、视觉导航系统等，越来越多的用户已经明确提出了多导航手段融合的迫切需求，这也是我国国家综合 PNT 未来研究的重点方向之一。

3.3　系统工作原理

天地一体化应急导航增强系统所提供的高精度增强及可用性增强两种服务模式的工作原理不尽相同，高精度增强模式主要应用系统播发的导航增强信息，属于信息增强，可用性增强模式主要应用系统播发的增强信号，属于信号增强。

3.3.1　精度增强服务工作原理

天地一体化应急导航增强系统精度增强服务中，用户需要同时接收卫星导航信号及服务侧播发的导航增强信息。服务侧由增强服务中心精度增强分中心和多个不同类型的增强服务节点组成。增强服务中心精度增强分中心通过基准站获取的原始观测值数据，生成广域、区域实时动态码相位差分技术（Real Time Differential，RTD）、区域实时载波相位差分技术等定位增强数据，通过专用通信网络发送给静止或应急导航增强服务节点，再由增强节点播发给应用终端。此外，精度增强服务中心也可向用户提供通用的导航服务，如路径规划、坐标拾取、位置监控等，如图 3-10 所示。

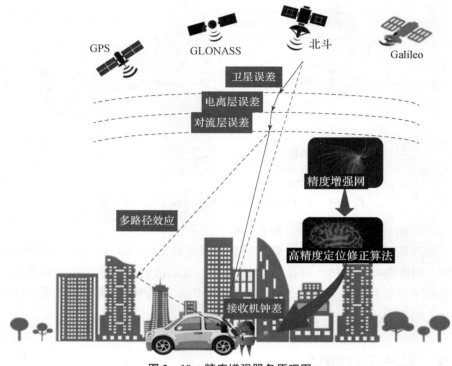

图 3 - 10　精度增强服务原理图

　　卫星导航定位误差主要来源于 3 个方面：一是卫星自身轨道、时钟不精确带来的误差，二是接收机自身时钟不精确带来的误差；三是卫星信号传输过程中带来的电离层误差、对流层误差、多路径效应误差等。上述种种误差叠加导致最终在用户终端实现的定位精度约为 10m，因此精度增强的手段即是尽可能消除上述误差，以提升终端定位精度。增强服务中心精度增强分中心的数据处理技术与通用的 CORS 增强系统、北斗导航增强系统数据处理技术类似，通过对多个基准站卫星观测值进行处理，生成各类不同精度的定位增强数据产品。用户终端同时接收卫星导航信号与定位增强数据产品进行高精度定位修正，即可消除掉部分误差，提升定位精度最高至 3 ~ 5cm。

　　与常用的精度增强系统不同的是，为满足应急场景下的定位精度增强服务需求，需要在无基础设施的环境下快速布设应急导航增强服务节点，其服务质量的好坏取决于应急导航增强服务节点的布设时间与服务精度。因此，需要突破应急导航增强服务节点快速收敛高精度定位技术、抗干扰定位技术等一系列关键技术，以实现应急导航增强服务节点在干扰环境下的快速高精度定位，从而能够在应急场景下更快更好地提供精度增强服务。

3.3.2　可用性增强服务工作原理

天地一体化应急导航增强系统可用性增强服务主要依赖空基或者地基增强服务节点提供服务。服务节点因其发射功率较高，使其在复杂环境下能够提高服务可用性。服务节点承担着发射和接收信号的关键任务，所播发的信号采用与卫星导航类似的体制（以下简称类北斗信号），可用性增强服务中心负责各服务节点的时空基准保障、可用性增强服务能力监测及预测等，原理如图 3 – 11 所示。可用性增强服务中独立导航增强和融合导航增强模式对用户所接收信号需求不同。

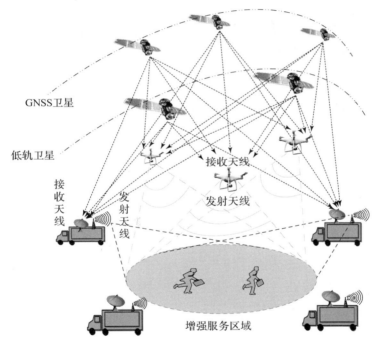

图 3 – 11　可用性增强服务原理图

独立导航增强模式用户仅需要接收空基或者地基增强服务节点所播发的信号。用户终端同时接收不少于 3 个增强服务节点的信号，利用与全球卫星导航系统相同的三球交汇原理既可以实现自身位置确定。

融合导航增强模式用户需要同时接收空基或者地基增强服务节点播发信号以及全球卫星导航系统信号。用户终端同时接收不少于 4 个全球卫星导航系统信号以及服务节点播发的信号，利用三球交汇原理以及不同系统间误差模型矫正实现自身位置确定，用户可根据收到全球卫星导航定位系统信号情况及增强信号的情况选择参与解算的观测量。可分为以下两种情况。

（1）增强服务节点播发的全球卫星导航系统电文辅助下，用户终端无须解调电文并且初始概略位置已知。这会使中终端捕获信号时间大幅缩短，同时信号跟踪灵敏度得到提升。此时，若接收全球卫星收到可见卫星数量大于 3 颗，可直接按照全球卫星导航接收机定位解算方法实现定位；

（2）增强服务节点播发的全球卫星导航系统电文辅助下，用户终端收到可见卫星数量不足，需要将增强服务节点观测量引入解算。需首先选择与可见卫星信号来向夹角较大的增强服务节点观测量进行联合解算，同时将增强服务节点时空基准与 GNSS 误差扣除；然后按照全球卫星导航接收机定位解算方法实现定位。

此外，由于可用性增强服务播发信号存在远近效应问题，解决这一问题是用户在上述不同情况下能够获取稳定服务的前提。

第 4 章
应急导航增强系统服务侧

天地一体化应急导航增强系统服务侧所包含的"一个中心、两类节点"是系统服务的核心,服务中心及服务节点均需要具备自身时空基准确定、增强信息生成、增强信号播发、服务等能力。

4.1 应急增强系统时空基准

天地一体化应急导航增强系统服务侧能够提供应急导航增强服务的前提是在复杂环境下服务中心及各节点自身能够获得高精度时空基准。然而,在基础设施缺失、电子对抗等复杂环境下,空基及地基两类增强服务节点时空基准确定困难重重。通过卫星播发的导航增强信号、阵列天线接收机、服务节点网络协同实现复杂环境下的时空基准是 3 种常用手段。

4.1.1 基于低轨卫星辅助的时空基准建立

目前,利用 LEO 卫星作为导航增强卫星正在逐渐成为一种趋势。随着星载 GNSS 测定轨技术的成熟和辅助加速度计在摄动力测定中的应用,LEO 卫星定轨精度优于分米级。与传统 GEO 卫星相比,LEO 卫星有着得天独厚的优势,较低的轨道有利于改善地面信号强度和用户终端的抗干扰能力,快速变化的几何构型为定位解算提供了相关性更小的观测数据,有利于提高定位速度和精度。

低轨导航增强系统由低轨通信卫星、一体化用户终端、参考站(可选)组成,并且与中、高轨的导航卫星的导航信号协同工作,实现增强的导航性能，从而有效解决天地一体化应急导航增强系统服务侧时空基准确定问题。基于低轨星座的导航增强系统组成原理图如图 4 – 1 所示。

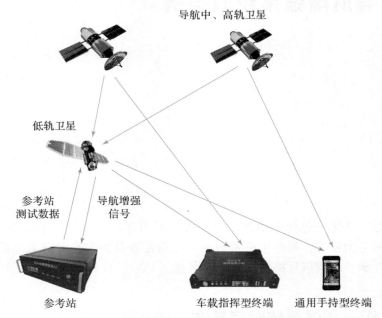

图 4 – 1　基于低轨星座的卫星导航增强系统

　　低轨卫星导航增强独立定位技术是一种结合了低轨移动通信信息和北斗导航信息对用户终端进行定位的技术，属于综合型的增强系统。一方面，用户终端可以直接测量增强信号，获取定位信息；另一方面，用户终端也可以通过数据链路获取进一步的增强方式。低轨卫星导航增强需协同传统的导航定位技术工作，但相对于无增强的导航系统，具有极大的定位速度、定位精度和抗干扰能力优势，具体优势如下。

　　（1）改善服务连续性和抗干扰能力。在卫星信号的捕获过程中，建筑物、植被或者其他的建筑或自然因素会遮挡住部分或者全部的卫星，使接收端无法连续地获得卫星信号，因而得不到卫星的星历和时钟数据，实现不了定位。通过幅度增强的通信导频信号提供的辅助数据能够解决这类问题，较好地实现定位。同时在特定需求区域，可以增强至 40dB，实现强大的抗干扰能力。

　　（2）增强接收机灵敏度。通过粗定位和粗时间同步，使接收机搜索的频率点和码相位大幅度减少，在保证全部搜索时间不多于传统 GPS 接收机的情况下，在有效的搜索区域可以驻留更长的时间，能够对传统 GPS 接收机不能识别的弱信号进行测量。

（3）减少冷启动首次锁定时间。通过服务器传送卫星的星历与时钟参数，接收机不用从卫星信号中收集与解码导航数据，数据率按 1.2kb/s 计算，远大于卫星信号中的 50b/s，得到卫星数据的时间大幅度地减少，使得冷启动时的首次锁定时间远小于纯依赖导航信号的情形。

（4）减少捕获卫星信号的时间。由于接收机与卫星的相对运动，在频率上接收信号相对于原始信号产生了漂移，称为多普勒频移。在接收机锁住卫星信号前，必须对码相与多普勒频移进行搜索。通过提供卫星时钟参数和星历数据，能计算出精确的卫星位置和速度数据，进而计算出卫星信号的多普勒频移，减少了接收机的搜索频率点，不用在整个搜索区域搜索所有可能的频率点。同时，能提供相对精确的参考时间，性能将得到进一步改进，码相位搜索区域将会大大地减少，可以由 1023 个码片减少到 10 个码片左右。如果每个频率点和码相位点的搜索时间相同，就进一步减少了首次锁定时间，首次锁定时间降低又能减少功率损耗。

（5）加快位置解算。从通信信号提供的辅助数据中含有近似位置和精确时间，能够较大地减少位置解算时间。

（6）提供了高精度动态定位的简易部署方式。目前的区域差分导航站的设立都需要专用设备，需要考虑借助地面通信网络，或者在无地面通信网络区域需要自行架设无线通信设备。在低轨通信卫星的辅助下，可以快速实现百公里范围内参考站的简易部署。由于差分信号中含有对低轨卫星信号的测量结果，并且低轨卫星的构型变化足够快，因此可以实现动态的高精度定位。由于高精度定位是通过差分的形式实现的，因此低轨卫星本身钟差以及定轨误差都可以被差分消除，大大降低了导航增强型通信卫星的实现难度和实现成本。

1. 导航增强信号能量及抗干扰能力

假设低轨卫星座通信卫星用户链路射频功率为 120W，卫星发射天线增益 $G_T = 16\text{dBi}$，设用户终端位于最低观测仰角为 10° 的卫星覆盖区内，接收天线增益 $G_R = 0$，噪声温度 $T \leqslant 350\text{K}$，大气损耗为 1dB。

由接收点的功率通量密度 $W_E = \dfrac{P_T}{4\pi d^2}$，接收天线的有效面积 $A\eta = \dfrac{G_R \lambda^2}{4\pi}$，接收点的功率 P_R 为

$$P_R = W_E A\eta = \frac{P_T A\eta}{4\pi d^2} = P_T G_T G_R \left(\frac{\lambda}{4\pi d}\right)^2 \tag{4.1}$$

其中，自由空间传输损耗 L_f 为

$$L_f = \left(\frac{4\pi d}{\lambda}\right)^2 = 170.3 \, (\text{dB}) \tag{4.2}$$

则可以计算出用户终端接收到的功率为

$$C = P_T + G_T - L + G_R - 1 = -134.5 \, (\text{dBW}) \tag{4.3}$$

由以上分析可知，用户终端接收到的低轨星座通信卫星的增强信号功率比接收北斗导航卫星信号功率高约为 29dB 左右。

用户终端接收到的载噪比为

$$\frac{C}{N_0} = C - 10\lg T - 10\lg K = -134.5 - 25.4 + 228.6 = 68.7 \, (\text{dB} \cdot \text{Hz}) \tag{4.4}$$

式中：$K = 1.38054 \times 10^{-23} \, (\text{J/K})$ 为波耳兹曼常数。若信道采用 1/2 码率卷积码 $\left[\dfrac{E_b}{N_0}\right]_{\text{th}} = 5.1\text{dB}$，1.2288Mc/s 速率 QPSK 调制，$R_b = 2.4\text{kb/s}$，则阈值 $\left[\dfrac{C}{N_0}\right]_{\text{th}} = \left[\dfrac{E_b}{N_0}\right]_{\text{th}} + [R_b] = 38.9 \, (\text{dB} \cdot \text{Hz})$（$R_b$ 采用低数据通信速率 2.4kb/s），链路余量约为 29.8dB。

设干扰功率谱密度为 J_0，则可得到信号的抗干扰能力为

$$10\lg\left(\frac{C}{N_0 + J_0}\right) = \left[\frac{C}{N_0}\right]_{\text{th}} \tag{4.5}$$

$$\left[\frac{C}{J_0}\right] = -10\lg\left(10^{-\frac{\left[\frac{C}{N_0}\right]_{\text{th}}}{10}} - 10^{-\frac{\left[\frac{C}{N_0}\right]}{10}}\right) = 38.9 \, (\text{dB} \cdot \text{Hz}) \tag{4.6}$$

可得到进入接收机的干扰功率可达到

$$[J] = [C] - \left(\left[\frac{C}{J_0}\right] - [B_n]\right) = -134.5 - 38.9 + 10\lg(1.25 \times 10^6)$$
$$= -112.4 \, (\text{dBW}) \tag{4.7}$$

此时干信比为 21.9dB，但在干扰环境下，干信比通常比较高。因此，需要提升低轨星座通信卫星下行信号的抗干扰能力，使其能容忍更大的干扰。

在干扰环境下，可以采取宽带扩频、降低信息速率、基本信息重复编码、可靠传输和功率提升等手段相结合，来提高低轨星座通信卫星下行信号自身的抗干扰能力，可采取的措施如下。

（1）宽带扩频：如果要提高低轨星座通信卫星下行信号自身的抗干扰能力，可以将信道带宽展宽（如占用整个 10MHz 带宽），迫使干扰信号也展宽带宽，即干扰其所有 10MHz 带宽，这将使能容忍的干扰功率增大 $10\lg\left(\dfrac{10 \times 10^6}{1.25 \times 10^6}\right) = 9 \, (\text{dB})$。

（2）降低信息速率：考虑导航应用的实际需要，在宽带扩频的基础上，

增强信号信息调制速率可降低至 0.6kb/s，同时保证信号跟踪测量及信息误码率要求前提下，无纠错编码时 $\left[\dfrac{C}{N_0}\right]_{th} \approx 32.9\text{dB} \cdot \text{Hz}$，此时，有

$$\left[\frac{C}{J_0}\right] = -10\lg\left(10^{-\frac{\left[\frac{C}{N_0}\right]_{th}}{10}} - 10^{-\frac{\left[\frac{C}{N_0}\right]}{10}}\right) \approx 32.9(\text{dB} \cdot \text{Hz}) \tag{4.8}$$

$$[J] = [C] - \left(\left[\frac{C}{J_0}\right] - [B]\right) = -134.5 - 32.9 + 10\lg(10 \times 10^6) = -97.4(\text{dBW}) \tag{4.9}$$

（3）基本信息重复编码：增强信息分为基本信息和非基本信息两部分，在增强信息的传递过程中不降低信息的传输速率。例如，对于一条 9.6kb/s 的数据信道，分为两条 4.8kb/s 的信道，其中一条发送 4.8kb/s 的基本信息，另外一条发送 4.8kb/s 的非基本信息。由于基本信息的信息量很小（只有几十比特），可以对基本信息重复发送，增加其传输的可靠性。在良好环境下，接收机可以同时接收基本信息和非基本信息，提高接收机的定位精度、减少首次定位时间等；在挑战环境下，接收机只能接收到基本信息并完成初步的定位功能，提高接收机的可用性。

（4）可靠传输：采用高效编码如 LDPC 和 Turbo 码，可进一步降低接收阈值，获得近 3dB 增益。本书将考虑 LDPC 码 + 数字喷泉码的级联，在低轨卫星通信系统中的分组级 FEC 层，通过在星地接入网中的分发服务器和接收机两端进行数字喷泉编译码，提高分发效率和成功分发概率，实现低轨卫星信号的可靠传输，使增强信号抗干扰能力进一步增强，从而实现导航增强信息在全球范围内的可靠高效播发。

（5）功率提升：由于每波束内导航增强信号仅有一个，而通信信号较多，可降低通信信号功率（通信信号有较大的链路余量），则导航增强信号功率可以得到增加。另外，还可以通过减少通信信道的方式来提高导航增强信号的功率。

2. 导航增强及北斗信号融合处理技术

在北斗信号强度严重衰减或者接收机位于强干扰的情况下，由于信噪比较低，误码率较大，此时接收机无法正确解调出卫星的导航电文，而利用低轨通信卫星播发导航电文，并通过采用一些抗干扰的措施，就有可能使接收机通过低轨通信卫星正确接收到导航电文。

利用低轨通信卫星播发导航电文有两种实现方式：一是转发星载导航接收机收到的导航电文；二是由信关站从主控站获得导航电文，再通过星座系统向用户进行播发。

在 LEO 星座系统没有建成之前，可以利用一颗或多颗 LEO 卫星构成一个试验系统，由参考站与用户终端利用同一颗可视的 LEO 卫星实现导航增强，这种工作方式的原理图如图 4 – 2 所示。

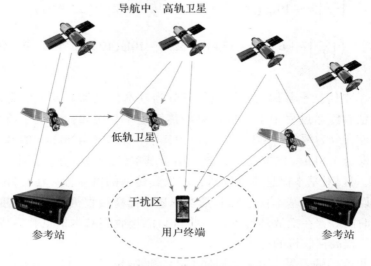

导航中、高轨卫星

低轨卫星

干扰区

参考站　　　　　用户终端　　　　　参考站

图 4 – 2　数据辅助原理图

用户终端在干扰区域内无法正常捕获接收北斗信号；地面参考站在干扰区域之外，能够正常接收北斗信号，解调出导航电文。导航电文在参考站通过上行数据链路由低轨通信卫星转发给用户终端，这里转发有两种方式：一种直接通过低轨卫星发送到终端；另一种通过低轨卫星间的星际链路发送到终端。接收机利用导航电文可以减少搜索的卫星数，从而减少捕获时间。

终端的位置误差越小，获得的多普勒估计和几何距离估计（时延）越准确，可以减小弱信号捕获的频率和码片搜索范围。利用低轨卫星的快速粗定位技术，可以将用户的位置误差范围限制在 10km 以内，下面将估计位置偏差对导航卫星多普勒频移和卫星与终端之间的几何距离计算的影响。卫星、终端、参考点与误差范围几何关系如图 4 – 3 所示。

首先，计算位置误差对多普勒频移的影响。设时刻 i 卫星的位置向量为 $X_{si} = [x_{si} \quad y_{si} \quad z_{si}]$，终端的粗定位位置为 $X_{ui} = [x_{ui} \quad y_{ui} \quad z_{ui}]$，则 $\rho_i = \| X_{si} - X_{ui} \|_2$。误差范围是以粗定位位置为中心，半径为 10km 的圆，R 圆上任意一点作为参考点（此时有最大多普勒频移）。其中，α 为终端到卫星视线矢量与终端到参考点视线矢量的夹角。假设可见卫星的仰角为 β，终端与参考点连线的向量与终端与卫星连线的矢量在水平面上的投影的夹角为 γ，以卫星运动方向为正。卫

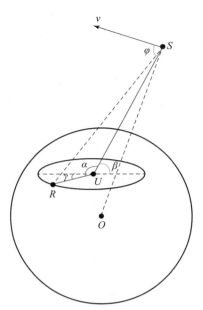

图 4 – 3　卫星、终端参考点与误差范围几何关系示意图

星运动方向与终端到卫星视线的夹角为 φ，假设 θ 为卫星运动速度矢量与终端到参考点视线向量的夹角。

假设导航卫星的轨道高度 20000km，轨道周期 12h，平均线速度为 3.8km/s。当终端静止或动态很小时，相对卫星的运动速度可忽略不计；当终端动态很大时，终端可采用廉价的惯导来补偿终端运动引起的多普勒频移。所以不考虑终端动态性引起的多普勒频移，则多普勒的表达式为

$$f_d = -\frac{1}{\lambda}\left\langle \frac{\boldsymbol{Xs} - \boldsymbol{Xu}}{\rho_i}, \dot{\boldsymbol{X}}s \right\rangle \tag{4.10}$$

多普勒表达式对位置矢量求偏导数，可得位置偏差对多普勒影响的大小，即

$$\delta f_d = \frac{1}{\lambda}\left(\left\langle \frac{\delta \boldsymbol{Xu}}{\rho_i}, \dot{\boldsymbol{X}}s \right\rangle - \left\langle \frac{\boldsymbol{Xs} - \boldsymbol{Xu}}{\rho_i}, \dot{\boldsymbol{X}}s \right\rangle \cdot \left\langle \frac{\boldsymbol{Xs} - \boldsymbol{Xu}}{\rho_i}, \frac{\delta \boldsymbol{Xu}}{\rho_i} \right\rangle \right)$$

$$= \frac{v\delta \boldsymbol{X}_{u2}}{\lambda\rho_i}(\cos\theta - \cos\varphi\cos\alpha) \tag{4.11}$$

式中：v 为卫星运动速度大小；λ 为下行频率的标称波长。

通过空间几何知识可求得

$$\cos\varphi = \frac{R}{R+h}\cos\beta \tag{4.12}$$

$$\cos\alpha = -\cos\gamma \cdot \cos\beta \tag{4.13}$$

$$\cos\theta = \frac{R}{R+h}\cos^2\beta\cos\gamma + \frac{\sqrt{R^2\sin^2\beta + 2Rh + h^2}}{R+h}\sin\beta\cos\gamma \tag{4.14}$$

$$\rho_i = \sqrt{R^2\sin^2\beta + 2Rh + h^2} - R\sin\beta \tag{4.15}$$

所以有

$$\delta f_d = \frac{v\delta X_{u2}}{\lambda(R+h)}\left(\frac{2R\cos^2\beta}{\sqrt{R^2\sin^2\beta + 2Rh + h^2}} + \sin\beta\right)\cos\gamma \tag{4.16}$$

4.1.2 基于空时频抗干扰手段的时空基准建立

在当今的世界，高精度定位技术在诸多领域发挥着至关重要的作用，从自动驾驶汽车的导航到精准农业的作物监测，再到大型建筑工程的测量，无一不需要依赖精确的时空信息。为了提高定位精度，应急导航增强技术被广泛应用于建立更加精确的时空基准。然而，这些高精度定位系统在运行过程中，不可避免地会受到各种干扰，如电磁干扰、多路径效应、信号遮挡等，这些干扰严重影响了定位的准确性和可靠性。

在应急场景下，通过抗干扰手段来确定增强服务节点的高精度位置变得尤为重要。服务节点作为提供差分修正信息的关键节点，其位置的精确性直接关系到整个增强系统的服务质量。如果这些服务节点自身的位置存在偏差，那么其提供的服务也将是不准确的，甚至可能误导用户。因此，在构建增强服务网时空基准的系统中，开发和部署抗干扰技术是至关重要的一步，它直接关系到整个系统的性能和提供的服务质量。

在导航系统中，常常会遭遇各种干扰和噪声的挑战，其中窄带干扰和宽带干扰是最为常见的两种。为了有效对抗这两种干扰，需要采取不同的抑制策略。时域和频域滤波技术在对付强窄带干扰方面表现出色，但对于宽带干扰的抑制效果则不尽如人意。在众多的抗干扰技术中，自适应阵列天线技术在抑制宽带干扰方面表现尤为突出。接下来，本书将详细阐述针对窄带和宽带干扰的抗干扰技术。

1. 窄带抗干扰技术

1）时域抗干扰技术

时域抗干扰技术是指在时间维度上对信号进行处理，以滤除干扰的技术。这种方法特别适用于处理那些与导航信号频谱明显不同的干扰，如连续波干扰、窄带干扰和强烈的带外干扰。通过使用带通滤波器等设备，可以根据信号的频谱特性进行筛选，从而抑制干扰。

在时域中进行的滤波处理，本质上是通过对信号的频域特性进行筛选，实现干扰抑制的效果。由于窄带干扰具有高相关性且不遵循高斯分布，可以通过前向预测的方式来处理。相比之下，导航信号和噪声通常是宽带的，相关性很低，因此不适合进行预测。通过对接收信号进行前向预测，可以估算出窄带干扰的信号。然后，从接收到的信号中减去预测的干扰信号，即可得到去除了窄带干扰的信号。时域抗干扰基本结构如图 4-4 所示。

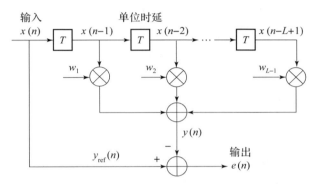

图 4-4　时域抗干扰基本结构

图中 4-4 的前向预测部分其实就是有限冲激响应滤波器，其中的 *T* 为单位时延，通过维纳—霍夫方程即可求得相应权值。五月花就根据时域滤波的原理设计生产出了一种针对 GPS 的抗干扰芯片 AIC-2100。

时域抗干扰技术可以很容易在硬件上实现，在一些特定情况下可以将时域抗干扰处理模块作为接收机前端的一个独立模块。时域抗干扰技术可以抑制约 30dB 的窄带干扰，但是其对宽带干扰的抑制能力十分有限。

2）频域抗干扰技术

频域抗干扰技术也是主要针对窄带干扰的。可以将接收到的信号通过快速傅里叶变换（Fast Fourier Transform，FFT）频域进行处理，其结构图如图 4-5 所示。

图 4-5　频域抗干扰技术结构图

一种基础的频域抗干扰策略是通过在频域内将窄带干扰与有用信号分离来实现的。由于窄带干扰的频谱与卫星信号的频谱在频域中通常很容易区分，因此该方法只需对信号进行 FFT 处理，随后实施分离操作即可。分离处理完成后，再通过逆快速傅里变换（Inverse Fast Fourier Transform，IFFT）信号转换回时域，从而获得经过频域抗干扰处理的时域信号。

在干扰信号与有用信号难以有效区分的情况下，可以采用两种更为复杂的频域处理方法：阈值处理和频域最小均方（Least Mean Squares，LMS）处理。阈值处理的核心在于设定一个频域阈值，将 FFT 后的信号与该阈值进行比较，低于阈值的信号保持不变，而高于阈值的信号则被清零或截断。这种方法在对抗压制式干扰时能有效保持信号的信噪比，但同时它的效果依赖于阈值的恰当选择，并且需要根据不同情况调整阈值。频域 LMS 算法的原理与时域 LMS 算法相似，最初是为了简化时域块 LMS 算法而提出的，后来发展成为一个经典的频域抗干扰算法。其迭代公式为

$$\begin{cases} E_n(k) = X_n(k) - X_n(k)W_n(k) \\ W_n(k+1) = \alpha W_n(k) + 2\mu X_n(k)E_n^*(k) \end{cases} \tag{4.17}$$

式中：$X_n(k)$ 为输入信号 FFT 后的第 n 个频谱分量；$W_n(k)$ 为 k 时刻的第 n 个权值。

从式（4-17）中可以看到当该频谱分量上存在较大干扰的时候，权值会逐渐迭代成 1，则该频谱分量会逐渐迭代成 0，相当于是将存在较大干扰的频谱分量置 0，来达到抑制干扰的目的。将每个频谱分量进行 LMS 算法后再进行 IFFT 即可得到抗干扰后的时域输出为

$$e(n) = \text{IFFT}([E_1(k), E_2(k), \cdots, E_N(k)]) \tag{4.18}$$

然而，信号在经过 FFT 后可能会遭遇频谱泄露问题，这可能导致得到的频谱数据失真，进而影响抗干扰效果。为了缓解这一问题，通常的做法是对信号进行加窗处理以实现平滑效果，但这又可能降低信号的信噪比。为了减少加窗对信号信噪比的影响，可以采用两路信号加窗重叠的策略，其结构如图 4-6 所示。具体方法是将单一信号处理方式转变为双路并行信号处理，并将两路处理后的信号输出进行合并。第一路信号会先经历 FFT、抗干扰处理和 IFFT，然后进行适当的延迟处理；第二路信号则先进行延迟处理，随后进行加窗、FFT、抗干扰处理和 IFFT。这样的处理流程确保了两路信号在最终叠加时具有一致的时延特性。在实际操作中，通常选择让第二路信号相对于第一路信号延迟半个信号单位。

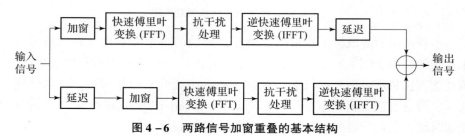

图 4-6　两路信号加窗重叠的基本结构

频域抗干扰技术主要对窄带干扰和强的带外干扰有较好的抑制效果，这种技术能对窄带干扰的抑制能达到 35dB 以上，但对宽带干扰和多扫描瞄准式干扰抑制效果很差。

2. 宽带抗干扰技术

面对宽带干扰，传统的时域和频域抗干扰技术往往难以达到理想的滤除效果。而基于阵列天线的空域滤波技术则从空间角度出发，利用自适应算法调整阵列的权重，进而改变波束的指向。通过精确地将波束的零点对准干扰信号的方向，可以有效地抑制干扰。这种技术不仅对宽带干扰有效，对窄带干扰同样适用。与时域和频域滤波相比，空域自适应滤波技术能够应对更多类型的干扰，而且在硬件实现上更为简便，是导航系统中一种高效的抗干扰策略。

1）自适应阵列天线

天线是无线通信系统中的关键组件，它负责将电信号转换为电磁波或者将接收到的电磁波转换为电信号，天线的设计和性能直接影响通信系统的有效性和可靠性。

阵列天线则是由多个天线单元组成的系统，这些单元可以是相同或不同的天线。通过精心设计的阵列，可以实现更高的增益、更好的方向性和更灵活的波束成形。阵列天线可以是线性的、平面的或三维的，它们通过相位控制和幅度调整，能够合成一个具有特定方向性的波束，从而提高信号的接收和发送效率。阵列天线的皮恶劣形式不同，可以组成不同类型的天线阵，其中最常见的两类是均匀直线阵列和平面阵列。

2）均匀直线阵列天线

均匀直线阵列天线是一种常见的天线阵列形式，由多个天线单元等间距沿直线排列组成。这种天线阵列的每个单元通常具有相同的特性，如振幅和相位。如图 4 – 7 所示，假设天线阵是均匀直线阵，阵元个数为 N，且阵元间距为 d，该天线阵列的辐射方向图由阵元辐射方向图叠加而成。

若电磁波以入射角度 θ 入射到阵面上，该平面波从第 n 个阵元传播到第 $n-1$ 个阵元时，它的波程差为 $d\sin\theta$，以此类推，如果其与某个阵元的间距为 nd 时，则所对应的波程差为 $nd\sin\theta$。假设某个阵元接收的电磁波相位为 0，则任意阵元接收的电磁波相位 $\varPhi_i$ 可以表示为

$$\varPhi_i = k_0(N-i)d\sin\theta \qquad (4.19)$$

式中：$k_0 = \dfrac{2\pi}{\lambda}$，$\lambda$ 为波长。

因此，任意阵元接收的电磁波信号为

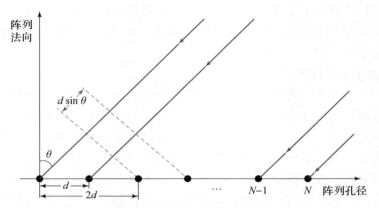

图 4 - 7　均匀直线阵列示意图

$$F_i(\theta,\varphi) = F_e(\theta,\varphi)w_i e^{j\Phi_i} = F_e(\theta,\varphi)w_i e^{jk_0(N-i)d\sin\theta} \qquad (4.20)$$

式中：$F_e(\theta,\varphi)$ 为单个天线的方向性函数；w_i 为第 i 个阵元的激励。若令 $w_i = 1$，则在不考虑阵元之间相位差的情况下，该阵列天线方向性函数为

$$F(\theta,\varphi) = \sum_{i=1}^{N} F_i(\theta,\varphi) = F_e(\theta,\varphi)\sum_{i=1}^{N} e^{jk_0(N-i)d\sin\theta} \qquad (4.21)$$

若令 $S(\theta,\varphi) = \sum_{i=1}^{N} e^{jk_0(N-i)d\sin\theta}$，并将 S 定义为阵列天线的阵因子，则式（4.21）可以表示为

$$F(\theta,\varphi) = F_e(\theta,\varphi)S(\theta,\varphi) \qquad (4.22)$$

式（4.22）即方向图乘积原理。

3）平面阵列天线

平面阵列天线是一种特殊类型的天线阵列，由多个天线单元在平面上按照一定的几何形状排列组成。这些天线单元可以是矩形排列，也可以是三角形、六边形或圆形等排列方式。平面阵列天线利用信号的相互干涉来增强接收或发射信号的性能，其工作原理主要基于相位控制和波束形成两个关键概念。以矩形均匀平面阵列为例，如图 4 - 8 所示，假设有一个 $N \times M$ 均匀平面阵列天线，该阵列均匀地分布在 xoy 平面上，其参考阵元位于阵列左上角，从此处开始沿 x 轴方向有 N 个阵元，阵元间距为 d_x，且沿 y 轴上也有个 N 阵元，阵元间距为 d_y。

假设远场有一方位角为 θ，俯仰角为 φ 的入射信号，则当信号入射到第 nm 个阵元时，其与参考阵元间的相位延迟 $\phi_{nm}(\theta,\varphi)$ 为

$$\phi_{nm}(\theta,\varphi) = \frac{2\pi}{\lambda}(nd_x\cos\varphi + md_y\sin\varphi)\sin\theta \qquad (4.23)$$

式中：$n = 0,1,2,\cdots,N-1$；$m = 0,1,2,\cdots,M-1$。

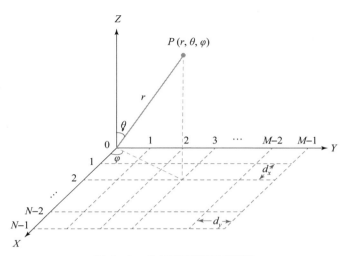

图 4 – 8　均匀平面阵列示意图

若令阵元激励为 1，根据电磁波的叠加原理，则该平面阵列天线的方向图函数为

$$
\begin{aligned}
F(\theta,\varphi) &= \sum_{n=0}^{N-1} \sum_{m=0}^{M-1} e^{j\frac{2\pi}{\lambda}(nd_x\cos\varphi + md_y\sin\varphi)\sin\theta} \\
&= \sum_{n=0}^{N-1} e^{j\frac{2\pi}{\lambda}(nd_x\cos\varphi\sin\theta)} \sum_{m=0}^{M-1} e^{j\frac{2\pi}{\lambda}(md_y\sin\varphi\sin\theta)} \\
&= |F_1(\theta,\varphi)| \cdot |F_2(\theta,\varphi)|
\end{aligned}
\tag{4.24}
$$

阵列天线的主要性能参数包括主瓣宽度和副瓣电平，它们对天线的性能有着重要影响。在天线的辐射方向图中，辐射强度最大的部分称为主瓣，这通常是天线发射或接收能量的主要区域，主瓣的宽度通常表示天线辐射功率集中的程度。应用场景不同，对阵列天线的主瓣宽度的定义也不同。第一种定义是 3dB 带宽来作为主瓣宽度；第二种是以第一零点波束宽度为主瓣宽度。3dB 主瓣带宽是指在 3dB 主瓣峰值处所对应的两个辐射方向之间的夹角大，也被叫做半功率波束宽度，如图 4 – 9 所示。对于均匀线阵，主瓣宽度可以通过下式计算：

$$
\theta_{mb} = \frac{50.7 \times \lambda}{N \times d}
\tag{4.25}
$$

式中：λ 为工作波长；N 为阵元数；d 为阵元间距。

当阵元间距 $d = \frac{\lambda}{2}$ 时，主瓣宽度可以进一步简化为

$$
\theta_{mb} = \frac{101.4}{N}M
\tag{4.26}
$$

第一零点波束宽度是指天线方向图中主瓣两边第一零点之间的夹角，它是描述天线方向性特征的一个关键参数。波束宽度越小，说明该天线的方向性越好，辐射性能越强。

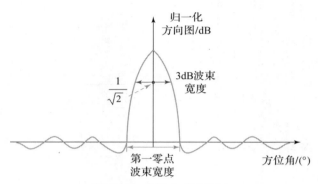

图 4-9　主瓣宽度示意图

副瓣电平则是指天线方向图中除了主瓣以外其他瓣的增益水平。副瓣又称旁瓣，在天线的辐射方向图中，副瓣为除了主瓣以外的其余波瓣。一般情况下，与主瓣相邻的第一副瓣的峰值要高于其他旁瓣，因此通常以这个第一副瓣的电平作为评估阵列天线副瓣电平标准。副瓣电平定义为

$$\text{SLL} = 20\lg \frac{|E_{sm}|}{|E_{\max}|} = 20\lg \frac{|S(u_{s1})|}{|S_{\max}|} \tag{4.27}$$

式中：$E_{sm} = C \cdot S(u_{s1})$ 为电场副瓣的最大值；$E_{\max} = C \cdot S_{\max}$ 为电场主瓣的最大值；C 为常数；$S(u)$ 为阵因子函数；$S_{\max}$ 为阵因子最大值。

由于辐射或接收的能量一定，若副瓣电平较高，说明副瓣瓜分的能量就越多，则主瓣的能量就越少，不利于主瓣辐射或接收信号，而影响整个阵列天线的工作，因此天线的副瓣电平越低越好。

自适应阵列天线是阵列天线的一种高级形式，它能够根据环境变化自动调整其性能。自适应阵列利用复杂的算法来实时调整各个天线单元的相位和幅度，以优化信号的接收和发送。这种天线系统能够适应动态变化的信号环境，如多径效应、干扰和信号衰减等。如图 4-10 所示，自适应阵列天线主要由阵列天线、波束形成器以及自适应处理器 3 部分组成。其中，阵列天线作为自适应系统的传感器，用于接收信号，天线阵元的个数决定波束形成中可产生最多零陷的个数。波束形成器从阵列天线接收到信号流，再与各自权矢量相乘后叠加，形成波束输出。自适应处理器根据参考信号计算各阵元的权矢，采用自适应波束形成算法进行优化，得到最优权矢传送给波束形成器，从而形成干扰方向具有零陷的波束方向图，达到抑制干扰的目的。

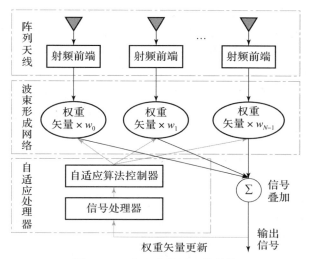

图 4 - 10　自适应阵列天线结构

GNSS 接收机自适应阵列抗干扰技术按照处理算法可分为不同类别，具体如图 4 - 11 所示。其中，波束形成是指通过对各阵元接收信号赋予不同的权值，使阵列合成方向图在特定方向（一般为期望卫星信号来向）形成增益，而调零则是指使阵列合成方向图在特定方向（一般为干扰来向）形成零陷。波束形成中的方向图也可能含有在干扰来向上的零陷，而调零的方向图则只包括零陷而没有在期望信号来向上的增益约束。相比于调零，波束形成可以避免方向图在期望卫星信号来向上的衰减，但往往需要阵列流形、卫星方向，以及惯性导航单位测量的平台姿态等诸多信息，或使用更多的跟踪通道提取每个阵元接收卫星信号的载波相位，因此实现复杂度会更大。

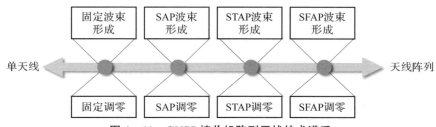

图 4 - 11　GNSS 接收机阵列干扰技术谱系

按照阵列抗干扰权值是否随着接收信号自适应地变化，波束形成和调零均可分为固定和自适应两种方式。作为波束形成的最简形式，固定波束形成的阵列权值完全由阵列流形和卫星信号来向确定，其效果是令某一来向的期望卫星信号被各个阵元接收和加权后，得到等幅或幅度加窗的同相累加，从而使阵列合成方向图的主瓣指向卫星，而从旁瓣内入射的干扰则得到一定程度的抑制。这种方法的原理与相控阵天线相似，但不具备对信号环境的自适应调节功能，抗干扰能力有限。类似地，固定调零用算法外部计算的权值使阵列合成方向图在已知的干扰来向上形成零陷，但比较少见。对固定波束形成或调零来说，工作时的阵列抗干扰权矢量可视做事先确定的待选集合中的已知量，在期望卫星信号来向确定（波束形成）或干扰来向确定（调零）时，权值和阵列合成方向图也都是固定的，实际上等效于单天线，故在各个来向上产生的观测量偏差可通过提前校准确定。另外，固定权值也可视作自适应权值的一种退化形式。

按照处理域的不同，自适应调零或波束形成均可细分为空域自适应处理（Spatial Adaptive Processing，SAP）、空时自适应处理（Spatial Temporal Adaptive Processing，STAP）、空频自适应处理（Spatial Frequency Adaptive Processing，SFAP）3 种。下面，具体介绍这 3 类抗干扰技术。

（1）空域自适应处理干扰抑制技术。

空域自适应处理技术（空域滤波）的核心理念是利用阵列天线捕捉信号，并依靠多种自适应算法来动态更新各信号路径的加权系数，如图 4 – 12 所示。这样做的目的是，在天线的方向图上创造出波束的低增益零点，使其直接对准干扰信号的来源方向，或者调整增益主瓣以对准有用信号的方向。具体而言，技术首先利用阵列天线获得入射平面电磁波在各阵元上的感应信号（其波程差含入射波来向信息）；然后按照合理的优化准则及约束条件获得阵列天线加权向量，使阵列天线方向图形成期望接收特性，即在干扰来向形成增益很低的零陷，在有用信号来向形成增益较高的波束；而后用阵列天线加权矢量对各阵元感应信号的幅度、相位进行补偿；最后将各补偿信号相加，实现抑制干扰、无失真接收卫星信号的目的。

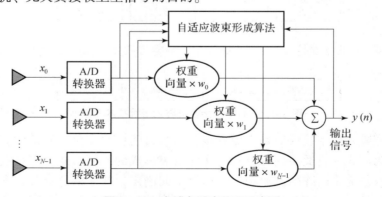

图 4 – 12　空域自适应处理示意图

经典的空域滤波算法有功率倒置（Power Inversion，PI）算法、恒模算法、Capon 算法等。功率倒置算法在不需要任何先验知识的前提下，不断更新调整各阵元的权值，使输出的平均功率最小，利用卫星信号低于噪声水平，而干扰信号远大于卫星信号的特点，就会使干扰得到有效抑制。空域滤波抗干扰是自适应调零天线技术的一种，能使接收机的抗干扰性能提升 40 ~ 50dB。但是，空域滤波技术也存在一定的局限性，如果干扰信号的来向和导航信号的来向相同或者相近时，空域滤波就很难在空间上将干扰信号和导航信号区分开。这时候在抑制干扰的同时，也会破坏部分导航信号的信息，导致接收到的信号的信噪比（signal at noise ratio，SNR）下降，因此抗干扰的效果也随之变差。

（2）空时自适应处理抗干扰抑制技术。

空时自适应滤波抗干扰技术在传统的空域滤波基础上引入了时间延迟单元，实现了对干扰信号在空间和时间两个维度上的综合处理。这种方法在不增加天线阵元数量的情况下，通过时间延迟单元扩展了权值的个数，从而增强了系统对抗干扰的能力。它不仅增加了系统可利用的信息量，还提升了自适应算法设计的灵活性，有效提高了抗干扰性能。然而，空时联合自适应调零算法的复杂度较高，计算量较大，对处理器的性能要求也相应提高。

在特定的应用场景中，当信号从固定方向到达接收机时，STAP 可以被视为一个等效的有限冲激响应滤波器，结构如图 4 – 13 所示。随着滤波器阶数的增加，延迟单元的数量也随之增加，这意味着噪声干扰对于延迟单元上的信号的影响会逐渐减弱，相当于增加了虚拟的阵元，从而显著提升了 STAP 处理器的自由度。例如，如果一个 STAP 处理器拥有 M 个阵元和 $L+1$ 的阶数，那么就需要 $L+1$ 个约束条件来确定处理器在期望信号方向上的频率响应，因此阵元的窄带自由度将达到 $M(L+1)$。由此可见，通过空时处理，阵列的自由度因 STAP 处理器的横向滤波能力而大幅提升，而系统的阵元数量保持不变，这表明采用空时联合处理的方式来降低信号干扰是一个非常有效的方法。

空时滤波技术在导航抗干扰系统中的应用日益广泛，相较于其他算法，它在实际应用中展现出以下显著优势。

①在复杂多变的实际环境中，卫星导航信号可能来自多个方向，这意味着干扰信号很可能与导航信号的方向相同或相近。面对这种情况，单纯的空域滤波技术可能在抑制干扰的同时，也会削弱有用信号，导致接收机的 SNR 下降，影响整体的抗干扰效果。空时滤波技术则能够同时在空间和频率上对干扰信号进行有效抑制，而不影响导航信号，从而显著提升系统的抗干扰能力。

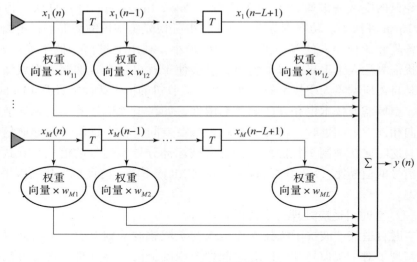

图4-13 空时滤波器结构

②在传统的空域滤波结构中，自由度通常受限。如果通过增加阵元数量来提高自由度，不仅会增加系统的体积，还会导致成本上升，这在实际应用中并不划算。而空时滤波技术通过在空域滤波的基础上增加时域抽头来增加自由度，只需对现有抗干扰系统的程序进行适当修改，无需对硬件进行改动，既减轻了系统的负担，也降低了成本。此外，通过软件升级来提升抗干扰性能的方法更为灵活和高效。

（3）空频自适应处理干扰抑制技术。

空时滤波抗干扰技术通过结合空间和时间维度对信号进行处理，以达到抗干扰的目的。与之相对的空频自适应滤波抗干扰技术（以下简称空频滤波），则是在空间和频率维度上对信号进行抗干扰处理。空频滤波的基本原理是首先利用FFT将接收到的宽带信号分解成多个较窄的频谱分量，然后在每一个频谱分量上应用空域滤波技术，如图4-14所示。

假设天线阵列由 M 个阵元构成，对第 m 个阵元接收到的 J 个数据 $x_m(n)$，$x_m(n+1)$，$\cdots$，$x_m(n+J-1)$ 进行 J 点的FFT运算，得到第 j 个频谱分量的值为 $X_m(f_j)$。此时相当于将原来 M 个阵元的空域滤波器结构按 J 个频谱分量分成了 J 个 M 阵元的空域滤波器，最后将这 J 个频谱分量经过空域滤波之后的抗干扰输出值 $Y(f_1)$，$Y(f_2)$，$\cdots$，$Y(f_J)$ 进行IFFT便得到了经过抗干扰处理后的 J 个时域数据 $y(n)$，$y(n+1)$，$\cdots$，$y(n+J-1)$。其中，在每个频谱分量上进行空域滤波抗干扰处理的过程和空域滤波抗干扰的原理和结构相同。

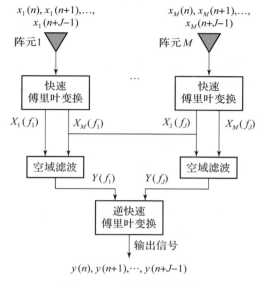

图 4 – 14 空频滤波器结构

相较于单一维度的空域、时域或频域的窄带抗干扰技术，空频滤波技术的优势在于其能够在每个特定的频率子带上执行独立的空间滤波。这种方法可以更准确地识别和抑制干扰信号，同时保留下有用的信号部分。正因为如此，空频滤波技术在应对复杂电磁环境中的干扰时更为有效，它能够提升信号质量并增强系统整体的抗干扰能力。

得益于空、时、频抗干扰技术的应用，应急增强系统的基础设施能够更加精确地确定自身所处的位置，并构建起一个稳定精准的时空基准。这样的技术进步极大地提升了系统为用户终端提供定位导航服务的可靠性，确保了在复杂电磁环境应急场景下依然能够维持高精度和高稳定性的定位能力，对于提升用户使用体验和保障关键任务的执行具有重要意义。

4.1.3 基于网络协同测量的时空基准建立

1. 基于网络协同测量的时间同步技术

受成本限制，应急导航增强服务节点往往不能像导航卫星一样装备高性能的时钟，通常使用低成本的晶振。应急导航增强服务节点定位需要多个节点协同工作，因此如何实现节点之间精密的时间同步成为应急导航增强系统性能的制约瓶颈和关键技术。

1）基于双向测距的时间同步技术

对于仅具有发射功能的分布式独立组网的应急导航增强系统，时钟同步

天地一体化应急导航增强技术与系统

通常需要一个参考监测站，参考站监测所有的应急导航增强服务节点信号并进行钟差测算并且为所有的应急导航增强服务节点提供时钟同步数据。对于能够同时地接收与发射测距信号的应急导航增强服务节点，参考站不再是必要的，可以通过双向测量方法进行时钟同步。双向测量方法即通过节点间的同一时刻双向伪距测量值来计算该时刻的钟差，从而实现时间同步。节点间相互发射信号，采用双向测距原理，可确定各节点间的相对钟差，从而实现节点间的时钟同步。这种双向测距技术，既可应用码伪距测量，又可应用载波相位测量，而且可以达到厘米级的精度。两节点间自差收发器利用自身的信号发射和接收装置，分别接收来自自身和另一应急导航增强服务节点的信号。

要实现应急导航增强服务节点 i 与应急导航增强服务节点 j 的时间同步，只需得到两者之间的实时相对钟差 $\tau^j - \tau^i$ 即可。将应急导航增强服务节点收发器接收部分接收到的自身和其他节点的信号作差，可得

$$\Delta\rho_j - \Delta\rho_i = 2c \times (\tau^j - \tau^i) + \varepsilon_{ij} \tag{4.28}$$

式中：$\varepsilon_{ij} = \varepsilon_j - \varepsilon_i$。

基于卡尔曼滤波对钟差进行实时估计，从而实现应急导航增强服务节点间的时间同步，可得到两者之间的双向伪距观测量为

$$\begin{bmatrix} \rho_i^i \\ \rho_i^j \\ \rho_j^j \\ \rho_j^i \end{bmatrix} = \begin{bmatrix} 0 \\ R_{ij} \\ 0 \\ R_{ij} \end{bmatrix} + c \times \begin{bmatrix} \tau_i - \tau^i \\ \tau_i - \tau^j \\ \tau_j - \tau^j \\ \tau_j - \tau^i \end{bmatrix} + \begin{bmatrix} \varepsilon_i^i \\ \varepsilon_i^j \\ \varepsilon_j^j \\ \varepsilon_j^i \end{bmatrix} \tag{4.29}$$

式中：ρ_i^i、ρ_i^j 分别为应急导航增强服务节点收发器 i 接收到的自身部分和应急导航增强服务节点收发器 j 部分的伪距测量量；ρ_j^j、ρ_j^i 分别为收发器 j 接收到的自身部分和收发器 i 部分的伪距测量量；R_{ij} 为应急导航增强服务节点 i 和应急导航增强服务节点 j 之间的真实距离；c 为光速；τ_i、τ_j 分别为收发器 i 与收发器 j 的接收机钟差；τ^i、τ^j 分别为应急导航增强服务节点 i 与应急导航增强服务节点 j 之间的钟差；ε_i^i、ε_i^j、ε_j^j、ε_j^i 分别为各次伪距测量的测量误差，其中，$\varepsilon_{ij} = \varepsilon_j - \varepsilon_i$。基于卡尔曼滤波对钟差进行实时估计，从而实现应急导航增强服务节点间的时间同步，具体如图 4 - 15 所示。

2）双向时间同步技术

时间同步锁定技术是实现网络内多台网络收发器系统进行时间同步的关键技术。通过选定网络内的某台网络收发器系统作为主站（参考发射机），其余的网络收发器作为从站（定位单元设备），主站发射参考定位信号到从站，

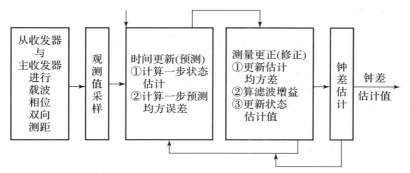

图 4 – 15　应急导航增强服务节点间基于双向测距的时间同步框图

从站接收到参考定位信号后，自身产生并发射一个从定位信号，主站接收该从定位信号，从而建立其一次测量环路。通过自身调整使接收到的来自主站的参考定位信号与自身发射和接受的从定位信号达到时间同步，从站与主站的时间基准达到一致，从而实现时间锁定。如图 4 – 16 所示为主站与从站的时间锁定过程示意图。

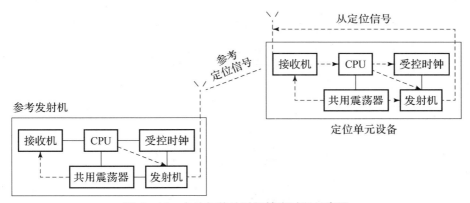

图 4 – 16　主站与从站时间锁定过程示意图

2. 基于网络协同测量的相对定位技术

在不考虑大气误差以及钟差的情况下，节点相对定位精度可以通过下述建模进行分析。节点 a_i 和 a_j 的单向测距观测方程为

$$d_{i \leftarrow j} = | \boldsymbol{p}_i - \boldsymbol{p}_j | + \varepsilon_{i \leftarrow j} \qquad (4.30)$$

式中：$\boldsymbol{p}_i = [x_i, y_i, z_i]$ 和 $\boldsymbol{p}_j = [x_j, y_j, z_j]$ 分别为节点 a_i 和 a_j 的位置坐标；$\varepsilon_{i \leftarrow j}$ 为观测量噪声，满足 $\varepsilon_{i \leftarrow j} \sim \mathcal{N}(0, \sigma_{i \leftarrow j}^2)$。

若所待求得的 N 台无人机的相对坐标满足于坐标原点为中心，即

$$\sum_{i=0}^{N} \boldsymbol{p}_i = 0 \qquad (4.31)$$

令内积矩阵 $\boldsymbol{B} = \boldsymbol{P}\boldsymbol{P}^{\mathrm{T}} = [\boldsymbol{b}_{i,j}]_{N \times N} = [\boldsymbol{p}_i \boldsymbol{p}_j^{\mathrm{T}}]_{N \times N}$，$\boldsymbol{B}$ 满足

$$\sum_{i=0}^{N} \boldsymbol{b}_{i,j} = \sum_{i=0}^{N} \boldsymbol{p}_i \boldsymbol{p}_j^{\mathrm{T}} = \left(\sum_{i=0}^{N} \boldsymbol{p}_i\right)\boldsymbol{p}_j^{\mathrm{T}} = 0 \tag{4.32}$$

$$\sum_{j=0}^{N} \boldsymbol{b}_{i,j} = \sum_{j=0}^{N} \boldsymbol{p}_i \boldsymbol{p}_j^{\mathrm{T}} = \boldsymbol{p}_i\left(\sum_{j=0}^{N} \boldsymbol{p}_j^{\mathrm{T}}\right) = 0 \tag{4.33}$$

对 $\boldsymbol{d}_{i,j} = \|\boldsymbol{p}_i - \boldsymbol{p}_j\|$ 两边平方可得

$$\boldsymbol{d}_{i,j}^2 = \|\boldsymbol{p}_i - \boldsymbol{p}_j\|^2 = \boldsymbol{b}_{i,i} + \boldsymbol{b}_{j,j} - 2\boldsymbol{b}_{i,j} \tag{4.34}$$

式（4.34）对 i 求和可得

$$\sum_{i=0}^{N} \boldsymbol{d}^2{}_{i,j} = N\boldsymbol{b}_{j,j} + \mathrm{tr}(\boldsymbol{B}) \tag{4.35}$$

其中，矩阵 $\boldsymbol{B}$ 的迹 $\mathrm{tr}(\boldsymbol{B})$ 为

$$\mathrm{tr}(\boldsymbol{B}) = \sum_{i=1}^{N} \boldsymbol{b}_{ii} = \sum_{i=1}^{N} \boldsymbol{b}_{jj} \tag{4.36}$$

式（4.36）对 j 求和可得

$$\sum_{j=1}^{N} \boldsymbol{d}_{i,j}^2 = \sum_{j=1}^{N} \boldsymbol{b}_{i,i} + \sum_{j=1}^{N} \boldsymbol{b}_{j,j} - 2\sum_{j=1}^{N} \boldsymbol{b}_{i,j} = \mathrm{tr}(\boldsymbol{B}) + N\boldsymbol{b}_{i,i} \tag{4.37}$$

式（4.37）对 i 和 j 求和可得到

$$\sum_{i=1}^{N}\sum_{j=1}^{N} \boldsymbol{d}_{i,j}^2 = \sum_{i=1}^{N}\sum_{j=1}^{N} \boldsymbol{b}_{i,i} + \sum_{i=1}^{N}\sum_{j=1}^{N} \boldsymbol{b}_{j,j} - 2\sum_{i=1}^{N}\sum_{j=1}^{N} \boldsymbol{b}_{i,j} = 2N\mathrm{tr}(\boldsymbol{B}) \tag{4.38}$$

进而可得

$$\mathrm{tr}(\boldsymbol{B}) = \frac{1}{2N}\sum_{i=1}^{N}\sum_{j=1}^{N} \boldsymbol{d}_{ij}^2 \tag{4.39}$$

$$\boldsymbol{b}_{i,i} = \frac{1}{N}\sum_{j=1}^{N} \boldsymbol{d}_{i,j}^2 - \frac{1}{2N^2}\sum_{i=1}^{N}\sum_{j=1}^{N} \boldsymbol{d}_{i,j}^2 \tag{4.40}$$

$$\boldsymbol{b}_{j,j} = \frac{1}{N}\sum_{j=1}^{N} \boldsymbol{d}_{i,j}^2 - \frac{1}{2N^2}\sum_{i=1}^{N}\sum_{j=1}^{N} \boldsymbol{d}_{i,j}^2 \tag{4.41}$$

$$\boldsymbol{b}_{i,j} = -\frac{1}{2}\left(\boldsymbol{d}_{i,j}^2 - \frac{1}{N}\sum_{i=1}^{N} \boldsymbol{d}_{i,j}^2 - \frac{1}{N}\sum_{j=1}^{N} \boldsymbol{d}_{i,j}^2 + \frac{1}{N^2}\sum_{i=1}^{N}\sum_{j=1}^{N} \boldsymbol{d}_{i,j}^2\right) \tag{4.42}$$

由此得到的 $\boldsymbol{B}$ 表达式为

$$\boldsymbol{B} = -\frac{1}{2}\begin{bmatrix} 1-\dfrac{1}{N} & -\dfrac{1}{N} & \cdots & -\dfrac{1}{N} \\ -\dfrac{1}{N} & 1-\dfrac{1}{N} & \cdots & -\dfrac{1}{N} \\ \vdots & \vdots & \ddots & \vdots \\ -\dfrac{1}{N} & -\dfrac{1}{N} & \cdots & 1-\dfrac{1}{N} \end{bmatrix}\begin{bmatrix} d_{11}^2 & d_{12}^2 & \cdots & d_{1N}^2 \\ d_{21}^2 & d_{22}^2 & \cdots & d_{2N}^2 \\ \vdots & \vdots & \ddots & \vdots \\ d_{N1}^2 & d_{N2}^2 & \cdots & d_{NN}^2 \end{bmatrix}$$

$$\begin{bmatrix} 1-\dfrac{1}{N} & -\dfrac{1}{N} & \cdots & -\dfrac{1}{N} \\ -\dfrac{1}{N} & 1-\dfrac{1}{N} & \cdots & -\dfrac{1}{N} \\ \vdots & \vdots & \ddots & \vdots \\ -\dfrac{1}{N} & -\dfrac{1}{N} & \cdots & 1-\dfrac{1}{N} \end{bmatrix} \tag{4.43}$$

对 $\boldsymbol{B}$ 进行特征值分解：

$$\boldsymbol{B} = \boldsymbol{Y}\boldsymbol{Y}^{\mathrm{T}} = \boldsymbol{Q}\boldsymbol{\Lambda}\boldsymbol{Q}^{\mathrm{T}} = \boldsymbol{Q}\boldsymbol{\Lambda}^{\frac{1}{2}}\boldsymbol{\Lambda}^{\frac{1}{2}}\boldsymbol{Q}^{\mathrm{T}} = (\boldsymbol{Q}\boldsymbol{\Lambda}^{\frac{1}{2}})(\boldsymbol{Q}\boldsymbol{\Lambda}^{\frac{1}{2}})^{\mathrm{T}} \tag{4.44}$$

考虑到无人机工作环境为三维场景，故选择最大的 3 个特征值构成新的对角矩阵 $\boldsymbol{\Lambda}_3 = \mathrm{diag}(\lambda_1, \lambda_2, \lambda_3)$，令 $\boldsymbol{Q}_3$ 为相应的特征向量矩阵，相对坐标矩阵 $\boldsymbol{Y}$ 可以表示为 $\boldsymbol{Y} = \boldsymbol{Q}_3\boldsymbol{\Lambda}_3^{\frac{1}{2}}$。

1）角度信息的使用

在上述定位算法中，要求所有节点之间存在两两测距。但显然，这个条件在只有测距的条件下并不一定能满足。如图 4-17 所示，假设节点 6 并未与其他节点建立两两测距，而是只与节点 5 建立了测距。这时依赖于节点 5 与节点 6、节点 3 的角度关系，可以利用余弦定位计算出节点 3 和节点 6 的距离，同样的，可以计算出节点 6 与所有其他节点之间的测距关系，从而将节点 6 纳入到定位方程中。当然，这样计算出的精度不能直接测距高，但仍然具有良好的精度。

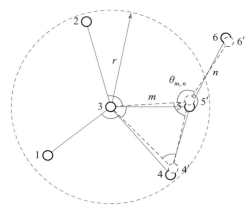

图 4-17　使用角度信息进行定位的示例

2）定位精度的影响因素

将所有观测量写为矩阵形式，可以得到最终的定位精度满足

$$\sigma_i \approx \sqrt{\mathrm{tr}((\boldsymbol{G}_i^{\mathrm{T}}\boldsymbol{G}_i)^{-1})} \cdot \hat{\sigma}_i = \mathrm{GDOP} \cdot \hat{\sigma}_i \tag{4.45}$$

式中：$\hat{\sigma}_i$ 为平均测量误差。

可以看到，定位精度的主要影响因素包括几何精度衰减因子（Geometric Dilution of Precision，GDOP）和测距精度。GDOP 是一个定位精度放大因素，与网络的拓扑有关。虽然通过控制集群编队构型可以改善 GDOP，但只能在不影响任务执行的情况下才有意义。

3）到达时间估计精度的理论界

测距的过程是发送节点发送带时间标记的信号，接收节点通过估算该信号的到达时间来获得（Time of Flying，TOF），为克服收发节点时钟不同步带来的误差，需要进行双向 TOF 测量才能得到最终所要的距离，以及获取收发节点钟差。

这里假设信道为加性高斯白噪声信道，将接收节点接收到的信号表示为 $r(t) = As(t - \tau_0)e^{j2\pi f_c t} + w(t)$。其中，$s(t)$ 为发送的信号，τ_0 为传输时延，f_c 为载波频率，$w(t)$ 为高斯白噪声。常规的到达时间估计算法是互相关法，即先对信号做互相关处理得到 $R(\tau) = \int_{-\infty}^{+\infty} r(t) \cdot s^*(t - \tau)e^{-j2\pi f_c t} \mathrm{d}t$，可得到达时间的估计为 $\tau_m = \underset{\tau}{\mathrm{argmax}}\{R(\tau)\}$。

该超分辨率到达时间估计算法流程包括三个步骤：对原始射频进行下变频和解调，通过解调后的比特与载波重新构建原始信号模板；使用重建的模板与接收信号进行相关计算并粗略估计到达时间；使用最小二乘法和一步牛顿法对粗估结果进行更精细的修正。

经下变频到基带、匹配滤波去除噪声、比特解调后，利用解调后的比特序列就可以在本地重新构建出原始射频信号模板。模板信号具有无噪声、无载波的优势，能够提高后续互相关结果 $\tilde{\tau}$ 的精度。

为了修正离散信号采样点间隔引起的估计偏差，对相关结果在峰值点附近做形式的泰勒（Taylor）展开：

$$\tilde{I}_1(\tilde{\tau}_i) \approx \tilde{I}_1(\tilde{\tau}) + \tilde{I}_1'(\tilde{\tau})x_i + \tilde{I}_1^{(2)}(\tilde{\tau})\frac{x_i^2}{2} \tag{4.46}$$

对其中各阶导数的值，采用最小二乘法 $\boldsymbol{y} = \boldsymbol{H\theta} + \tilde{\boldsymbol{w}}$ 进行估计，其中

$$\boldsymbol{y} = [\tilde{R}(\tilde{\tau}_{-N}), \tilde{R}(\tilde{\tau}_{-N+1}), \cdots, \tilde{R}(\tilde{\tau}_N)]^{\mathrm{T}} \tag{4.47}$$

$$\boldsymbol{H} = \begin{bmatrix} x_{-N}^2/2 & x_{-N+1}^2/2 & \cdots & x_N^2/2 \\ x_{-N} & x_{-N+1} & \cdots & x_N \\ 1 & 1 & \cdots & 1 \end{bmatrix}^{\mathrm{T}} \tag{4.48}$$

$$\boldsymbol{\theta} = \left[\ \tilde{I}_1^{(2)}(\ \tilde{\tau}\ ),\ \tilde{I}_1'(\ \tilde{\tau}\ ),\ \tilde{I}_1(\ \tilde{\tau}\ )\ \right]^{\mathrm{T}} \tag{4.49}$$

$$\tilde{\boldsymbol{w}} = \left[\ \tilde{w}(\ \tilde{\tau}_{-N}),\ \tilde{w}(\ \tilde{\tau}_{-N+1}),\cdots,\ \tilde{w}(\ \tilde{\tau}_N)\ \right]^{\mathrm{T}} \sim N(0,\boldsymbol{\Sigma}) \tag{4.50}$$

可得 $\hat{\boldsymbol{\theta}} = \left[\ \hat{I}_1^{(2)}(\ \tilde{\tau}\ ),\hat{I}_1'(\ \tilde{\tau}\ ),\hat{I}_1(\ \tilde{\tau}\ )\ \right]^{\mathrm{T}} = (\boldsymbol{H}^{\mathrm{T}}\boldsymbol{H})^{-1}\boldsymbol{H}^{\mathrm{T}}y$。通过一阶导数和二阶导数的值，即可利用一步的牛顿法求得更精细的到达时间估计值 $\hat{\tau}^{(k)} = \hat{\tau}^{(k-1)} - \dfrac{\hat{I}_1'(\ \hat{\tau}^{(k-1)})}{\hat{I}_1^{(2)}(\ \hat{\tau}^{(k-1)})}$。

若以 β 表示该算法估计到达时间的偏差，可以将其近似表示为

$$\beta \approx -\ (2\pi)^2 \frac{\displaystyle\int_{-\infty}^{+\infty} f^4\ |\ F_s(f)\ |^2 \mathrm{d}f}{\displaystyle\int_{-\infty}^{+\infty} f^2\ |\ F_s(f)\ |^2 \mathrm{d}f} \frac{12N^2 + 12N + 11}{420}\Delta^2 \delta\tau \tag{4.51}$$

前述到达时间估计结果的方差和均方误差（Mean Squared Error，MSE）分别为

$$\frac{\gamma_2}{\mu_1^2} \approx \mathrm{var}(\tau_m) \cdot \left(1 - \frac{(1+\alpha)^2 \kappa\pi^2(12N^2 + 12N + 11)/210/R_s^2}{1 - (1+\alpha)^2 \kappa\pi^2(6N^2 + 6N - 5)/42/R_s^2}\right) \tag{4.52}$$

$$\mathbb{E}\left[\ (\hat{\tau} - \tau_0)^2\ \right] = \beta^2 + \mathrm{var}\left(-\frac{\hat{I}_1'(\ \tilde{\tau}\ )}{\hat{I}_1^{(2)}(\ \tilde{\tau}\ )}\right) \approx \beta^2 + \frac{\gamma_2}{\mu_1^2} \tag{4.53}$$

4.1.4　基于精密单点定位的时空基准建立

在现代应急响应和灾害管理中，精确和及时的定位信息是至关重要的。应急增强系统的核心目标是提供快速、准确的定位服务，以支持灾害响应、救援行动和资源分配。在这些系统中，应急导航增强服务节点扮演着关键角色，它们负责收集、处理和分发定位数据，以确保在紧急情况下能够提供可靠的导航和定位支持。

应急导航增强服务节点的时空基准是确保定位数据准确性和一致性的基础。时空基准提供了一个共同的参考框架，使得不同来源和时间的定位数据能够被准确比较和整合。在紧急情况下，这种基准的重要性尤为突出，因为救援团队需要依赖精确的地理信息来执行搜救任务、评估灾害影响和规划救援路线。时空基准的准确性直接影响到应急响应的效率和效果，因此建立一个稳定、可靠的时空基准是应急增强系统设计中的一个关键要素。

在这一背景下，精密单点定位技术（Precise Point Positioning，PPP）成为了提升应急增强系统性能的重要工具。PPP 是一种利用 GNSS 信号的载波相位数据来实现高精度定位的技术。与传统的定位方法相比，PPP 能够提供厘米

级的定位精度，这对于需要精确地理信息的应急响应任务来说是一个巨大的优势。PPP 技术通过处理卫星信号的载波相位数据，结合高精度的卫星轨道和钟差信息，以及对大气延迟的精确校正，实现了对接收机位置的精确估计。这种技术不需要依赖于地面基准站，因此可以在没有网络覆盖或基础设施受损的灾区独立使用。此外，PPP 还能够提供快速的定位结果，这对于需要迅速响应的紧急情况来说至关重要。

通过引入 PPP 技术，应急增强系统能够提供更精确、更可靠的定位服务，从而提高应急响应的效率和效果。在接下来的内容中，将深入探讨 PPP 技术的原理、实现方式以及在应急增强系统中的应用，以展示其在提升应急响应能力中的重要作用。

1. 精密单点定位基本定位模型

在精密单点定位中通常使用伪距和载波相位两种观测量进行定位。对于某颗确定的观测卫星 i 和信号频率 j，接收机 r 的基本观测值，伪距和载波相位可以表示为

$$\begin{cases} P_{r,j}^i = \rho_r^i + cdt_r - cdt^i + m_w^i T_{w,r} + \gamma_j^i I_{r,1}^i + b_{r,j}^i - b_j^i + \varepsilon_{Pj}^i \\ L_j^i = \rho_r^i + cdt_r - cdt^i + m_w^i T_{w,r} - \gamma_j^i I_{r,1}^i + \lambda_j^i (N_{r,j}^i + B_{r,j}^i - B_j^i) + \varepsilon_{Lj}^i \end{cases} \quad (4.54)$$

式中：ρ_r^i 为卫星 i 和接收机之间的真实几何距离；t_r 为接收机钟差；t^i 为卫星钟差；m_w^i 和 $T_{w,r}$ 分别为天顶对流层湿延迟投影函数和对流层湿延迟；$b_{r,j}^i$ 为接收机的未校准伪距硬件延迟；b_j^i 为卫星端的未校准伪距硬件延迟；$B_{r,j}^i$ 为接收机的未校准相位硬件延迟；B_j^i 为卫星端的未校准相位硬件延迟；λ_j^i 为卫星 i 频率为 j 的载波波长；$N_{r,j}^i$ 为整周模糊度；ε_{Pj}^i 和 ε_{Lj}^i 分别为两个观测量中伪距测量误差、多径误差等未建模误差之和。

1）无电离层组合模型

在 PPP 中，通过不同频率的观测值进行线性组合可以消除特定的误差，如电离层延迟。这种组合可以产生不同的模型，如最常用的无电离层组合模型（Ionospheric – Free，IF）。无电离层组合模型通过利用不同频率的载波相位和伪距观测值来消除或减弱电离层延迟的影响，从而提高定位精度。

具体来说，无电离层组合模型利用双频观测数据进行线性组合，生成不受电离层影响的观测值，从而在载波相位和伪距观测方程中消除了一阶电离层延迟的影响。因此，无电离层组合观测方程可以表示为

$$\begin{cases} P_{r,\mathrm{IF}}^i = \alpha_{12} P_{r,1}^i + \beta_{12} P_{r,2}^i \\ L_{r,\mathrm{IF}}^i = \alpha_{12} L_{r,1}^i + \beta_{12} L_{r,2}^i \end{cases} \quad (4.55)$$

式中：$\alpha_{12} = \dfrac{f_1^2}{f_1^2 - f_2^2}$，$\beta_{12} = -\dfrac{f_2^2}{f_1^2 - f_2^2}$ 为无电离层组合系数。

将式（4.54）和式（4.55）组合可以进一步得到无电离层组合观测公式为

$$\begin{cases} P_{r,\mathrm{IF}}^i = \rho_r^i + cdt_r - cdt^i + m_w^i T_{w,r} + b_{r,\mathrm{IF}}^i - b_{\mathrm{IF}}^i + \varepsilon_{P,\mathrm{IF}}^i \\ L_{r,\mathrm{IF}}^i = \rho_r^i + cdt_r - cdt^i + m_w^i T_{w,r} + \lambda_{\mathrm{IF}} (N_{r,\mathrm{IF}}^i + B_{r,\mathrm{IF}}^i - B_{\mathrm{IF}}^i) + \varepsilon_{L,\mathrm{IF}}^i \end{cases} \tag{4.56}$$

式中：$b_{r,\mathrm{IF}}^i = (\alpha_{12} b_{r,1}^i + \beta_{12} b_{r,2}^i)$；$b_{\mathrm{IF}}^i = (\alpha_{12} b_1^i + \beta_{12} b_2^i)$；$B_{r,\mathrm{IF}}^i = (\alpha_{12} B_{r,1}^i + \beta_{12} B_{r,2}^i)/\lambda_{\mathrm{IF}}$；$B_{\mathrm{IF}}^i = (\alpha_{12} B_1^i + \beta_{12} B_2^i)/\lambda_{\mathrm{IF}}$。

在精密单点定位时，dt^i 通常由 IGS 分析中心播发的卫星钟差产品进行消除，而目前各 IGS 各分析中心播发的卫星钟差产品 dt_{IF}^i 可以由无电离层组合解算得到

$$cdt_{\mathrm{IF}}^i = cdt^i + (\alpha_{12} b_1^i + \beta_{12} b_2^i) \tag{4.57}$$

与此同时，接收机钟差由式 $(\alpha_{12} b_{r,1}^s + \beta_{12} b_{r,2}^s)$ 覆盖，校正后的接收机钟差 $\overline{cdt_r}$ 为

$$\overline{cdt_r} = cdt_r + (\alpha_{12} b_{r,1}^s + \beta_{12} b_{r,2}^s) \tag{4.58}$$

在精密单点定位过程中，伪距和载波相位的观测方程共享接收机钟差和卫星钟差这两个参数。这意味着在载波相位方程中，接收机和卫星的伪距硬件延迟效应会被载波相位的模糊度参数所包含。具体的数学表达式为

$$\widetilde{N}_{r,\mathrm{IF}}^i = N_{r,\mathrm{IF}}^i + B_{r,\mathrm{IF}}^i - \frac{b_{r,\mathrm{IF}}^i}{\lambda_{\mathrm{IF}}} - \left(B_{\mathrm{IF}}^i - \frac{b_{\mathrm{IF}}^i}{\lambda_{\mathrm{IF}}} \right) \tag{4.59}$$

将更新后的接收机钟差和整周模糊度代入式（4.56），可以得到观测值减减去计算值（Observed Minus Computed，OMC）后的新伪距和载波相位观测量表达式：

$$P_{r,\mathrm{IF}}^i = \mu_r^i \cdot x + \overline{cdt_r} + m_w^i T_{w,r} + \varepsilon_{P,\mathrm{IF}}^i \tag{4.60}$$

$$L_{r,\mathrm{IF}}^i = \mu_r^i \cdot x + \overline{cdt_r} + m_w^i T_{w,r} + \lambda_{\mathrm{IF}} \widetilde{N}_{r,\mathrm{IF}}^i + \varepsilon_{L,\mathrm{IF}}^i \tag{4.61}$$

式中：x 为接收机在 3 个空间方向（通常为北、东、天）上的位置增量，这些变化在 PPP 解算过程中被用来迭代求解接收机的最终位置。

综上所述，无电离层组合模型待估参数分别为接收机位置坐标、接收机钟差、对流层湿延迟部分、无电离层浮点模糊度，有

$$X = [x, y, z, \overline{dt_r}, T_{w,r}, \widetilde{N}_{r,\mathrm{IF}}^1, \cdots, \widetilde{N}_{r,\mathrm{IF}}^m]^{\mathrm{T}} \tag{4.62}$$

根据以上分析，需要求解的参数总数为 $m+5$ 个，观测到 m 颗卫星时存在 $2m$ 个观测方程，为了保障参数的正常求解，需要保障观测方程数量大于待

求解参数数量，即 $m-5\geq0$，所以至少需要观测 5 颗卫星。

2）非差组合模型

除了无电离层组合模型，精密单点定位中也包括直接使用原始观测值进行解算的非差非组合模型（Un–Combined Model，UC）。非差非组合模型不进行观测值间的组合，而是将各卫星斜路径上的电离层延迟作为参数估计，这样，在不改变观测值噪声的同时消除了电离层误差。这种模型的优点在于能够充分利用观测值中存在的有效信息，同时为电离层延迟研究提供新方法。

以双频为例，经线性化后非差非组合模型可以表示为

$$
\begin{cases}
P_{r,1}^i = \boldsymbol{\mu}_r^i \cdot \boldsymbol{x} + c\overline{\mathrm{d}t_r} - c\mathrm{d}t_{\mathrm{IF}}^i + m_w^i T_{w,r} + \gamma_1^i \widetilde{I_{r,1}^\tau} + \varepsilon_{P1}^i \\
P_{r,2}^i = \boldsymbol{\mu}_r^i \cdot \boldsymbol{x} + c\overline{\mathrm{d}t_r} - c\mathrm{d}t_{\mathrm{IF}}^i + m_w^i T_{w,r} + \gamma_2^i I_{r,1}^i + \varepsilon_{P2}^i \\
L_1^i = \boldsymbol{\mu}_r^i \cdot \boldsymbol{x} + c\overline{\mathrm{d}t_r} - c\mathrm{d}t_{\mathrm{IF}}^i + m_w^i T_{w,r} - \gamma_1^i \widetilde{I_{r,1}^l} + \lambda_1^i \widetilde{N}_{r,1}^i + \varepsilon_{L1}^i \\
L_2^i = \boldsymbol{\mu}_r^i \cdot \boldsymbol{x} + c\overline{\mathrm{d}t_r} - c\mathrm{d}t_{\mathrm{IF}}^i + m_w^i T_{w,r}^i - \gamma_2^i \widetilde{I}_{r,1}^l + \lambda_j^i \widetilde{N}_{r,2}^i + \varepsilon_{L2}^i
\end{cases}
\tag{4.63}
$$

式中：$\widetilde{I_{r,1}^i}$ 和 $\widetilde{N}_r^i$ 分别为吸收了部分接收机和卫星伪距硬件延迟的电离层延迟参数和非组合模糊度浮点解参数。

综上所述，非差非组合模型待估参数主要包括：接收机位置参数、接收钟差参数、天顶对流层湿延迟、L1 和 L2 频率上的模糊度参数，有

$$
\boldsymbol{X} = [x,y,z,c\overline{\mathrm{d}t_r},T_{w,r},\widetilde{I_{r,1}^{i1}},\cdots,\widetilde{I_{r,1}^{im}},\widetilde{N}_{r,1}^{i1},\widetilde{N}_{r,2}^{i1},\cdots,\widetilde{N}_{r,1}^{im},\widetilde{N}_{r,2}^{im}]^{\mathrm{T}}
\tag{4.64}
$$

与无电离层组合模型的分析类似，需要求解的参数总数为 $3m+5$ 个，观测到 m 颗卫星时存在 $4m$ 个观测方程，为了保障参数的正常求解，需要保障观测方程数量大于待求解参数数量，即 $m-5\geq0$，所以同样至少在两个频率上观测到 5 颗卫星。

3）随机模型

随机模型描述了待估计参数与观测数据之间的统计关系，并对参数估计的准确性产生影响。观测值中的原始噪声是评估观测数据质量的关键指标，也是建立随机模型的基础。在进行 PPP 解算之前，确定一个合适的随机模型是至关重要的，这个模型能够体现观测数据的统计特性。确定随机模型的常用方法包括基于卫星的方差分量估计、卫星高度角加权以及信噪比加权等方法，其中，以卫星高度角和信噪比为基础的方法是最为普遍。

具体来说，基于卫星高度角的随机模型是将测量噪声建模成以卫星高度角为变量的函数，可表示为

$$
\sigma^2 = f(E)
\tag{4.65}
$$

在众多知名的 GNSS 数据处理软件中，通常利用正弦、余弦或指数函数来构建依赖于卫星高度角的随机模型。表 4 – 1 列出了一些国内外广泛使用的 GNSS 观测数据处理软件所采用的随机模型。

表 4 – 1　代表性 GNSS 数据处理软件采用的随机模型

GNSS 观测数据处理软件	高度角定权模型
Bernese	$\sigma^2 = a^2 + b^2\cos^2 E$
GAMIT	$\sigma^2 = a^2 + b^2\sin^2 E$
GAMP	$\sigma^2 = a^2 + b^2\sin^2 E$
RTKLib	$\sigma^2 = a^2 + b^2\sin^2 E$
Barnes	$\sigma^2 = \sigma_0^2(1 + a\,e^{-E/E_0})^2$
PANDA	$\sigma^2 = \begin{cases} a^2, & E \geqslant \dfrac{\pi}{6} \\ a^2/4\ (\sin^2 E), & \text{其他} \end{cases}$

表 4 – 1 高度角定权模型表达式中：a 和 b 为常数放大因子；σ_0 为观测值在天顶方向的标准差；E 为卫星高度角；E_0 为参考高度角。

SNR 定义为接收机所接收到的电磁波信号功率与噪声功率的比值，它与多路径效应、天线增益、大气模型的残余误差等因素有关，是评估 GNSS 观测数据精度的一个重要指标。因此，SNR 值能够在一定程度上指示接收机观测数据的质量。基于 SNR 的随机模型可以具体表示为

$$\sigma^2 = \sigma_0^2\left(1 + ae^{-\frac{S}{S_0}}\right)^2 \tag{4.66}$$

式中：a 为放大因子；σ_0 为观测值在天顶方向的标准差；S 为观测值的 SNR 值；S_0 为参考 SNR 值。

2. 精密单点定位参数估计方法

在 PPP 的解算过程中，观测值的数量通常远大于待估计的参数数量，这意味着存在大量的冗余信息，并导致正规方程的维度较大。为了获得更优的参数估计结果，需要采取一定的策略，综合考虑所有观测值的精度。本节介绍在 PPP 数据处理中广泛使用的最小二乘法和卡尔曼滤波方法，并详细阐述参数约化和参数转换策略的具体步骤。

1）最小二乘法

目前，各种各样的滤波器广泛应用于实时动态 GNSS 数据的处理中。然而，最小二乘算法由于其快速处理和灵活应用的特点，在静态数据处理领域

占据着明显的优势。这一方法最初由卡尔·弗里德里希·高斯在 1829 年提出，并且考虑了观测值之间精度的差异。该方法以最小化观测值残差平方和的加权和作为优化的目标函数，可以表示为 $V^{\mathrm{T}}PV = \min$。其中，V 为观测值残差；P 为依据观测值先验或验后信息确定的随机模型。

加权最小二乘估计结果满足统计学中最佳估计性质，即无偏性、一致性和有效性。其中，无偏性指估计量 $\hat{\theta}$ 的数学期望与真值 θ 相等，即 $E(\hat{\theta}) = \theta$；一致性指抽样次数无限大时，$\hat{\theta}$ 等于 θ 的概率为 1，即 $\lim\limits_{n \to \infty} P(\theta - \varepsilon < \hat{\theta} < \theta + \varepsilon) = 1$（$n$ 为样本数量，ε 为无限无穷小量；有效性是评价估计量方差的一个重要指标，一个估计量的方差越小，意味着其估计结果的精确度越高。如果在所有无偏估计量中存在一个具有最小方差的估计量，则该估计量被称为最优无偏估计量，即 $D(\hat{\theta}) = \min$。

记 B 为最小二乘设计矩阵；L 为观测量，最小二乘估计方法的估计结果 $\hat{X} = (B^{\mathrm{T}}PB)^{-1}B^{\mathrm{T}}PL$，估计结果 $\hat{X}$ 的协因数阵 $Q_{\hat{X}} = (B^{\mathrm{T}}PB)^{-1}$。精密单点定位解算需结合当前历元和历史观测值联合解算，将观测值分为历史观测值 L_{k-1} 和当前历元观测值 L_k 两组，观测值权阵分别为 L_{k-1} 和 L_k，设计矩阵分别为 B_{k-1} 和 B_k，则按照序贯最小二乘法有

$$\begin{cases} \hat{X}_k = \hat{X}_{k-1} + JL_k \\ Q_{\hat{X}} = Q_{\hat{X}_{k-1}} - JB_k Q_{\hat{X}_{k-1}} = (I - JB_k)Q_{\hat{X}_{k-1}} \end{cases} \tag{4.67}$$

式中：$L_k = L_{k-1} - B_k \hat{X}_{k-1}$；$J = Q_{\hat{X}_{k-1}} B_k^{\mathrm{T}} (P_k^{-1} + B_k Q_{\hat{X}_{k-1}} B_k^{\mathrm{T}})^{-1}$ 为增益矩阵。

GNSS 观测值远多于估计参数，产生大量冗余观测值，引起法方程维度较大，运算量大，所以有必要对待估参数按照某种策略筛选，剔除部分强度较弱参数以降低法方程维度。采用参数约化方法对强度较弱参数消除，避免了法方程秩亏和计算机运算精度对估计结果的影响，在降低法方程维度的同时提高了运算速度。待参数解算完成后，利用参数转化方法可完成消去参数的解算和精度评定。参数约化按照用户需求降低了法方程维度而不减少观测值统计信息，如将待估参数 $\hat{X}$ 分为 $\hat{X}_1$ 和 $\hat{X}_2$，即 $\hat{X} = [\hat{X}_1 \quad \hat{X}_2]^{\mathrm{T}}$，则对应的法方程可以分解为

$$\begin{bmatrix} N_{11} & N_{12} \\ N_{21} & N_{22} \end{bmatrix} \begin{bmatrix} \hat{X}_1 \\ \hat{X}_2 \end{bmatrix} = \begin{bmatrix} L_1 \\ L_2 \end{bmatrix} \tag{4.68}$$

若消去式（4.68）中的参数 $\hat{X}_2$，即对 $\hat{X}_2$ 约化以减少法方程维度，可以在

式（4.68）的两端同时乘上 $-N_{12}N_{22}^{-1}$，并将式（4.68）左右相加，可以得到

$$(N_{11} - N_{12}N_{22}^{-1}N_{21})\hat{X}_1 = L_1 - N_{12}N_{22}^{-1}L_2 \tag{4.69}$$

将系数移到式（4.69）右边，则待估参数 $\hat{X}_1$ 及其方差协方差 $Q_{\hat{X}_1}$ 可表示为

$$\hat{X}_1 = (N_{11} - N_{12}N_{22}^{-1}N_{21})^{-1}(L_1 - N_{12}N_{22}^{-1}L_2) \tag{4.70}$$

$$Q_{\hat{X}_1} = (N_{11} - N_{12}N_{22}^{-1}N_{12})^{-1} = N_{11}^{-1} + N_{11}^{-1}N_{21}(N_{22} - N_{12}N_{11}^{-1}N_{12})^{-1}N_{12}N_{11} \tag{4.71}$$

类似地，可以得到待估参数 $\hat{X}_2$ 及其方差协方差 $Q_{\hat{X}_2}$ 的表达式：

$$\hat{X}_2 = N_{22}^{-1}(L_2 - N_{21}\hat{X}_1) \tag{4.72}$$

$$Q_{\hat{X}_2} = N_{22}^{-1} + N_{22}^{-1}N_{21}(N_{11} - N_{12}N_{22}^{-1}N_{12})^{-1}N_{12}N_{22}^{-1} \tag{4.73}$$

在数据处理过程中，对于那些没有直接进行估计或者已经被约化的参数，可以通过参数转换技术重新进行参数化。这种方法的核心在于构建已估计参数与未估计参数之间的线性关系，利用数学函数关系来转换法方程，实现新参数的重新估计，从而形成多样化的法方程处理策略，下面将详细介绍这一算法的具体原理。例如，如果未直接估计的参数 δ_1 和 δ_2 可以通过已估计的参数 X_i 来表示，即待估计的参数 X_i 和新参数 δ_1 和 δ_2 之间存在某种函数关系。这时，可以利用泰勒公式（4.46）将 X_i 展开为

$$X_i = F_i\delta_1 + G_i\delta_2 + c_i \tag{4.74}$$

更新后的法方程为 $\tilde{N}\tilde{X} = \tilde{L}$。其中，$\tilde{X} = \begin{bmatrix} \delta_1 \\ \delta_2 \end{bmatrix}$，$\tilde{N} = \begin{bmatrix} F_i^{\mathrm{T}}N_iF_i & F_i^{\mathrm{T}}N_iG_i \\ G_i^{\mathrm{T}}N_iF_i & G_i^{\mathrm{T}}N_iG_i \end{bmatrix}$，

$\tilde{L} = \begin{bmatrix} F_i^{\mathrm{T}}(L_i - N_ic_i) \\ G_i^{\mathrm{T}}(L_i - N_ic_i) \end{bmatrix}$。基于上述参数转换重新构建法方程之后，就可以对更新后的法方程进行解算，并对其解算结果的精度进行评定。

2）卡尔曼滤波

由于最小二乘法在处理大量待估参数时会面临矩阵求逆困难、计算效率低下等问题，通常会采用其衍生方法，如递归最小二乘法或序贯最小二乘法。与此相比，卡尔曼滤波法能更有效地应对这些挑战，它只需保留上一时间点的状态参数估计值及其方差—协方差矩阵，无须存储全部历史观测数据，因此在实际计算中具有较高的效率，成为 PPP 参数估计中非常有效的方法。卡尔曼滤波估计由观测模型和状态转移模型组成，其具体模型可以表示为

$$\begin{cases} \boldsymbol{X}_k = \boldsymbol{\Phi}_{k,k-1}\boldsymbol{X}_{k-1} + \boldsymbol{w}_k \\ \boldsymbol{L}_k = \boldsymbol{H}_k\boldsymbol{X}_k + \boldsymbol{v}_k \end{cases} \tag{4.75}$$

式中：$\boldsymbol{X}_{k-1}$ 和 $\boldsymbol{X}_k$ 分别为 t_{k-1} 时刻与 t_k 时刻的状态向量；$\boldsymbol{\Phi}_{k,k-1}$ 为从 t_{k-1} 时刻到 t_k 时刻的系统状态转移矩阵；$\boldsymbol{w}_k$ 为系统噪声向量；$\boldsymbol{L}_k$ 为 t_k 时刻的观测向量；$\boldsymbol{H}_k$ 为观测方程的系数矩阵；$\boldsymbol{v}_k$ 为观测值观测噪声向量。卡尔曼滤波估计主要分为预测与更新两个过程，具体过程如下。

预测步骤需要预测状态向量及其对应的方差 – 协方差矩阵，根据定义，预测状态向量 $\hat{\boldsymbol{X}}_k^- = \boldsymbol{\Phi}_{k,k-1}\hat{\boldsymbol{X}}_{k-1}^+$，其中 $\hat{\boldsymbol{X}}_{k-1}^+$ 为 t_{k-1} 时刻的状态向量。对应的预测状态方差 – 协方差矩阵 $\boldsymbol{P}_k^- = \boldsymbol{\Phi}_{k,k-1}\boldsymbol{P}_{k-1}^+\boldsymbol{\Phi}_{k,k-1}^{\mathrm{T}} + \boldsymbol{Q}_{k-1}$，其中，$\boldsymbol{P}_{k-1}^+$ 为 t_{k-1} 时刻的方差 – 协方差。更新过程包括更新状态向量与方差 – 协方差矩阵：首先，计算滤波增益矩阵 $\boldsymbol{K}_k = \boldsymbol{P}_k^-\boldsymbol{H}_k^{\mathrm{T}}(\boldsymbol{H}_k\boldsymbol{P}_k^-\boldsymbol{H}_k^{\mathrm{T}} - \boldsymbol{R}_k)^{-1}$；然后更新状态向量，即 $\hat{\boldsymbol{X}}_k^+ = \hat{\boldsymbol{X}}_k^- + \boldsymbol{K}_k(\boldsymbol{L}_k - \boldsymbol{H}_k\hat{\boldsymbol{X}}_k^-)$。最后，更新状态方差 – 协方差矩阵，更新过程如下：

$$\boldsymbol{P}_k^+ = (\boldsymbol{I} - \boldsymbol{K}_k\boldsymbol{H}_k)\boldsymbol{P}_k^-(\boldsymbol{I} - \boldsymbol{K}_k\boldsymbol{H}_k)^{\mathrm{T}} + \boldsymbol{K}_k\boldsymbol{R}_k\boldsymbol{K}_k^{\mathrm{T}} \tag{4.76}$$

式中：$\boldsymbol{I}$ 为单位矩阵；$\hat{\boldsymbol{X}}_k^+$ 和 $\boldsymbol{P}_k^+$ 分别为 t_k 时刻的状态向量和方差协方差阵的估计值。

从上述状态方程可以看出，卡尔曼滤波的估计过程在实际操作中是一个循环的"预测 + 更新"步骤，其核心部分为计算增益矩阵，增益矩阵决定观测值对参数估计结果的贡献情况。然而，这种估计方法的准确性依赖于能够建立精确的状态向量动态模型和观测模型。因此，必须对载体的运动信息有准确的了解，以确保预设的动态模型和观测模型能够真实反映载体的实际运动情况。如果预设模型与实际情况存在显著差异，可能会导致计算结果的不准确，甚至引起滤波过程的发散等问题。

4.2 应急导航增强系统信号体制

4.2.1 应急高精度增强播发信息设计

随着 GNSS 在各个领域的广泛应用，对于定位精度和可靠性的要求也越来越高。为了满足这些需求，导航信息增强技术应运而生，它通过提供额外的改正信息来改善定位服务的精度和完好性。改正信息的协议对导航增强至关重要：一方面该协议是服务侧与应用侧沟通的桥梁，需要两边保持一致才能准确应用；另一方面该协议需要与用于播发的网络相匹配，如果协议中数据传输所需的带宽过大，则有可能导致播发网络无法满足数据传输需求。在应急场景中，通信基础设施同样面临着无法使用的可能性，也需建立应急通信网络，而应急网络的带宽一般较为珍贵，主要用于传输重要的指挥和态势信息，剩余带宽较为有限，对导航信息增强的协议设计提出了较高要求。

本节首先介绍了当前主流的导航信息增强协议，然后在此基础上提出了应急环境下的导航信息增强协议设计思路。

1. 现有导航信息增强协议

导航信息增强模式主要分为广域增强和区域增强两大类。广域增强系统通过地球静止轨道卫星向广大地区播发星历误差、卫星钟差和电离层延迟等修正信息，以提升 GNSS 的精度和完好性。而局域增强系统（如 CORS）则在较小的地理范围内提供更高精度的差分修正数据，通常用于城市峡谷、机场精密进近等需要更高定位精度的场合，通过地面基站播发差分数据和完好性信息，以实现厘米级的定位精度。

这两种增强服务共同提高了 GNSS 在不同应用场景下的性能和可靠性，但二者在播发内容上有所区别。

（1）广域增强系统（WAAS/SBAS）通过 GEO 卫星播发覆盖广泛区域的增强信息（定位精度为 4~10cm），信息只能单向传输。这些信息主要包括：

①星历误差，提供卫星轨道的误差信息，帮助用户修正卫星位置的偏差；

②卫星钟差，提供卫星时钟与标准时间之间的差异，以校准时间误差；

③电离层延迟，提供电离层对信号传播造成延迟的修正信息，改善定位精度；

④完好性信息，提供系统性能和信号可用性的评估，确保导航的安全性；

⑤卫星健康状态，报告卫星的工作状态，帮助用户识别并排除有问题的卫星信号；

⑥校正预报信息，预报未来一段时间内的校正数据，允许接收器提前计算出更准确的位置；

⑦轨道预报信息，提供卫星轨道的预报数据，帮助终端设备更好地进行定位计算。

（2）局域增强：局域增强系统通常在较小的地理区域内提供更高精度的增强服务（定位精度 1~5cm），可以利用地面通讯网络进行双向信息传输，播发的内容主要包括：

①差分数据，提供局部区域的空间误差、对流层、电离层延迟误差等差分信息，辅助终端通过 RTK 算法获得高精度定位。

②完好性信息，包括关于卫星健康状态的信息以及定位结果可信度的数据，帮助用户判断定位数据是否可靠。

③辅助数据，提供辅助信息以帮助快速锁定卫星信号，比如卫星的大概位置（即所谓的"星历"数据）和频率信息。

④时间同步信息，确保接收机与卫星之间的时间同步，这对于高精度定位非常重要。

⑤局部地理信息，某些情况下，增强系统可能会提供特定区域的地图数据或其他地理信息，以帮助改善定位性能。

⑥预测误差模型，对于某些增强系统，可能会发送预测误差模型，这些模型可以用来预估未来的定位误差。

⑦虚拟参考站数据，基于区域基准站的数据和计算的误差信息，在指定位置生成虚拟参考站的观测数据。

无论广域增强还是局域增强模式，导航增强信息的播发都依赖于差分数据服务协议的标准化。目前，国际通用的差分数据服务协议包括国际海运事业无线电委员会（Radio Technical Commission for Maritime Services，RTCMS）制定的 RTCM2. X 协议，RTCM3. X 协议，航空无线电技术委员会（Radio Technical Commission for Aeronautics，RTCA）制定的 RTCA 协议，天宝（Trimble）公司制定的压缩测量记录（Compact Measurement Record，CMR）协议。其中 RTCM3. X 协议主要针对宽带网络下的产品播发服务，其数据量最大可至 8240bit 每电文，而其他协议所占用带宽较少，数据量在 250～1000bit 每电文。

1）RTCM2. X 电文

国际海运事业无线电技术委员会于 1983 年 1 月为全球推广应用差分 GPS 业务设立了 SC104 专门委员会，以便论证用于提供差分 GPS 业务的各种方法，并制定了标准差分协议。1985 年发表了 Ver1. 0 版本的建议文件，经过 5 年的试验，于 1990 年公布了 Ver2.0 版本，该版本中只有伪距差分的信息，没有载波相位的信息，主要为导航服务。为了满足载波相位差分技术的要求，1993 年 RTCM 委员会推出了 Ver2. 1 版本，增加了与载波相位差分技术相关的电文，即电文 18～21，其他的 Ver2.0 版本相同。为了应用 GLONASS，1998 年 1 月公布了 Ver2. 2 版本。Ver2. 2 版本和 Ver2. 1 版本相比较，主要增加了支持 GLONASS 差分导航电文，同时在相应的电文中增加了区分 GPS 卫星和 GLONASS 卫星的标志。2001 年公布了 Ver2. 3 版本，定义了电文 23 和 24。2013 年，为适应多系统低速率通信条件下的差分应用，在 Ver2. 3 基础上删除了不用或少用的部分 GPS/GLONASS 伪距差分和载波相位差分电文，增加了 3 条通用电文以支持多星座多频率的伪距差分和载波相位差分。

RTCM2. X 差分协议共定义了 64 种电文，每种电文帧长为 $N+2$ 个字，其中电文头两个字，称为通用电文。电文信息包含在 N 个字中，N 随电文类型不同而不同，同类电文可能由于卫星的个数不同也不相同。RTCM 电文是由二进制的数据流组成，每个字由 30bit 构成，分解为 5 个 6bit 的字节，这样允许在标准计算机通用异步收发机（Universal Asynchronous Receiver/Transmitter，UART）间串行传送。如果所用的 UART 提供 8bits 的字节，则必须从通信缓冲器中读取后立即去掉两个最高位。第 25 ~ 30 位构成字节 5，字节 5 为奇偶校验码，用于检验接收到的电文信息。

RTCM2. X 电文的通用电文头如表 4 - 2 所列。

表 4 - 2　RTCM2. X 电文通用电文头

字	内容	比特数	比例因子	范围
第 1 个字	引导字	8	—	—
	帧识别	6	1	1 ~ 64
	基准站识别	10	1	0 ~ 1023
	奇偶校验	6	—	—
第 2 个字	修正 Z 计数	13	0. 6s	0 ~ 3599. 4s
	序号	3	—	0 ~ 7
	帧长（$N+2$）	5	1 字	2 ~ 33 字
	基准站健康状况	3	—	—
	奇偶校验	6	—	—

2）RTCM3. X 协议

RTCM 3. X 提供 GNSS 载波相位差分改正数，并支持网络 RTK、广域差分等高精度应用，它与 RTCM2. X 在电文结构、电文字长、校验方法等方面均不相同，引入了多信号电文（Multiple Signal Messages，MSM）概念取代原来的实时动态差分观测值及其扩展值。可以通过系统标识、卫星掩码、信号掩码等参数区分特定系统和特定卫星的某一特定信号，从而可以很好地适应随着 GNSS 增加，卫星及信号类型不断多样化的发展趋势。

RTCM3.X 采用了变长度电文字的设计方法，不再有 RTCM2.X 中 30bit 定长电文字，所有数据以位为单位排列，构成数据流，结尾不够一个字节时填 0；RTCM3.X 的校验采用循环冗余校验（Cyclic Redundancy Check，CRC）- 24Q 校验，不再对每个电文字单独校验，且校验也是各自独立的，不再与前一帧电文相关；RTCM3.X 设计容纳 4095 种电文，扩展潜力巨大。然而 RTCM2.X 设计只有 63 种电文，所剩无几，几乎没有扩展空间。

在 RTCM3.X 中，一帧完整的电文由一个固定的电文引导头、保留区、电文长度区、电文体以及循环冗余检验组成，如表 4-3 所列。

表 4-3　RTCM3.X 电文帧格式

电文引导头	保留	电文长度	可变长度电文	CRC
8bit	6bit	10bit	长度不固定	24bit
11010011	000000	以字节为单位的电文长度	0~1023 字节	CRC-24Q

3）RTCA 协议

为了满足空中用户对 GPS 应用提出的要求，美国联邦航空管理局（Federal Aviation Administration，FAA）开发了局域差分全球定位系统（Local Area Differential Global Positioning System，LADGPS）和 WAAS。相应的产生了《RTCA SC—159 GPS 差分协议》用以传输差分改正数。

RTCA 针对 LADGPS 的第一类专用协议（SCAI—1）于 1993 年 4 月公布，针对 WAAS 的规范草案于 1994 年公布。WASS 电文和以前使用的 LADGPS 电文有很大的不同。就内容而言，LADGPS 电文只提供可视卫星的综合改正信息，而 RTCA 电文包含所有卫星（包括 GPS 和 GLONASS 卫星）的独立改正信息、导航系统的完备性和来自地球同步卫星的测距信号。其中改正信息包括星钟改正信息、星历改正信息、电离层改正信息，以及禁止使用某些卫星的报警信息。传输数据的数据链方面，LADGPS 是通过信标台，而 RTCA 电文是通过地球同步卫星发送给空中用户；电文格式方面，RTCA 电文每帧的长度固定不变，规定为 250bit，其中 8bit 是电文引导字，6bit 电文类型标识，24bit 循环冗余校验码和 212bit 数据信息，而 LADGPS 的电文中，由于电文的类型不同或是接收到的卫星的个数不同，电文长度随着变化。

RTCA 协议用 6bit 作为电文类型识别，可定义 64 种电文，其中基本电文如表 4-4 所列。

表 4 – 4　RTCA 基本电文类型

电文类型	内　　容
0	不能使用该颗 GEO 卫星（只供侧试用）
1	卫星的排序表，已设置到 210 位中的 52 位
2	快速改正信息
9	GEO 卫星导航信息
12	WASS 网络时/UTC 偏差参数
17	GEO 卫星历书信息
18 – 22	电离层格网点排序信息
24	快速改正与 GPS 卫星长期误差改正混合信息
25	GPS 卫星长期误差改正信息
26	电离层误差改正
27	WAAS 服务信息

4）CMR 协议

对于差分数据服务协议而言，在不损失精度的前提下，传输所占带宽越小越好。由于 RTCM 的电文格式已经固定，在相同的条件下发送的数据量也是相同的，因此要减小传输数据量要求有一种新的差分协议。在这种情况下，Trimble 公司于 1993 年提出了一种新的 GPS 差分协议 CMR。CMR 格式的电文码发送率只有 RTCM2. X 的 1/2，RTCM2. X 标准协议要求带宽必须高于 4800b/s，通常采用 9600b/s，CMR 采用 2400b/s 就足够了。

CMR 电文中用 3 位表示电文类型，最多可定义 8 种电文，现在已经定义的有 3 种，其他的作为私有电文或是保留供将来使用。电文类型如表 4 – 5 所列。

表 4 – 5　CMR 电文类型

电文类型	内　　容
0	原始观测值
1	基准站坐标参数
2	基准站的描述

CMR 中只有载波相位差分电文，其功能相当于 RTCM2. X 的电文 18、19。CMR 的电文不仅有二进制编码的数据流，而且包含有美国信息交换标准代码（American Standard Code for Information Interchange，ASC Ⅱ），如电文 2，基准站的描述就是由 ASC Ⅱ 组成。每种电文由帧头/尾、电文头和数据 3 部分组成。每种电文的帧头/尾都相同，和 RTCM 中的通用电文类似，由 6 个字节组成，CMR 电文的每一个字节由 8bit 构成，而不是 6bit。表 4 - 6 给出了电文帧头/尾的具体内容和格式。

表 4 - 6　CMR 电文的帧头/尾

参数	字节数	说　明
STX	1	开始发送标识
Status	1	状态标识
Type	1	协议标准标识
Length	1	电文数据部分的长度
CheckSum	1	校验码
ETX	1	结束标识

2. 应急导航高精度增强信息设计思路

1）现有导航信息增强协议分析

在开展应急导航信息增强协议设计前，首先对现有导航信息增强协议进行分析，以目前应用最为广泛的 RTCM3. X 协议为例，本节从该协议中挑选了 GPS 轨道改正电文（电文编号 1057）进行分析，以获取应急导航信息增强协议设计思路。

对于 1057 电文，其电文内容包括电文头和电文数据内容两部分，由 1 个电文头和 N 个电文数据内容拼接而成，其中电文头主要包含电文编号、GPS 历元时间、卫星数、卫星国际标识符（International Designator，ID）等多卫星一致内容，电文数据内容则是每颗卫星的改正数据。1057 电文头内容如表 4 - 7 所列，其中，状态空间表述电文（State Space Representation，SSR）用于提供导航系统各误差源的状态信息，状态空间表示的数据版本（Issue of Data，IOD）用于匹配和确保用户接收的改正信息与广播星历之间的一致性。

表 4 – 7　1057 电文头内容

数据字段	数据类型	比特数	备注
电文编号	uint12	12	电文编号 1057
GPS 历元时间 1s	uint20	20	—
SSR 更新间隔	bit（4）	4	—
多种电文标识	bit（1）	1	—
卫星参考基准	bit（1）	1	—
IOD SSR	uint4	4	—
SSR 提供者 ID	uint16	16	—
SSR 解算 ID	uint4	4	—
卫星数	uint6	6	Ns
合计	—	68	

1057 电文数据内容如表 4 – 8 所示。

表 4 – 8　1057 电文数据内容

数据字段	数据类型	比特数	备注
GPS 卫星 ID	uint6	6	—
GPS IOD	uint8	8	—
径向改正系数	int22	22	—
切向改正系数	int20	20	—
法向改正系数	int20	20	—
径向改正系数率	int21	21	—
切向改正系数率	int19	19	—
法向改正系数率	int19	19	—
合计	—	135	

对于电文头，最重要的为电文编号、GPS 历元时间和卫星数 3 个数据字段，其中电文编号用以标识该电文为哪一条电文，用户在获取电文编号后方可按照对应的协议内容对电文进行解析。GPS 历元时间为该电文中包含产品

的历元时刻，用户在收到该电文后将 GPS 历元时间与实时接收到的 GPS 卫星观测值中的历元时间进行匹配以进行解算。卫星数则是告知用户本条电文中共包括几颗卫星的改正数产品，决定了该电文的长度。其余数据字段如 SSR 提供者 ID、解算 ID 更多是支持服务的可扩展性，在对带宽要求较为严格的应急网络环境中播发可以舍去。

对于电文数据内容，其卫星 ID、GPS IOD、径向改正系数、切向改正系数、法向改正系数为核心数据字段。卫星 ID 标识着该产品对应的卫星号。GPS IOD 为数据该卫星的数据龄期，与解算高度相关。径向改正系数、切向改正系数、法向改正系数则告知用户该卫星的轨道误差。而径向改正系数率、切向改正系数率、法向改正系数率则是该卫星轨道误差的变化率，用来外推一段时间后卫星的轨道误差。由于卫星轨道误差在一段时间内变化较慢，且其播发间隔较短，用户在一段时间后接收最新的卫星轨道改正电文即可，无须进行外推，因此这 3 个数据字段在带宽要求较为严格的应急网络环境中播发也可舍去。

2）导航增强电文应急设计

在综合分析了 RTCM3.X 中的轨道改正电文后，可开展通用应急导航增强电文设计。设计分为非必要数据字段剔除、数据字段泛化设计、数据字段重新编排、播发策略设计 4 个步骤。

（1）非必要数据字段剔除：在前面分析了 GPS 卫星轨道改正电文中的核心数据字段以及非必要数据字段，在直接剔除非必要数据字段后，电文头仅包括电文编号、GPS 历元时间、卫星数 3 个数据字段，再将 RTCM 标准封装头中的前导码、保留位、电文长度 3 个数据字段融合在一起，构成精简后的通用应急导航增强电文头，如表 4 - 9 所列。

表 4 - 9　通用应急导航增强电文头

数据字段	数据类型	比特数	备注
前导码	uint8	8	
保留位	uint6	6	
电文长度	uint10	10	
电文编号	uint12	12	
GPS 历元时间 1s	uint20	20	
卫星数	uint6	6	
合计		62	

对于前导码，为了与 RTCM 的前导码进行区分，确保用户在解析时能够识别出其与 RTCM 是两个不同的协议，可将前导码由 RTCM 的 0xD3 设置为 0xD4。保留位为了补足电文头中不满 1 个字节（1B）的比特位，方便计算机进行处理。电文长度和卫星数为了标识电文长度，电文编号为了标识哪条电文，在电文类型较多、长度差异较大时由较好的扩展性和可行性。但是广域高精度数据产品一共仅包括 3 条电文，可设计每条电文包含固定的卫星数从而固化每条电文的长度，电文长度基于电文类型进行确定，因此上述 3 个字段可合并为一个电文类型。经过优化后的通用应急导航增强电文头如表 4 – 10 所列。

表 4 – 10　通用应急导航增强电文头

数据字段	数据类型	比特数	备注
前导码	lint8	8	0xD4
保留位	lint2	2	
电文编号	lint2	2	一共只有 3 条电文，2bit 能够区分
GPS 历元时间 1s	lint20	20	
合计		32	

用户终端通常可观测到的单一系统卫星数在 10 ~ 15 颗，考虑到高度角、观测质量等因素，实际可用的单一系统卫星在 8 颗左右，因此固定通用应急导航增强电文包含 8 颗卫星的轨道与钟差改正数。

（2）数据字段泛化设计：由于卫星导航系统仍在不断发展中，现有的导航增强协议往往不能覆盖所有卫星导航系统，且各卫星导航系统中的部分数据字段定义有所差异，为确保协议能够支持其他导航协议，需要对数据字段进行泛化设计。

仍然以 GPS 轨道改正电文为例，该电文字段中与 GPS 相关的有 GPS 历元时间，GPS 卫星 ID，GPS IOD 3 个数据字段，对于北斗系统而言，其时刻与 GPS 类似，均以原子时秒长为基础，并与 UTC 对齐。由于 UTC 时又会不定期地增加跳秒以适应地球自转速度变化导致 UTC 时与天文测量的世界时产生的偏差，导致在对齐后的一段时间内卫星系统时间会与 UTC 时间产生固定的时间偏差。由于北斗、GPS 与 UTC 时间对齐的时刻不同，因此北斗时与 GPS 时有着固定 14s 的偏差。在通用应急导航增强电文中，为了方便用户匹配观测值中的时刻与改正数中的时刻，将 GPS 历元时间数据字段替换为北斗历元时间数据字段，GPS 卫星 ID 替换为北斗卫星 ID。

对于 IOD，GPS 中的 IOD 直接保持与广播星历中的 IOD 一致即可。目前，北斗广播星历中所有卫星 IOD 保持一个常数，无法在广域高精度数据产品中供用户使用。为保证该数据字段北斗化设计后仍可用于高精度解算：

$$IOD = \frac{TOC}{720} \mod 240 \qquad (4.77)$$

式中：TOC 为周内秒；mod 为取模操作。

通过对通用应急导航增强电文中的 GPS 历元时间，GPS 卫星 ID，GPS IOD 3 个数据字段进行泛设计，在原有 RTCM3. X 协议基础上提出北斗对应的数据字段，确保用户能够更为完整、便捷地使用其他卫星导航系统的定位增强数据产品进行高精度定位解算。

（3）数据字段重新编排：对于应急通信环境（通常带宽不大于 9.6kb/s）而言，如果按照 RTCM3. X 协议中建议的 1s 播发间隔，每秒播发高精度数据产品就要消耗一半以上的可用带宽，无法保证其他业务数据的快速可靠传输，这在应急场景下可能无法接受。因此，在完成非必要数据字段剔除与数据字段泛化设计后，需要对各电文的数据字段进行重新编排，以进一步降低其带宽占用。

相对于 RTCM3. X 协议建议的 1s 播发间隔，通用应急导航增强电文通过延长播发间隔以降低播发带宽需求。在延长播发间隔的同时，每条产品电文也需进行重新编排，以确保每秒占用的带宽需求较为接近，避免产生峰值带宽需求，引起应急网络波动，影响正常业务传输。按照原有设计，每条 GPS 轨道电文中包含 8 颗卫星的改正产品，可将其拆分为多条子电文，每条子电文包含 2 颗或 4 颗卫星的改正产品，用户终端在收齐子电文后，将其拼接成一条完整的电文再进行解算，能够进一步降低每秒播发的带宽需求。

（4）播发策略设计：不同电文的数据有效期并不相同，在播发一组电文时可设计合理的播发策略，有效期长的降低播发频次，有效期短的提高播发频次，从而在满足电文数据有效期的前提下，播发带宽占用更为均匀。

以广域增强产品通常播发的卫星轨道改正、卫星钟差改正和电离层改正 3 条电文为例，其中钟差改正随时间变化最快，其播发间隔要求在 10s 以内，轨道改正随时间变化较慢，其播发间隔要求在 60s 以内，而电离层变化更为缓慢，通常在 30min 内都可以较好地拟合外推。

在数据字段重新编排中，假设轨道改正、钟差改正电文拆分为 4 条子电文，电离层改正电文拆分为 32 条子电文，则改正电文的播发间隔 $T1$，轨道改正电文的播发间隔 $T2$，电离层改正电文的播发间隔 $T3$ 须满足如下约束：

$$4 \times \frac{T3}{T1} + 4 \times \frac{T3}{T2} + 32 \times \frac{T3}{T3} \leqslant T3 \tag{4.78}$$

式中：$T1$、$T2$、$T3$ 均为正整数且满足

$$T1 \leqslant 10, T2 \leqslant 60, T3 \leqslant 1800 \tag{4.79}$$

为使整个播发周期最小，从而降低电文类型数据字段的长度，取 $T1$、$T2$ 最大分别为 10，60，则可计算得出 $T3$ 最小为 60。

一个完整的播发周期为 60s，其中钟差改正数每 10s 播发 1 次，每次播发 4 条钟差改正子电文，占用 4s；轨道改正数每 60s 播发 1 次，每次播发 4 条轨道差改正子电文，占用 4s，电离层改正数每 60s 播发 1 次，每次播发 32 条电离层改正子电文，占用 32s。

按照上述应急导航信息增强设计后，每秒播发的电文长度仅为 208bit，相比原有 GPS 轨道改正电文 1196bit，长度大幅缩减，所占用的带宽需求也进一步降低，能够满足应急环境下的导航增强信息播发需求。

4.2.2　导航信号增强

随着卫星导航系统在越来越多领域中广泛应用，系统提供的基本 GNSS 性能已无法满足某些特定应用场景下用户的需求。人们通过技术进步与创新，提出并实现了面向民航、海事等生命安全重点用户领域的广域差分与完好性增强等技术手段。

1. 基于扩频体制的可用性增强信号设计

下面探究基于扩频体制下的可用性增强相关的信号设计，主要从信号扩频体制，扩频码方面进行研究。

1）直接序列码分多址调制定位信号

对于传统的 GPS 信号，采用直接序列码分多址（Direct Sequence Code Division Multiple Access，DS‑CDMA）的方式调制定位信号，在这种信号体制中，携带导航电文的数据码首先被高码率的伪码扩展到一个很宽的频带上，实现信号的扩频调制；然后，伪码和数据码的组合码再通过二进制相移键控对载波进行调制，得到能够广播的定位信号，如图 4‑18 所示。在通信原理中一组可以提前确定、能够复制、具有良好的随机性和接近于白噪声相关性的二进制序列被称为伪随机序列码。扩频通信系统中最早采用的伪随机序列是最长线性反馈移位寄存器序列，简称 m 序列。顾名思义，m 序列可以由带反馈的线性移位寄存器产生。除了 m 序列外，用两组级数相同的 m 序列组合成的金码也是一种常用的伪随机序列码，GPS 中的 C/A 码就是一种金码。在 GPS 中，C/A 码由两个十级移位寄存器产生，和一般情况下金码的产生方

式不同，位于 GPS 卫星中的移位寄存器最后一级的值并不作为输出来产生 C/A 码，而是由相位选择器选择中两个寄存器的值进行异或运算后再输出。最终，相位选择器的输出结果与输出结果的模二和作为 GPS 定位信号的 C/A 码。而相位选择器所选寄存器单元的不同决定了卫星之间伪码的差异。C/A 码作为一种伪随机序列，具有非常好的自相关性和接近于正交的互相关性。

传统的 GPS 卫星采用直接序列扩频调制的方式产生定位信号，采用这种方式调制信号主要有 3 个原因：第一，伪随机序列扩频调制频繁的相位反转是 GPS 到达时间测距（TOA）的基础；第二，不同伪码间接近正交的互相关性可以帮助接收机准确的识别同一频段不同的卫星信号；第三，DS - CDMA 信号隐蔽性高，抗干扰能力强。传统的 GPS 信号有 L1（1575.42MHz）和 L2（1227.60MHz）两种不同频率的载波。在 GPS 定位卫星中，携带导航电文的数据码和高码率的 C/A 码异或相加，实现数据码的扩频调制，将信号扩展到一个很宽的频带上；然后，完成扩频调制后的组合码采用二进制相移键控完成载波调制，实现信号频谱的搬移。如图 4 - 18 所示，接收机在接收到定位信号之后，首先采用本地复制的 L1 载波对卫星信号进行解调；然后与本地复制的伪码进行模二加运算，剥离伪码，得到携带导航电文信息的原始数据码。在进行扩频调制之前，扩频调制后的信号的频带宽度远大于扩频前数据码的频带宽度。根据香农定理可知，当信号数据传输容量一定时，信号带宽的增加能够降低系统对信噪比的要求，提高系统的抗干扰能力。

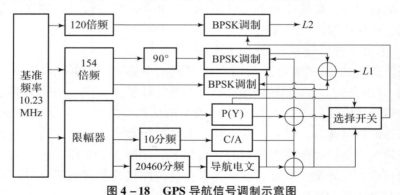

图 4 - 18　GPS 导航信号调制示意图

2）带偏移载波调制信号

除了传统的 GPS 导航信号外，还有一些典型的扩频体制信号，最经典的是带偏移载波调制（Binary Offset Carrier，BOC）信号，BOC 调制是卫星导航系统的一种创造性信号体制设计，与传统的二进制相移键控调制方式相比，

BOC 调制具有频谱分离的特点，通过将卫星信号的主要能量从信号频带中央搬移到频带边缘处，实现军用和民用导航信号的频谱分离，还可实现对导航信号频带有效资源的最大利用，避免在同一频带上不同信号的频谱出现混叠和相互干扰的情况。虽然 BOC 调制技术具有导航频段重用、抗多 径性能、跟踪精度更高等众多特点，但是由于 BOC 信号的基带自相关具有多个相关峰特性，所以给捕获过程增加了峰值锁定的难度，使得捕获到副峰上的概率大大增加，从而使得捕获得到的多普勒频移和码相位误差增大。为了避免副峰错锁和降低信号处理难度，通常采用常规的单边带类似二进制相移键控（Binary Phase Shift Keying，BPSK）捕获算法，即 BPSK–Like 算法，即利用 BOC 信号上下两个边带的等效特性，只取信号上（或下）边带进行解调，捕获和跟踪都是在单边带内完成。但单边带 BPSK–Like 捕获算法由于滤出了主峰，信号能量有所减少，捕获灵敏度降低。

BOC 调制信号可以视为 BPSK–R 信号和一个方波副载波的乘积，数学表达式为

$$S_{\mathrm{BOC}}(t) = \sqrt{2P_T} \cdot D(t) \cdot d_{\mathrm{BOC}}(t) \cdot \cos(\omega_{L1,2}t + \theta) \tag{4.80}$$

式中：P_T 为发射功率；$D(t)$ 为数据流；$\omega_{L1,2}$ 为导航信号载频的角频率。BOC 常用表达形式为 $BOC(m,n)$，其中，m、n 分别为相对于方波副载波频率 f_{sc} 和伪随机扩频码速率 f_c 与基准频率（$f_b = 1.023\mathrm{MHz}$）的比值；m 与 n 之比称为 BOC 调制系数。$BOC(10,5)$ 信号调制示意图如图 4–19 所示。

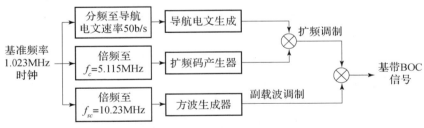

图 4–19　BOC(10,5)信号调制示意图

2. 应急导航可用性增强信号设计思路

地面工作的应急导航增强系统，用户接收机与不同应急导航增强服务节点的距离比值可能很大，也会导致伪码之间互相关性干扰接收机对其它应急导航增强服务节点信号的正常捕获，从而导致远近效应现象。

应急导航增强服务节点所面临的远近效应可分为两类：

（1）各节点发射器之间距离较远，用户接收机位置不固定，距离用户接收机较近的节点发射器信号较强，距离较远的节点发射器信号较弱，距离接

收机近的发射器的强信号将会对另一发射器信号产生严重的干扰，如图4-20所示。

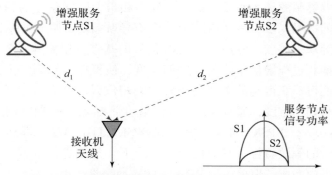

图4-20　应急导航增强服务节点所面临的远近效应

（2）应急导航增强服务节点与卫星之间的远近效应，普通导航卫星的平均高度在20200km左右，与用户接收机之间的距离较远，接收机位置的改变，几乎不会对卫星与接收机的几何距离产生影响，卫星发射的导航信号在到达地面接收机时功率值相对较低，大约在-130dBm。但应急导航增强服务节点则不同，该节点与接收机的距离一般被设置在50km以内，接收机的位置变换范围较大，使得接收信号的强度发生改变，其大小为

$$r = 20 \lg R \tag{4.81}$$

式中：R为应急导航增强服务节点和天线之间的距离，应急导航增强服务节点信号功率和应急导航增强服务节点与天线之间的距离的平方成反比，该接收信号功率的变化会对导航信号产生巨大影响。

在应急导航增强协同定位系统中，远近效应干扰是主要的问题之一，经过多年的研究发展，已经有大量的学者对其进行了深入的研究，提出了众多的远近效应抑制技术，按收发两侧分类，主要分为信号接收侧技术和信号发射侧技术，信号接收侧包括天线阵列技术、信号处理技术和信息处理技术；信号发射侧包括信号发射技术、信号参数设计和功率控制技术。目前实现最简单且兼容性最高的技术是TDMA技术，该技术不需要对导航定位信号的信号格式做太多的修改，也不需要对现有的接收机做出过多的改变即可在一定程度缓解远近效应带来的功率干扰问题。

在信号设计方面用于克服远近效应的方法有多种，其中从发射端考虑有，码分多址技术，定位信号体制设计和跳时信号体制等。

1）脉冲信号抗远近效应原理

该方案是解决远近效应中最为简单的一种调制方式，主要用于无线电通信系统中。如果将应急导航增强服务节点信号以占空比为 10% 短脉冲的形式进行发送。这种发送方式可使应急导航增强服务节点信号只占用 10% 的信号传输时间，剩余 90% 的时间可以用来接收其他信号而不会造成混叠。使用该方法使得绝大多数接收机都能同时跟踪应急导航增强服务节点信号和导航信号，使用户端节省了相当大的成本。

决定远近效应的是应急导航增强服务节点信号作用范围内的远边界和近边界，当用户接收机处于两个边界之间时，既可以接收到应急导航增强服务节点信号，又不影响导航信号的接收，因此扩大该区域是解决远近效应最根本的原理。在自由空间内，信号的衰减公式为

$$P = 20\lg\left(\frac{\lambda}{4\pi d}\right) \tag{4.82}$$

式中：λ 为载波波长；d 为信号的传播距离；P 为自由空间的传播损耗，单位是 dB。应急导航增强服务节点的信号功率损耗为

$$P = P_l - P_{\min} \tag{4.83}$$

式中：P_l 为应急导航增强服务节点的发射功率；$p_{\min}$ 为接收机的最小接收功率，对于常规接收机而言，其最小接收功率为 -130dBm。

由上述分析可知，远边界是受发射功率大小影响，当脉冲信号足够大时，远边界可以得到扩展，最终达到和连续应急导航增强服务节点信号相同的远边界值。对于近边界而言，应急导航增强服务节点与用户接收机之间距离较近，导致应急导航增强服务节点信号接收功率较大，往往会淹没导航卫星信号。当采用 10% 占空比的脉冲信号时，伪室内定位的应急导航增强服务节点信号体制研究及实现卫星信号只在 10% 的时间里工作，即使会对导航卫星信号产生影响，也只是影响该时间段。另外，由于脉冲信号 10% 的占空比，由该占空比引起的损耗为

$$D = -10\lg d \tag{4.84}$$

当接收机最小接收功率为 -130dBm 时，造成的损耗为 10dB，则应急导航增强服务节点信号至少要为 -120dBm。脉冲信号与连续信号相比，增加了 10dB 的损耗。在相同距离下，脉冲信号的功率要小于连续信号功率，脉冲信号在接收机端达到饱和的距离要比连续信号更近，也就是说拉近了近边界的距离。由此可以看出，脉冲信号调制方式可以有效缓解远近效应带来的问题。

2）应急导航增强服务节点定位信号体制设计

应急导航增强服务节点定位信号设计过程中主要考虑两个因素：第一、设计能够有效抵制远近效应的应急导航增强服务节点定位信号；第二、最大程度上继承 GNSS 信号体制，这样既可以在系统设计时充分借鉴 GNSS 的经

验，又便于实现独立组网的地基应急导航增强服务节点的定位系统与 GNSS 间的融合。为了满足以上两点要求，该系统在 DS – CDMA 信号的基础上引入跳时（Time Hopping，TH）机制构建 TH/DS – CDMA 定位信号。TH/DS – CDMA 通过构建 DS – CDMA 跳时脉冲信号，实现时分多址和码分多址的结合。其中 DS – CDMA 继承了传统 GNSS 信号体制，而跳时脉冲机制通过分离不同应急导航增强服务节点信号的发射时段来降低互相关干扰，从而抵制应急导航增强系统潜在的"远近效应"。TH/DS – CDMA 信号可以表示为

$$\begin{cases} s_i(t) = \sqrt{2P}D_i(t)c_i(t)\cos(2\pi f_c t)h_i(t/T) \\ h_i(n) = 1\ \text{或}\ 0 \end{cases} \tag{4.85}$$

式中：T 为脉冲的长度。

式（4.81）与 DS – CDMA 信号相比，TH/DS – CDMA 信号中增加了由 1 和 0 构成的跳时序列 $h_i(n)$，其决定着不同应急导航增强服务节点信号的发射时段。通过合理的设计 $h_i(n)$ 在不同时刻的取值，保证在任意时刻只有一个应急导航增强服务节点的基站发射脉冲信号，应急导航增强服务节点的定位系统潜在的"远近效应"就可以得到解决。在 TH/DS – CDMA 信号结构中，系统按照一定的发射周期发射信号，每个发射周期分成若干时隙，在一个发射周期内每个地基应急导航增强服务节点基站只能占用一个时隙发射信号，其他时间段保持沉默。应急导航增强服务节点跳时信号时域原理图为：通过跳时序列的控制将原本时域上连续的导航信号变为按照特定时隙发送的脉冲 DS – CDMA 信号，由于在任意时刻只有一个应急导航增强服务节点基站在播发信号，所以对于接收机而言，不同信号之间不存在互相关干扰，能够有效地抵制应急导航增强系统潜在的"远近效应"。但是，由于在实际应用中接收机到不同应急导航增强服务节点基站的距离不同，信号的传播延时不同，接收信号依然可能在某一时刻受到其他信号的干扰。但是，相对于一个时隙的时长，这一干扰存在的时间极短，而且在同一时刻最多只有一个干扰源，因此不会对接收机的信号处理造成影响。

如图 4 – 21 所示是在 matlab 里仿真的经过载波剥离后，接收端一个发射周期的基带信号。仿真中对接收信号进行 8bit 量化，信号的量化幅值体现了接收机到基站距离的差异，量化幅值越大，基站与接收机之间的距离越近。如图 4 – 22 所示，在一个发射周期内 10 个与接收机距离存在明显差异的基站分别在不同的时隙发射信号，虽然信号的量化幅值有着明显的差别，但是每个信号独占一个时隙，不会形成信号间的互相关干扰，也就避免了远近效应的发生。所以接收机在对信号进行处理时，只要确定了不同信号各自的发射

时段，就不会存在互相关干扰，保证各信号处理通道能够正常的捕获、跟踪各基站定位信号。

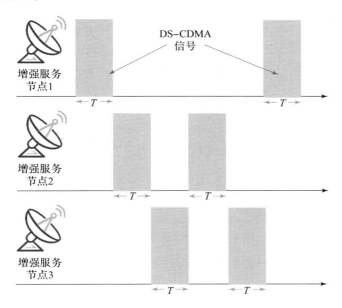

图 4-21　matlab 基带信号仿真图

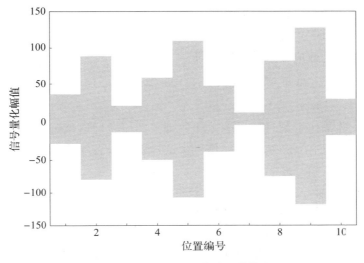

图 4-22　接收端剥离载波的基带信号

3）应急导航增强服务节点的跳时信号体制

应急导航增强服务节点信号的结构与 GNSS 信号几乎一致，都是由伪码，数据码和载波 3 部分构成，不同的仅仅是他们之间的载波频率以及信号的调制方式。GPS 信号调制示意图如图 4 – 23 所示。

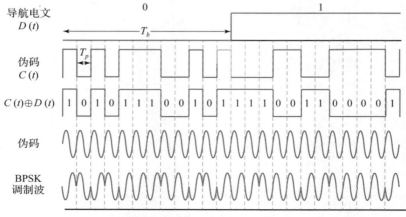

图 4 – 23　GPS 信号调制示意图

根据图 4 – 23 可以计算出 GPS 导航信号的信号结构：

$$S(t) = \sqrt{2P} \cdot D(t) C(t) \cos(2\pi f_0 t + \varphi) \qquad (4.86)$$

式中：P 为导航发射信号的平均功率；$C(t)$ 为卫星播发的 A 码和 P（Y）码的电平值；$D(t)$ 卫星上 C 数据码的电平值；φ 为载波初始相位。

为了解决应急导航增强系统的远近效应的问题，应急导航增强服务节点采用了 TH（跳时）/DS – CDMA 信号体制。一般卫星的信号结构增加跳时序列，来降低远近效应带来的干扰，即

$$\begin{cases} S(t) = \sqrt{2P} \cdot D(t) C(t) \cos(2\pi f_0 t + \varphi) h_i(t/T_{DS}) \\ h_i(n) = 1 \text{ 或 } 0 \end{cases} \qquad (4.87)$$

图 4 – 23 描述了跳时信号的工作原理，即应急导航增强服务节点在工作时，每个时刻仅有一个基站发射信号，这样就可以在一定程度上避免应急导航增强服务节点信号之间的相互干扰。

4）基于多址技术的抗远近效应技术

远近效应产生的根本原因是接收机在捕获过程中，由于应急导航增强服务节点信号的 C/A 码与本地码的互相关峰值超过导航码与本地码的自相关值，使得接收机无法对应急导航增强服务节点信号和导航信号进行区分，最终导致无法进行准确捕获。但如果重新设计一款不同的测距码，将应急导航增强服务节点信号和导航信号进行区分，可降低相关过程带来的错误，有效避免远近效应带来的影响。就目前情况而言，想要重新设计一款相关性能较高且

区别于传统测距码的新型测距码，其难度较大且对硬件开发要求较高。另外新测距码往往与传统码缺少良好的兼容性，使得应急导航增强系统和卫星导航系统独立开来，不利于室内外无缝定位和融合定位等技术的发展。

　　频分多址技术的本质是将不同信号利用不同频点进行区分。在信号发射过程中，利用不同的载波将原始信号调制到不同频点。接收时利用滤波器，选取自己所需信号的频点，将其他无用信号直接滤除，可有效提高信号接收的准确率。但是目前无线电频段资源十分匮乏，想要单独选出一个频段作为应急导航增强服务节点的独立工作频段，其难度相当大，且缺少一个统一的标准。另外，采用其他不同频点，需要对应急导航增强服务节点接收机的射频前端进行重新设计，其设计成本和技术门槛较高，因此目前各国的应急导航增强系统较少采用该技术进行抗远近效应研究。

　　GPS/BDS 卫星导航系统均采用 CDMA 扩频技术，理论上 GPS 的 C/A 码能分离 24dB，北斗的 C/A 码能分离 30dB。按照电磁波的传播理论，如果两个应急导航增强服务节点发射的功率不变，接收机接收到的信号强度比值与两个节点之间的距离的关系如下：

$$R_{PL} = -10 \cdot \lg \left(\frac{d_1}{d_2}\right)^2 \tag{4.88}$$

式中：R_{PL} 为接收机处两个信号强度的比值；d_1 为接收机与应急导航增强服务节点 1 的距离；d_2 为接收机与应急导航增强服务节点 2 的距离。

　　假设接收机与应急导航增强服务节点 1 和应急导航增强服务节点 2 的距离分别是 10m 和 1km，根据式 (4.88)，应急导航增强服务节点信号强度比为 40dB，远远超过 GPS 或北斗的 C/A 码隔离度，接收机只能接收较强的信号。因此需要采取一定的措施减小远近效应。对应急导航增强系统可以提高 C/A 码速率，提高码分信道的隔离度，但这样做必须重新设计原有的应急导航增强服务节点接收机，无法实现和 GPS/BDS 信号的兼容性，不仅增加接收机的成本，也降低应急导航增强服务节点的定位系统的通用性。一种解决方案是采用 FDMA 频率偏值技术，也就是 CDMA + FDMA 方式。应急导航增强服务节点被设计成以不同的载波频率发射信号。两个节点的发射信号频率相隔越远，相互之间的干扰越小。其中，一个节点发射 1575.42MHz 信号，另一个偏离 10 ~ 20MHz，那么两个节点之间产生 25dB 的隔离度，当相隔 20MHz 时，可产生 60dB 的隔离度。但同样存在无法与原有系统兼容的问题。另一种解决方案是 TDMA 时分多址技术，也就是 CDMA + TDMA 方式。时分多址是为不同的发射机分配不同是时隙来传输信号。定义发射时间片，设定每个时间片只有一台应急导航增强服务节点发射机在发射信号，那么对接收机而言，每个时间片都只接收到一台发射机的信号，即使在近场区域，接收较弱信号时也不会被强信号干扰。此方法对应急导航增强服务节点发射改造相对较少，而且可以正常使用商用接收机，大大节省了成本。通过上述分析可知，时分多址是解决应急导航增强系统远近效应的有效且实用的解决方案，这种时分多址方式也称为时分脉冲调制，这种方案的时隙分配示意图如图 4 – 24 所示。

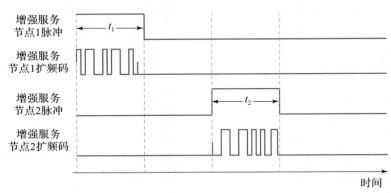

图 4 – 24   时分多址的时隙分配示意图

应急导航增强系统事先定义好各节点信号发射时隙，如节点 1 只在 t_1 时间片内发射信号其他时间不发射，同理，节点 2 只在 t_2 时间片内发射信号。因此对接收机而言，每个时间片只接收到一台发射机的信号，即使接收机在节点 1 的远场，在节点 2 的近场，只要信号达到接收机的接收灵敏度，接收机就不会因为节点 2 信号太强而接收不到节点 1 的信号。当应急导航增强服务节点发射信号时才会干扰 BDS 卫星信号，节点的脉冲信号干扰直接与其发射时间，即占空比成正比。占空比越低，对周围 BDS 用户机的干扰越小；但同时也会导致应急导航增强服务节点信号无法被用户机捕获、跟踪。因此，需要对应急导航增强服务节点脉冲信号最大占空比进行设计。对于卫星信号来讲，应急导航增强服务节点信号是一种干扰信号，它和热噪声叠加在一起，会减小卫星信号的平均信噪比。

5）BDS 应急导航增强服务节点信号设计

BDS 和全球定位系统的显著不同是卫星星座的空间分布，它所采用的伪随机噪声码序列和捕获方式、载波频率和码频率、导航电文的调制及编码、用户的定位解算也不同。为了最大限度保证 BDS 现有用户终端的兼容使用、降低 BDS 用户终端的改造成本，BDS 应急导航增强服务节点信号尽量采用与 BDS 相同的信号体制。同时，为了克服远近效应问题，应急导航增强服务节点信号采用与现有 BDS 相同的频点（B1 频点），主用 TDMA 时分多址技术进行播发，即脉冲调制发射方式，应急导航增强服务节点信号仅在特定脉冲时隙发送，其他时间保持静默。为了最大限度地保证信号之间的非相关性，应急导航增强服务节点的扩频伪随机码从现有 BDS 卫星信号伪码的同一码空间中选取未使用的码。

4.3 应急导航增强系统服务平台

应急导航增强系统服务平台提供定位增强服务和应急导航增强服务节点指挥调度服务两类服务，服务对象均为应急导航增强服务节点，增强服务节点在平台的支撑下实现应急场景下的快速自定位与规划部署，再由增强服务节点向该场景下的用户提供精度增强服务与可用性增强服务，应急导航增强系统服务平台组成如图 4 - 25 所示。

图 4 - 25 应急导航增强系统服务平台组成图

定位增强服务包括高精度定位增强服务可用性定位增强服务。其中高精度定位增强服务主要由平台接收基准站网络的原始观测数据，处理生成不同的精度增强服务产品，再向定位增强服务节点进行播发。可用性定位增强服务主要实现定位增强服务节点的规划选址功能，基于服务范围、定位精度、可达性等因素为节点提供最优选址布局方案。

应急导航增强服务节点指挥调度服务主要针对定位增强服务节点提供路径规划、路径引导等规划部署服务，支撑节点顺利抵达预设位置；同时也能提供位置监控、轨迹查询等综合管控服务，以实现对节点工作状态的监控和管理，确保节点能够持续提供可靠服务。

4.3.1 应急导航增强定位增强服务

1. 高精度定位增强服务

高精度定位增强服务主要面向用户播发不同类型的定位增强数据产品，

以提升用户终端的定位精度。通常而言，提供的定位增强数据产品包括广域差分数据产品，区域差分数据产品、区域 RTK 差分数据产品和后处理数据产品 4 类，用户使用上述产品可分别实现米级、亚米级、厘米级和毫米级的定位精度。

1）广域差分增强服务

广域差分解算模块利用北斗地基增强系统网等地基增强网的数据，实时解算卫星精密轨道、精密钟差和电离层产品，为广域米级/分米级服务提供支撑。通常包括数据预处理、精密轨道解算、精密钟差解算和电离层延迟解算 4 个步骤。

（1）数据预处理方法：数据预处理的主要功能是为定轨、估钟、电离层延迟解算以及定位数据处理做准备，通过预处理获得干净的卫星导航观测数据。实时数据质量检测模块主要是实时探测载波相位存在的周跳和粗差，同时也对伪距做一些基本的检查，为后续的定轨、估钟、电离层延迟解算和定位提供干净可靠的观测数据。其主要流程如下。

①利用 Melbourne – W 处理工作。预处组合进行野值点剔除、周跳的探测和修复及估计宽巷整周模糊度初值。Melbourne – W 周模糊度初值度组合观测值可写为

$$L_6 = \lambda_w b_w(i) + v_{L_6}(i) \tag{4.89}$$

其观测噪声为

$$v_{L_6}(i) = \frac{1}{f_1 - f_2}(f_1 v_{L_1}(i) - f_2 v_{L_2}(i)) - \frac{1}{f_1 + f_2}(f_1 v_{p_1}(i) - f_2 v_{p_2}(i)) \tag{4.90}$$

方差为

$$\sigma_{L_0}^2(i) = \frac{1}{(f_1 - f_2)^2}(f_1^2 \sigma_{L1}^2(i) + f_2^2 \sigma_{L2}^2(i))$$
$$+ \frac{1}{(f_1 + f_2)^2}(f_1^2 \sigma_{P_1}^2(i) + f_2^2 \sigma_{P_2}^2(i)) \tag{4.91}$$

整周模糊度 $b_w(i)$ 为

$$b_w(i) = \frac{\left(\frac{1}{f_1 - f_2}(f_1 L_1(i) - f_2 L_2(i)) - \frac{1}{f_1 + f_2}(f_1 P_1(i) - f_2 P_2(i)) \right)}{\lambda_w} \tag{4.92}$$

$$b_w(i) = BW_{const} + v_{bw}(i) \tag{4.93}$$

对于一个不存在周跳的弧段，BW_{const} 是一个常数，其值为

$$BW_{const} = \frac{B1}{\lambda_1} - \frac{B2}{\lambda_2} \tag{4.94}$$

$b_w(i)$ 方差为

$$\sigma_{bw}^2(i) = \frac{\sigma_{L_6}^2(i)}{\lambda_w^2}$$

$$= \frac{\left(\frac{1}{(f_1-f_2)^2}(f_1^2\sigma_{L1}^2(i)+f_2^2\sigma_{L2}^2(i)) + \frac{1}{(f_1+f_2)^2}(f_1^2\sigma_{P1}^2(i)+f_2^2\sigma_{P2}^2(i)) \right)}{\lambda_w^2}$$

$$(4.95)$$

对整弧段的 $b_w(i)$ 做加权平均，得 BW_{const} 的估值：

$$BW_{\text{const}}(i) = \frac{\left\{ \sum_{j \leq i} \frac{b_w(j)}{\sigma_{bw}^2(j)} \right\}}{\left\{ \sum_{j \leq i} \frac{1}{\sigma_{bw}^2(j)} \right\}} \qquad (4.96)$$

其方差为

$$\sigma_{bw}^2(i) = \left\{ \sum_{j \leq i} \frac{1}{\sigma_{bw}^2(j)} \right\}^{-1} \qquad (4.97)$$

M－W 组合观测值消除了电离层、对流层、钟差和计算的几何观测值等因素的影响，而且具有较长的波长（约为 86cm），较小的量测噪声等特点，因此适合用于非差周跳的探测和修复。在实际计算中，采用递推的方法计算每一历元 $b_{w\ i}$ 值及方差 σ：

$$b_{w\ i} = \frac{i-1}{i} b_{w\ i-1} + \frac{1}{i} b_w(i) \qquad (4.98)$$

$$\sigma_i^2 = \frac{i-1}{i} \sigma_{i-1}^2 + \frac{1}{i}(b_w(i) - b_{w\ i-1})^2 \qquad (4.99)$$

②利用 Iono_Free 组合观测值进行粗差剔除。计算 Iono_Free 组合观测值：

$$L_{BC}(i) = L_3(i) - P_3(i) = (\alpha_2 L_1(i) - \alpha_1 L_2(i))$$
$$- (\alpha_2 P_1(i) - \alpha_1 P_2(i)) \qquad (4.100)$$

其方差为

$$\sigma_{L_{BC}}^2(i) = \alpha_2^2\sigma_{L_1}^2(i) + \alpha_1^2\sigma_{L2}^2(i) + \sigma_{P1}^2(i) + \sigma_{P2}^2(i) \qquad (4.101)$$

Iono_Free 组合观测值消除了几何距离、对流层、电离层等影响，只包含噪声的影响。其缺点是噪声被明显放大，但是利用这种组合可以用来检测由于接收机本身的系统误差所引起的粗差，剔除 M－W 组合中没有剔除掉的质量较差的观测值。

③利用 Geomtry_Free 组合观测值进行粗差剔除、周跳探测和修复。在利用 M－W 组合观测值确定周跳后，可采用 $L_I(i)$ 观测值组合确定周跳的大小。

$$L_I(i) = I(i) - B1 + B2 + v_I(i) \qquad (4.102)$$

其方差为

$$\sigma^2_{L_I}(i) = \sigma^2_{L_1}(i) + \sigma^2_{L_2}(i) \tag{4.103}$$

此组合观测值和增强终端与卫星之间几何距离无关，即其不受历元间观测几何图形的影响，并且消除了终端钟差、卫星钟差及对流层等所有与频率无关的误差的影响，仅包含电离层影响和整周模糊度项及有频率相关的观测噪声。由于在未发生周跳的情况下，整周模糊度保持不变，且电离层影响变化缓慢。因此，此组合观测值尤为适合粗差的剔除、周跳的探测和修复。

④进行伪距码处理。伪距观测值质量的好坏将对初始化时间、非差整周模糊度的确定产生影响。因此，必须设法提高伪距观测值的质量。假设消除了电离层影响的伪距和相位观测值为

$$P_i = \frac{P_{1i} - g^2 P_{2i}}{1 - g^2} \tag{4.104}$$

$$\varphi_i = \frac{1}{1 - g^2}\varphi_{1i} - \frac{g}{1 - g^2}\varphi_{2i} \tag{4.105}$$

式中：$g = \frac{f_1}{f_2}$。相应的伪距和相位观测方程为

$$\lambda_1(\varphi_{ci} + n_c) = \rho_i + \Delta D^i_{\phi c} + \Delta \varepsilon^i_{\phi c} \tag{4.106}$$

$$P_{ci} = \rho_i + \Delta D^i_{pc} + \Delta \varepsilon^i_{pc} \tag{4.107}$$

利用已清除了周跳的消除电离层延迟影响的相位观测数据对伪距进行平滑。

（2）进行精密轨道解算：实时轨道处理采用非差无电离层组合观测值及其数学模型，处理获得健康卫星的实时三维位置信息。处理包括卫星轨道初始位置信息与动力学参数短弧段处理更新，通过高精度数值积分方法获取离散的对应历元的卫星三维位置。

在导航卫星精密定轨中，状态向量 x 将包含卫星轨道参数（位置和速度 r_0，$\dot{r}_0$，或者轨道 6 根数）和力模型参数（包括太阳光压等物理模型参数）以及相关的几何参数（包括卫星钟差，相位模糊度等）等，假设 x 为 n 维待求向量。

导航卫星满足如下微分方程：

$$\begin{cases} \dot{x} = F(x,t) \\ x|_{t0} = x_0 \end{cases} \tag{4.108}$$

式中：右函数 F 为 n 维非线性函数；x_0 为初始状态，可通过导航卫星广播星历或后方交会获取。

记地面跟踪站获取的观测量为 Y，并假设 Y 为 m 维向量。历元 i 时刻的

观测数据 y_i 与观测量的真值 $G(x_i,t_i)$ 以及测量噪声 ε_i 之间可用观测方程表示为

$$y_i = G(x_i,t_i) + \varepsilon_i \tag{4.109}$$

将以上非线性观测方程一阶展开：

$$\begin{cases} \boldsymbol{Y}_i = \tilde{\boldsymbol{H}}_i \cdot x_i + \boldsymbol{V}_i \\ v_i = y_i - y_i^* \\ y_i^* = G(x_i^*,t_i) \\ \tilde{\boldsymbol{H}}_i = \dfrac{\partial G(x_i,t_i)}{\partial x_i}\bigg|^* \end{cases} \tag{4.110}$$

式中：$\tilde{\boldsymbol{H}}_i$ 为观测量对该历元参数 x_i 的偏导数；y_i^* 为由 x_i^* 计算得到的几何观测量；x_i^* 为该时刻卫星参考轨道，可通过积分变分方程获取；$G(x_i,t_i)$ 是一非线性函数。假定 ε_i 为零均值的白噪声（$E(\varepsilon_i)=0$），且有

$$\begin{cases} E(\varepsilon_i\varepsilon_i^{\mathrm{T}}) = R_i, R_i > 0 \\ E(\varepsilon_i\varepsilon_j^{\mathrm{T}}) = 0, i \neq j \end{cases} \tag{4.111}$$

结合上述方程，可将历元 i 时刻的观测方程转换为相对于轨道初值时刻 t_0 的观测方程：

$$\boldsymbol{Y}_i = \tilde{\boldsymbol{H}}_i \boldsymbol{\Phi}(t_i,t_0)\boldsymbol{X}_0 + \boldsymbol{V}_i \tag{4.112}$$

多历元矩阵形式为

$$\boldsymbol{L} = \boldsymbol{A}\boldsymbol{X}_0 + \boldsymbol{V} \tag{4.113}$$

其中：

$$\boldsymbol{L} = \begin{bmatrix} \boldsymbol{Y}_1 \\ \vdots \\ \boldsymbol{Y}_m \end{bmatrix}, \boldsymbol{A} = \begin{bmatrix} \tilde{\boldsymbol{H}}_1\boldsymbol{\Phi}(t_1,t_0) \\ \vdots \\ \tilde{\boldsymbol{H}}_m\boldsymbol{\Phi}(t_m,t_0) \end{bmatrix}, \boldsymbol{V} = \begin{bmatrix} \boldsymbol{V}_1 \\ \vdots \\ \boldsymbol{V}_m \end{bmatrix} \tag{4.114}$$

至此，导航卫星精密定轨问题就转化为一个初始状态参数估计问题，其具体数学描述：利用带有随机观测误差的一组观测序列和已知的初始状态 x_a，确定在某种意义下初始状态 x_0，改正量 X 的"最优"估值 $\hat{X}_0$。

（3）进行精密钟差解算：实时钟差处理采用非差无电离层组合观测值及其数学模型，获得健康卫星的实时卫星钟差，与轨道处理采用两个独立的计算模块完成。实时卫星钟差处理采用实时滤波方式进行 1s 更新的处理，获取每个观测历元的卫星钟差，处理耗时小于 1s。

卫星定位中两种最基本的观测值为伪距和载波相位观测值，其相应的非差观测方程为

$$P_i = \rho + c \cdot \delta_r - c \cdot \delta_s + D_{\text{trop}} - \frac{D_{\text{iono}}}{f_i^2} + \varepsilon_p \qquad (4.115)$$

$$L_i = \lambda_i \varphi_i = \rho + c \cdot \delta_r - c \cdot \delta_s + D_{\text{trop}} - \frac{D_{\text{iono}}}{f_i^2} + \lambda_i N_i + \varepsilon_L \qquad (4.116)$$

式中：P_i 为伪距观测值；ρ 为终端至卫星发射时刻的几何距离；c 为光速；δ_r 为接收机钟差；δ_s 为卫星钟差；D_{trop} 为对流层延迟影响；D_{ion} 为与频率有关的电离层延迟影响；L_i 为换算为距离的载波相位观测值；λ_i 为波长；φ_i 为相位观测值；N_i 为整周模糊度；ε_p、ε_L 为伪距和载波相位的多路径、观测噪声等未模型化的影响。

为了消去电离层一阶影响，将伪距和载波相位非差观测方程分别作 PC、LC 无电离层线性组合：

$$
\begin{aligned}
\text{PC} &= \frac{f_1^2}{f_1^2 - f_2^2} P_1 - \frac{f_2^2}{f_1^2 - f_2^2} P_2 \\
&= \rho + c \cdot \delta_r - c \cdot \delta_s + D_{\text{trop}} + \varepsilon_{pc}
\end{aligned}
\qquad (4.117)
$$

$$
\begin{aligned}
\text{LC} &= \frac{f_1^2}{f_1^2 - f_2^2} L_1 - \frac{f_2^2}{f_1^2 - f_2^2} L_2 \\
&= \rho + c \cdot \delta_r - c \cdot \delta_s + D_{\text{trop}} + \lambda_{lc} N_{lc} + \varepsilon_{lc}
\end{aligned}
\qquad (4.118)
$$

式中：N_{lc} 为无电离层线性组合的模糊度；λ_{lc} 为波长。将上述两公式作历元间差分，消去了模糊度参数。

（4）电离层延迟解算：实时电离层处理采用双频/三频伪距/载波观测量，采用载波相位平滑伪距和非差无几何观测值建立数学模型，进行电离层延迟信息的提取，实现电离层延迟实时模型化。

电离层延迟可以用电磁波传播路径上的电子含量 TEC 来表示，即底面积为 $1\,\text{m}^2$ 的贯穿整个电离层柱体内的所有电子数。电离层延迟可以表示为

$$\text{TEC} = \int N_e \mathrm{d}s \qquad (4.119)$$

$$I = \frac{40.3\text{TEC}}{f^2} \qquad (4.120)$$

式中：Ne 为电离层电子浓度；f 为电磁波传播频率；I 为电离层延迟。模拟电离层延迟的球谐函数模型方程为

$$\text{TEC}(\varphi, \lambda) = \sum_{n=0}^{N} \sum_{m=0}^{n} (A_{nm}\cos(m\lambda) + B_{nm}\sin(m\lambda)) P_{nm}(\cos\varphi) \qquad (4.121)$$

式中：TEC 为地面上空某一高度球壳上总电子含量；φ 为电离层穿刺点（Ionospheric Penetration Point，IPP）的地理纬度；λ 为 IPP 地理经度；N 为拟合是采用的最大阶数；m 为球谐函数阶数；$P_{nm}(\cos\varphi)$ 为归一化 n 度 m 阶的伴随勒让德多项式；A_{nm} 和 B_{nm} 为球谐函数模型的系数，即待求的电离层模型参数，不同时刻有不同的球谐模型系数。

伴随勒让德多项式可以表示为

$$P_{nm}(x) = (1-x^2)^{\frac{m}{2}} \frac{d^m P_n(x)}{dx^m} \tag{4.122}$$

式中：$P_n(x)$ 为 n 阶勒让德多项式，可用罗德里格公式表示为

$$P_n(x) = \frac{1}{2^n \times n!} \frac{d^n((x^2-1)^n)}{dx^n} \tag{4.123}$$

如果已知某时刻的 A_{nm} 和 B_{nm}，可计算该时刻离地面同样高度球壳上纬度为 φ、经度为 λ 处的电子浓度。由电子浓度即可进行电离层延时改正。

根据描述的球谐函数模型，可以利用多个历元的观测量来估计球谐函数的系数。假设已知 k 个历元的电离层电子含量，表示为

$$\mathbf{TEC} = \begin{bmatrix} \mathbf{TEC}_1 \\ \mathbf{TEC}_2 \\ \mathbf{TEC}_3 \\ \vdots \\ \mathbf{TEC}_k \end{bmatrix} \tag{4.124}$$

每个历元的纬度和经度坐标记为：$\{(\varphi_i, \lambda_i)\}_{i=1}^{k}$，那么可以推导出如下基于球谐函数模型的电离层观测方程：

$$\mathbf{TEC}_1 = \sum_{n=1}^{N} \sum_{m=1}^{n} (A_{nm}\cos(m\lambda_1) + B_{nm}\sin(m\lambda_1))P_{nm}(\cos\varphi_1)$$

$$\mathbf{TEC}_2 = \sum_{n=1}^{N} \sum_{m=1}^{n} (A_{mm}\cos(m\lambda_2) + B_{nm}\sin(m\lambda_2))P_{mm}(\cos\varphi_2)$$

$$\vdots$$

$$\mathbf{TEC}_k = \sum_{n=1}^{N} \sum_{m=1}^{n} (A_{nm}\cos(m\lambda_k) + B_{nm}\sin(m\lambda_k))P_{nm}(\cos\varphi_k)$$

$$\tag{4.125}$$

进一步，可以将上述方程写成矩阵形式的观测方程，即 $\mathbf{TEC} = \mathbf{T}\boldsymbol{\alpha}$。方程中：

$$
\boldsymbol{T} = \begin{bmatrix}
\tau_{11}(\lambda_1, \varphi_1), \cdots, \tau_{NN}(\lambda_1, \varphi_1), \kappa_{11}(\lambda_1, \varphi_1), \cdots, \kappa_{NN}(\lambda_1, \varphi_1) \\
\tau_{11}(\lambda_2, \varphi_2), \cdots, \tau_{nm}(\lambda_2, \varphi_2), \kappa_{11}(\lambda_2, \varphi_2), \cdots, \kappa_{NN}(\lambda_2, \varphi_2) \\
\cdots \\
\tau_{11}(\lambda_k, \varphi_k), \cdots, \tau_{NN}(\lambda_k, \varphi_k), \kappa_{11}(\lambda_k, \varphi_k), \cdots, \kappa_{NN}(\lambda_k, \varphi_k)
\end{bmatrix}_{k \times \frac{N(N+1)}{2}}
$$

$$(4.126)$$

$$
\boldsymbol{\alpha} = \begin{bmatrix}
A_{11} \\
A_{12} \\
\vdots \\
A_{nn} \\
B_{11} \\
B_{12} \\
\vdots \\
B_{nm}
\end{bmatrix}_{\frac{N(N+1)}{2}}
$$

$$(4.127)$$

$$\tau_{ij}(\lambda_l, \varphi_l) = \cos(j\lambda_l) P_{ij}(\cos\varphi_l), i = 1, 2, \cdots, N; j \leqslant i; l = 1, 2, \cdots, k \quad (4.128)$$

$$\kappa_j(\lambda_l, \varphi_l) = \sin(j\lambda_l) P_{ij}(\cos\varphi_l), i = 1, 2, \cdots, N; j \leqslant i; l = 1, 2, \cdots, k \quad (4.129)$$

由观测方程，给定 k 个历元的电离层电子含量向量 TEC，可以对式（4.125）进行求解得到球谐函数模型的系数 A_{nm} 和 B_{nm}。

由于球谐函数模型是建立在日固地理参考系上的，它拟合的电离层延迟不能体现其在时间上的变化，而且忽略了可能存在的短期变化如快速起伏等，故计算的 **TEC** 分布非常平滑，计算结果显得特别乐观。因此，在原始数据的预处理时，将数据以每 2h 分组来拟合参数，这样一天就可以得到 12 组的模型参数。参数拟合出来以后，就可以代入电离层延迟改正的球谐函数模型，获得所拟合区域的电离层延迟改正值。

2）区域 RTD 差分增强服务

区域 RTD 差分解算模块对地基增强网实时数据进行伪距改正数解算和建模，生成指定区域内虚拟格网点的伪距差分改正数产品，为区域米级定位服务提供支撑。通常包括周跳探测预处理、基准站伪距差分改正数生成、伪距差分产品内插 3 个步骤。

（1）周跳探测预处理：周跳产生的原因主要有卫星信号失锁等，造成计数器累计发送中断，使得整周模糊度发送跳变，周跳即计数器中断所丢失的周数，在 GNSS 数据预处理中，对周跳进行检测与修复是一项重要工作，目前周跳探测的方法主要有墨尔本 – 维本纳（Melbourne – wübbena，MW）组合和无几何距离（Geometry-free，GF）组合：

MW 组合：

$$N_{\mathrm{MW}} = \frac{L_{\mathrm{MW}} - P_{\mathrm{MW}}}{\lambda_W} \tag{4.130}$$

GF 组合：

$$L_{\mathrm{GF}} = L_1 - L_2 = (\gamma - 1) \cdot I + (\lambda_1 N_1 - \lambda_2 N_2) \tag{4.131}$$

其中：

$$L_{\mathrm{MW}} = \frac{f_1 L_1 - f_2 L_2}{f_1 - f_2} = \rho + \frac{f_1 f_2}{f_1^2 - f_2^2} \cdot I + \frac{c \cdot (N_1 - N_2)}{f_1 - f_2} \tag{4.132}$$

$$R_M^i + \Delta \rho_A^i = \rho_M^i + c\delta t_A - c\delta t_M + (\delta \rho_{M,\mathrm{trop}}^i - \delta \rho_{A,\mathrm{trop}}^i) + (\delta \rho_{M,\mathrm{ion}}^i - \delta \rho_{A,\mathrm{ion}}^i) \tag{4.133}$$

$$\lambda_W = \frac{c}{f_1 - f_2}, \gamma = \frac{f_1^2}{f_2^2} \tag{4.134}$$

从上述式子中可以看出，MW 组合和 GF 组合不仅消除了增强终端钟差、卫星钟差的影响，同时消除了站星距以及对流层等误差的影响。GF 组合仅受电离层残差的影响，能探测小于 4 周的周跳，MW 组合由于消除了电离层误差的影响，其探测精度相比 GF 组合更高。

因此，采用两种组合在历元间作差的方式，首先利用 GF 组合首先进行周跳的粗略探测，在此基础上，再利用 MW 组合进行精确探测，从而提高探测的准确性，通过差值与阈值进行比较，判断是否有周跳存在，当数据采样率为 1s 时，可以设置 MW 组合的阈值为 2.5。

（2）增强服务节点伪距差分改正数生成：假设增强服务节点 A 至第 i 颗卫星的伪距观测方程为

$$R_A^i = \rho_A^i + c\delta t^i - c\delta t_A + \delta \rho_{A,\mathrm{trop}}^i + \delta \rho_{A,\mathrm{ion}}^i \tag{4.135}$$

式中：R_A^i 为卫星 i 至增强服务节点 A 的伪距观测值；ρ_A^i 为卫星位置和基站精确位置计算得出的站星距；c 为光速；δt^i、δt_A 分别为卫星钟差和终端钟差；$\delta \rho_{A,\mathrm{trop}}^i$ 为对流层误差；$\delta \rho_{A,\mathrm{ion}}^i$ 为电离层误差。

利用该服务节点至卫星的几何距离与伪距观测值作差可以得到每颗卫星的伪距差分改正数为

$$\Delta \rho_A^i = \rho_A^i - R_A^i = -c\delta t^i + c\delta t_A - \delta \rho_{A,\mathrm{trop}}^i - \delta \rho_{A,\mathrm{ion}}^i \tag{4.136}$$

同理，终端 M 对卫星 i 的伪距观测方程为

$$R_M^i = \rho_M^i + c\delta t^i - c\delta t_M + \delta \rho_{M,\mathrm{trop}}^i + \delta \rho_{M,\mathrm{ion}}^i \tag{4.137}$$

将服务节点得到的伪距差分改正数发送给用户终端，则得到

$$R_M^i + \Delta\rho_A^i = \rho_M^i + c\delta t_A - c\delta t_M + (\delta\rho_{M,\text{trop}}^i - \delta\rho_{A,trop}^i) + (\delta\rho_{M,\text{ion}}^i - \delta\rho_{A,\text{ion}}^i) \quad (4.138)$$

从式（4.138）中可以看出，未知参数包括流动站位置(X_M,Y_M,Z_M)，同时可以将$\delta t_A - t_M$作为未知参数进行解算，在一定的空间范围内，增强服务节点与用户终端的卫星星历误差和大气误差（包括对流层延迟、电离层延迟）在空间上具有一定的相关性，进行差分可以大大削弱这些误差。

由于载波相位技术测量技术精度远远高于码相位的测量精度，因此利用相位平滑伪距差分技术，能够提高伪距差分定位产品的精度，在继承伪距差分定位技术优点的情况下，可以实现实时亚米级的差分定位服务。

基于相位平滑的伪距差分技术利用高精度的载波观测值对测距码进行相位平滑，有效地抑制多路径效应和伪距测量噪声影响，大大提高测距码的观测精度，能够实现亚米级差分定位服务。相位平滑后的伪距观测值不存在整周模糊度，且计算效率高，对数据传输的要求低，易于实现。

由相位平滑伪距差分定位的数学模型，利用载波历元间几何项变化与伪距等价的特性，采用哈奇（Hatch）滤波方式的相位平滑伪距表达式为

$$\bar{P}(t_i) = \frac{1}{i}P(t_i) + \frac{i-1}{i}[\bar{P}(t_{i-1}) + \delta\varphi_1(t_{i-1},t_i)] \quad (4.139)$$

式中：φ_1为频率f_1上的载波相位观测值；$\bar{P}(t_i)$和$\bar{P}(t_{i-1})$分别为在t_i和t_{i-1}时刻经平滑处理后的伪距观测值；$P(t_i)$为在t_i时刻的伪距观测值；i为平滑次数；$\delta\varphi_1(t_{i-1},t_i)$为历元间载波观测值变化值。

增强服务节点将经平滑处理后的伪距观测值结合已知的站星距离ρ，生成平滑后的伪距改正值以及伪距改正值变化率：

$$\Delta P(t_i) = \bar{P}(t_i) - \rho - T - c\cdot\Delta t \quad (4.140)$$

$$\Delta\dot{P}(t_i) = \Delta P(t_i) - \Delta P(t_{i-1}) \quad (4.141)$$

式中：$\Delta P(t_i)$为t_i时刻的伪距改正值；$\Delta\dot{P}(t_i)$为t_i时刻的伪距改正值变化率；ρ为根据卫星位置和增强服务节点精确位置计算得出的站星距离；T为对流层延迟；Δt为卫星的卫星钟差（根据广播星历计算得到）。

（3）伪距差分产品内插模型构建：采用格网点所在网元的多个增强服务节点伪距差分改正数来综合内插格网点的伪距差分改正数，提高伪距差分产品服务精度。

采用伪距线性组合法内插模型，通过多个增强服务节点构建三角网解算单元，利用各增强服务节点的伪距差分改正数，得到各格网点的综合伪距差分改正数：

$$\Delta\hat{\rho}_M = a_1\Delta\rho_1 + a_2\Delta\rho_2 + a_3\Delta\rho_3 \tag{4.142}$$

式中：a_1、a_2、a_3 为线性内插系数；$\Delta\rho_1$、$\Delta\rho_2$、$\Delta\rho_3$ 为网元内各增强服务节点除去用户终端钟差后的伪距差分改正数。

设其内插系数 a_1、a_2、a_3 满足以下约束条件：

$$\begin{cases} \sum_{i=1}^{3} a_i = 1 \\ \sum_{i=1}^{3} a_i(x_M - x_i) = 0 \\ \sum_{i=1}^{3} a_i(y_M - y_i) = 0 \end{cases} \tag{4.143}$$

式中：x_M、y_M 为用户终端坐标；x_i、y_i 为各增强服务节点坐标。根据线性内插系数，进而得到格网点的伪距差分综合改正数。

3）区域 RTK 差分增强服务

区域 RTK 差分解算模块是对地基增强网实时观测数据进行网络 RTK 解算，生成指定区域内虚拟格网点的虚拟观测数据，为实时厘米级定位服务提供支撑。通常包括增强服务节点间误差模型处理、增强服务节点间模糊度解算、顾及对流层延迟误差及基线长度的模糊度解算、模糊度解算正确性检核、格网点虚拟参考站观测值生成、基于多参考站网络 RTK 大气误差改正数计算、动态 Kalman 滤波解算、模糊度最优估值解算 8 个步骤。

（1）增强服务节点间误差模型处理。具体而言，包括对流层延迟和电离层延迟误差计算两个步骤：

①计算对流层延迟误差：对流层延迟误差通常可表示为天顶方向的干湿对流层延迟量和高度角相关的映射函数的乘积，并且可以分为干延迟和湿延迟两部分，90% 以上的对流层延迟是由大气中干燥物质引起的，称为干延迟部分，剩余的 10% 是由水汽引起的，称为湿延迟部分因此，对流层延迟可用天顶方向的干、湿分量延迟及其相应的映射函数表示：

$$T = \text{ZTD}_{\text{dry}} \times \text{MF}_{\text{dry}}(E) + \text{ZTD}_{\text{wet}} \times \text{MF}_{\text{wet}}(E) \tag{4.144}$$

式中：T 为对流层总延迟；ZTD_{dry}、ZTD_{wet} 为天顶方向对流层干、湿延迟值；$\text{MF}_{\text{dry}}(E)$、$\text{MF}_{\text{wet}}(E)$ 为对应的干分量及湿分量映射函数。

常规的确定对流层延迟值的经验模型有霍普菲尔德（Hopfield）模型、萨斯塔莫宁（Saastamoinen）模型、第三代新布伦瑞克大学模型（University of New Brunswick Tropospheric Delay Model，UNB3）等。各模型干分量部分的改正精度可以达到厘米级，但在湿分量部分改正精度不理想，尤其对于高度角低于 20° 以下的卫星。与此同时，对于不同环境，其温度、气压、水汽湿度等参数也不相同，Hopfield 和 Saastamoinen 模型需要依赖详细的气象参数用于得到较精确的对流层延迟结果，UNB3 模型仅针对北美范围具有较高的精度，不适用于其他地区的使用。

因此，对于对流层延迟值，采用全球大气误差模型（Global Pressure and Temperature，GPT）获得各增强服务节点的气象参数，采用全球映射函数（Global Mapping Function，GMF）模型作为其映射函数部分，天顶延迟部分采用 Saastamoinen 模型，以此得到精确的经验模型下的对流层延迟值。

模糊度固定之后，非模型部分误差将用于修正经验模型的对流层延迟残差，通过此方式进一步确定以及补偿新升起卫星的对流层延迟值。

②计算电离层延迟误差：常规的电离层经验模型包括 Klobuchar 模型及全球电离层模型（Global Ionosphere Model，GIM），Klobuchar 模型大约仅能修复 50% 以上电离层延迟值而 GIM 模型不能提供实时的电离层服务。两种模型修正电离层效果精度均较低，不满足高精度的需要，对于长基线模糊度解算来说，往往采用无电离层模型消除电离层低阶项影响，其线性组合为

$$\Phi_{\text{ion-free}} = \frac{f_1^2}{f_1^2 - f_2^2}\lambda_1\phi_1 - \frac{f_2^2}{f_1^2 - f_2^2}\lambda_2\phi_2 = \frac{cf_1}{f_1^2 - f_2^2}\left(\phi_1 - \frac{f_2}{f_1}\phi_2\right)$$

$$= \rho + c\delta t_k - c(\delta t^j - \delta t_{\text{sys}}^j) + t_k^j + \varepsilon_{\text{other}}^j + \frac{f_1^2}{f_1^2 - f_2^2}\lambda_1 N_1 - \frac{f_2^2}{f_1^2 - f_2^2}\lambda_2 N_2$$

$$= \rho + c\delta t_k - c(\delta t^j - \delta t_{\text{sys}}^j) + t_k^j + \varepsilon_{\text{other}}^j + \lambda_{\text{ion-free}} N_{\text{ion-free}} \tag{4.145}$$

式中：$\varepsilon_{\text{other}}^j$ 为包含硬件延迟、多路径影响、天线改正等各项误差。由于载波组合系数项为 $i=1$，$j=-\dfrac{f_2}{f_1}$ 造成其模糊度 $N_{\text{ion-free}}$ 为一非整数，失去了整数特性。对于单频接收机，往往采用 UofC 模型消除电离层影响，其模型结构为

$$\Phi_{Uofc} = \frac{(\lambda_1\phi_1 + P_1)}{2}$$

$$= \rho + c\delta t_k - c(\delta t^j - \delta t_{\text{sys}}^j) + t_k^j + \varepsilon_{\text{other}}^j + \frac{1}{2}\lambda_1 N_1 \tag{4.146}$$

（2）进行增强服务节点间模糊度解算。增强服务节点间的模糊度解算方法一般采用三步法进行解算，第一步，考虑大气误差的影响，需先进行宽巷模糊度的固定，由于宽巷的波长较长（86cm），并且误差相对于波长的比例较小，较易固定宽巷；第二步，采用无电离层组合模型，将无电离层组合模糊度分为宽巷及 L1 模糊度的组合，恢复其整数特性，同时消除电离层影响，将对流层延迟湿延迟部分作为未知参数进行估计，经过一段时间初始化即可确定 L1 模糊度；第三步，利用已固定的宽巷及 L1 模糊度确定 L2 模糊度大小，实现 L1 和 L2 模糊度的固定。具体实现步骤如下。

①宽巷模糊度固定：宽巷观测值组合可表示为

$$\Phi_{k,\text{wide}}^{j} = \frac{f_1^{j}}{f_1^{j} - f_2^{j}} \lambda_1^{j} \phi_1 - \frac{f_2^{j}}{f_1^{j} - f_2^{j}} \lambda_2^{j} \phi_2 = \lambda_{\text{wide}}^{j} (\phi_1 - \phi_2)$$

$$= \rho_k^{j} + c\delta t_k - c(\delta t^{j} - \delta t_{sys}^{j}) + t_k^{j} + \frac{\eta_k^{j}}{f_1^{j} f_2^{j}} + \varepsilon_{\text{other}}^{j} + \lambda_{\text{wide}}^{j} (N_1 - N_2) \quad (4.147)$$

$$\lambda_{\text{wide}(1,-1)}^{j} = \frac{c}{f_1^{j} - f_2^{j}} \quad (4.148)$$

对其进行卫星 i, j 星间差分，消除用户终端钟差项，对于相同星座卫星，可消除卫星星座时间系统差，同时，若两颗星属于同一个导航系统，则系统时间差之差 $\Delta\delta t_{sys}^{i,j}$ 可以消除，并减弱卫星硬件延迟的影响。另外，考虑到坐标系统及用户终端硬件延迟等的影响，在进行星际差分时，得到一个非差模糊度项：

$$\Delta\Phi_{k,\text{wide}}^{i,j} = \lambda_{\text{wide}}^{j} (\phi_{k,1}^{j} - \phi_{k,2}^{j}) - \lambda_{\text{wide}}^{i} (\phi_{k,1}^{i} - \phi_{k,2}^{i})$$

$$= \Delta\rho_k^{i,j} - c\delta t^{i,j} + \Delta T_k^{i,j} - \Delta I_k^{i,j} + \Delta\varepsilon_{\text{the}}^{i,j}$$

$$+ \lambda_{\text{wived}}^{j} \Delta N_{\text{wide}}^{i,j} + (\lambda_{\text{wide}}^{j} - \lambda_{\text{wide}}^{i}) N_{\text{wide}}^{i} \quad (4.149)$$

式中：N_{wide}^{i} 为参考星非差宽巷模糊度值；$\Delta N_{\text{wide}}^{i,j}$ 为星间单差宽巷模糊度结果；$\Delta I_k^{i,j}$ 为星间差分的电离层延迟值；$\Delta T_k^{i,j}$ 为星间差分的对流层延迟值。$\Delta I_k^{i,j}$ 和 $\Delta T_k^{i,j}$ 分别表示为

$$\Delta I_k^{i,j} = \frac{\eta_k^{j}}{f_1^{j} f_2^{j}} - \frac{\eta_k^{i}}{f_1^{i} f_2^{i}} \quad (4.150)$$

$$\Delta T_k^{i,j} = ZTD_{k,\text{dry}} \cdot \Delta MF_{\text{dry}}(E_k^{j}, E_k^{i}) + ZTD_{k,\text{wet}} \cdot \Delta MF_{\text{wet}}(E_k^{j}, E_k^{i}) \quad (4.151)$$

进一步使用站间星间双差，消除卫星钟差项，削弱大气误差及其他误差影响，其观测值可写为

$$\Delta\nabla\Phi_{k,l,\text{wide}}^{i,j} = \lambda_{\text{wide}}^{j} (\Delta\phi_{k,l,1}^{j} - \Delta\phi_{k,l,2}^{j}) - \lambda_{\text{wide}}^{i} (\Delta\phi_{k,l,1}^{i} - \Delta\phi_{k,l,2}^{i})$$

$$= \Delta\nabla\rho_{k,l}^{i,j} + \Delta\nabla T_{k,l}^{i,j} - \Delta\nabla I_{k,l}^{i,j} + \Delta\nabla\varepsilon_{\text{other}}^{i,j}$$

$$+ \lambda_{\text{wide}}^{j} \Delta\nabla N_{k,l,\text{wide}}^{i,j} + (\lambda_{\text{wide}}^{j} - \lambda_{\text{wide}}^{i}) \Delta N_{k,l,\text{wide}}^{i} \quad (4.152)$$

在式（4.152）中的双频线性组合观测方程，对于基线解算模型，双差站星距 $\Delta\nabla\rho_{k,l}^{i,j}$ 包含 3 个坐标改正量，对于增强服务节点而言，由于其坐标精确已知，站星距项可精确求得；$\Delta\nabla N_{k,l,\text{wide}}^{i,j}$、$\Delta N_{k,l,\text{wide}}^{i}$ 即为需求解的双差宽巷模糊度及单差宽巷模糊度；其他误差项如硬件延迟、天线改正等通过模型进行修正，对于长基线，卫星轨道误差也会对坐标求解造成影响；与此同时，对于双差电离层延迟值，针对短基线（小于 20km 以下）可忽略其影响；对于双差对流层延迟项，通过双差后干延迟部分可通过经验模型进行修正，湿延迟部分

通过模型修正后残差相对于宽巷波长可忽略其影响，大气误差项可表示为

$$\Delta\nabla I_{k,l}^{i,j} = \frac{\Delta\eta_{k,l}^j}{f_1^j f_2^j} - \frac{\Delta\eta_{k,l}^i}{f_1^i f_2^i} \tag{4.153}$$

$$\Delta\nabla T_k^{i,j} = \mathrm{ZTD}_{k,\mathrm{dry}} \cdot \Delta\mathrm{MF}_{\mathrm{dry}}(E_k^j, E_k^i) + \mathrm{ZTD}_{k,\mathrm{wet}} \cdot \Delta\mathrm{MF}_{\mathrm{wet}}(E_k^j, E_k^i) -$$
$$\mathrm{ZTD}_{k,\mathrm{dry}} \cdot \Delta\mathrm{MF}_{\mathrm{dry}}(E_k^j, E_k^i) - \mathrm{ZTD}_{k,\mathrm{wet}} \cdot \Delta\mathrm{MF}_{\mathrm{wet}}(E_k^j, E_k^i) \tag{4.154}$$

在长基线中，为消除电离层对宽巷模糊度的影响，一般使用 MW 组合消除电离层延迟影响，MW 组合引入了伪距观测值，需对伪距进行平滑处理或多历元求解 MW 组合平均值已得到正确宽巷模糊度结果。

$$\Phi_{k,\mathrm{MW}}^j = \frac{1}{f_1^j - f_2^j}(f_1^j \lambda_1^j \phi_1 - f_2^j \lambda_2^j \phi_2) - \frac{1}{f_1^j + f_2^j}(f_1^j P_1 - f_2^j P_2)$$
$$= \lambda_{\mathrm{wide}}^j N_{\mathrm{wide}} + \varepsilon_P^j \tag{4.155}$$

式中：ε_P^j 为伪距噪声值，构成双差观测方程为

$$\Delta\nabla\Phi_{k,l,\mathrm{MW}}^{i,j} = \lambda_{\mathrm{wide}}^j \Delta\nabla N_{k,l,\mathrm{wide}}^{i,j} + (\lambda_{\mathrm{wide}}^j - \lambda_{\mathrm{wide}}^i)\Delta N_{k,l,\mathrm{wide}}^i + \Delta\nabla\varepsilon_P^j \tag{4.156}$$

在实际数据处理中，往往采用多历元的测量平均值，以保证宽巷整周模糊度解算的可靠性。

②进行无电离层模糊度组合：为消除电离层延迟影响，使用双频观测值可组成无电离层组合观测方程，由于其波长较短，针对长基线，需考虑各引起 1cm 以上的误差项，其双差无电离层组合观测方程参考上述公式，可写为

$$\Delta\nabla\Phi_{if} = \frac{cf_{j,1}}{f_{j,1}^2 - f_{j,2}^2}\left(\Delta\phi_{k,l,1}^j - \frac{f_{j,2}}{f_{j,1}}\Delta\phi_{k,l,2}^j\right) - \frac{cf_{i,1}}{f_{i,1}^2 - f_{i,2}^2}\left(\Delta\phi_{k,l,1}^i - \frac{f_{i,2}}{f_{i,1}}\Delta\phi_{k,l,2}^i\right)$$
$$= \Delta\nabla\rho_{k,l}^{i,j} + \Delta\nabla T_{k,l}^{i,j} + \Delta\nabla\varepsilon_{k,l,\mathrm{other}}^{i,j} + \lambda_{if}^j\Delta\nabla N_{k,l,if}^{i,j} +$$
$$(\lambda_{if}^j - \lambda_{if}^i)\Delta N_{k,l,if}^i \tag{4.157}$$

$$\lambda_{if}^j\left(1, -\frac{f_2}{f_1}\right) = \frac{cf_{j,1}}{f_{j,1}^2 - f_{j,2}^2} \tag{4.158}$$

由于无电离层组合模糊度无整数特性，同时放大了观测噪声，将无电离层组合分离为宽巷及 L1 模糊度的线性组合，恢复模糊度的整数特性，这里将 BDS 的无电离层组合的无电离层模糊度做如下分解：

$$N_{\mathrm{IF}}^C\left(1, -\frac{590}{763}\right) = \frac{590}{763}N_{\mathrm{wide}((1,-1))}^C + \frac{173}{763}N_{L1(1,0)}^C \tag{4.159}$$

长基线无电离层组合观测方程其未知参数包括双差对流层延迟值 $\Delta\nabla T_{k,l}^{i,j}$ 及双差 L1 模糊度 $\Delta\nabla N_{k,l,(1,0)}^{i,j}$，对于对流层延迟值，首先采用的 GPT 确认各增强服务节点的气象参数，采用 GMF 映射函数模型及 Saastamoinen 模型天顶延迟部分，修正双差对流层干延迟部分，认为大部分干分量延迟已被改正；对于湿延迟部分，将其残差值作为未知参数进行估计：

$$\Delta\nabla T_{k,l}^{i,j} \cong \Delta\nabla T_{k,l,\mathrm{dry}}^{i,j} + (\mathrm{ZTD}_{k,\mathrm{wet}} \cdot \Delta\mathrm{MF}_{\mathrm{wet}}(E_k^j, E_k^i) - \mathrm{ZTD}_{l,\mathrm{wet}} \cdot \Delta\mathrm{MF}_{\mathrm{wet}}(E_l^j, E_l^i))$$

$$\cong \Delta\nabla T_{k,l,\mathrm{dry}}^{i,j} + \mathrm{RZTD}_{k,l,\mathrm{wet}} \cdot \Delta\mathrm{MF}_{\mathrm{wet}}(E_{k,l}^j, E_{k,l}^i) \qquad (4.160)$$

对于基线而言，基线两侧节点的同一卫星的高度角非常接近，即 $\Delta\mathrm{MF}_{\mathrm{wet}}(E_k^j, E_k^i)$ 与 $\Delta\mathrm{MF}_{\mathrm{wet}}(E_l^j, E_l^i)$ 值相当，在最小二乘解算过程中法方程呈严重病态性，需要长时间观测，以改善卫星观测的星座图形。式中，通过估计服务节点间相对天顶对流层湿延迟值 $\mathrm{RZTD}_{k,l,\mathrm{wet}}$ 来减弱观测法方程病态性，加快模糊度收敛时间，其映射函数对应的卫星高度角 $E_{k,l}^j$，$E_{k,l}^i$ 为

$$\begin{cases} E_{k,l}^j = \dfrac{(E_k^j + E_l^j)}{2} \\ E_{k,l}^i = \dfrac{(E_k^i + E_l^i)}{2} \end{cases} \qquad (4.161)$$

联立各卫星对观测方程，未知参数为各卫星对双差 L1 模糊度及相对天顶对流层湿延迟值，构建卡尔曼滤波器求解 L1 模糊度浮点解，其中对于相对天顶对流层湿延迟，其动态噪声值可设为 $0.1\sim0.9\mathrm{cm}^2/\mathrm{h}$。

③模糊度固定：L1、L2 模糊度整数值是否正确直接影响实时大气误差的生成，在得到 L1 模糊度浮点解后，可通过最小二乘模糊度降相关平差（Least-squares Ambiguity Decorrelation Adjustment，LAMBDA）算法对 L1 模糊度进行固定，可采用比值-F 检验方法进行模糊度可靠性检测，以获取正确的 L1 双差模糊度结果，由于宽巷模糊度已知，得到正确的 L2 模糊度结果。

与此同时，构建无几何观测方程，实时计算生成双差电离层延迟真值：

$$\begin{cases} \Delta I_{k,l}^i = \dfrac{f_{2,i}^2}{f_{1,i}^2 - f_{2,i}^2} \left[(\lambda_1^i \Delta\Phi_{k,l,1}^i - \lambda_2^i \Delta\Phi_{kl,2}^i) - \lambda_1^i \Delta N_{k,l,1}^i + \lambda_2^i (\Delta N_{k,l,1}^i - \Delta N_{k,l,\mathrm{wid}}^i) \right] \\ \Delta I_{k,l}^j = \dfrac{f_{2,j}^2}{f_{1,j}^2 - f_{2,j}^2} \left[\begin{array}{l} (\lambda_1^j \Delta\Phi_{k,l,1}^j - \lambda_2^j \Delta\Phi_{k,l,2}^j) - \lambda_1^j (\Delta\nabla N_{k,l,1}^{i,j} + \Delta N_{k,l,1}^i) + \\ \lambda_2^j (\Delta\nabla N_{k,l,2}^{i,j} + \Delta N_{k,l,1}^i - \Delta N_{k,l,\mathrm{wide}}^i) \end{array} \right] \end{cases}$$

$$(4.162)$$

式（4.162）可化简为

$$\Delta\nabla I_{k,l,1}^{i,j} = \Delta I_{k,l}^j - \Delta I_{k,l}^i = \frac{f_{2,j}^2}{f_{1,j}^2 - f_{2,j}^2} \cdot M \qquad (4.163)$$

$$M = (\lambda_1^j \Delta\Phi_{k,l,1}^j - \lambda_2^j \Delta\Phi_{k,l,2}^j) - (\lambda_1^i \Delta\Phi_{k,l,1}^i - \lambda_2^i \Delta\Phi_{k,l,2}^i) - \lambda_1^j \Delta\nabla N_{k,l,1}^{i,j} +$$

$$\lambda_2^j \Delta\nabla N_{k,l,2}^{i,j} - (\lambda_1^j - \lambda_1^i - \lambda_2^j + \lambda_2^i) \Delta N_{k,l,1}^i - (\lambda_2^j - \lambda_2^i) \Delta N_{k,l,\mathrm{wide}}^i$$

$$(4.164)$$

$$\Delta\nabla I_{k,l,2}^{i,j} = \frac{f_{1,j}^2}{f_{1,j}^2 - f_{2,j}^2}\Delta\nabla I_{k,l,1}^{i,j} \qquad (4.165)$$

对于卫星导航系统而言，单差模糊度大小在星间差分中可消除，不会影响双差电离层延迟结果。进而构建无电离层延迟模型，实时计算生成各星座双差对流层延迟真值：

$$\Delta\nabla T_{k,l}^{i,j} = \Delta\nabla\Phi_{if} - \Delta\nabla\rho_{k,l}^{i,j} - \lambda_{if}^{i,j}\left(\Delta\nabla N_{k,l,1}^{i,j} - \frac{f_2}{f_1}\Delta\nabla N_{k,l,2}^{i,j}\right) -$$

$$(\lambda_{if}^j - \lambda_{if}^i)\left(\frac{f_2}{f_1}\Delta N_{k,l,\text{wide}}^i + \frac{f_1 - f_2}{f_1}\Delta N_{k,l,1}^i\right) \qquad (4.166)$$

（3）基于对流层延迟误差和基线长度模糊度进行解算。三步法策略解算模糊度是长基线模糊度解算的主要方法，在第二步中利用无电离层组合观测方程进行解算时，虽然削去了电离层，使得方程存在病态性，但是通过增加天顶对流层湿延迟作为未知参数，又使得方程更加严谨，从而有利于最终的基线解算结果，但是，当增强服务节点间距离增加时，服务节点之间的对流层延迟相关性降低，如果仍然使用估计相对对流层湿延迟的方式进行基线解算，会使得长基线解算结果误差增大，无法满足精度要求。

因此，本书采用一种顾及对流层延迟误差及基线长度的模糊度解算方法，根据不同的基线长度，将对流层延迟误差作为未知参数分别进行参数估计，当增强服务节点间距离较短时，服务节点之间的对流层延迟误差具有较强的相关性，选择估计相对对流层延迟误差的方法进行基线解算；当增强服务节点间距离较长时，服务节点之间的对流层延迟误差相关性减弱，选择服务节点间对流层延迟误差分别进行参数估计的方法进行基线模糊度解算。

可以得到无电离层组合双差观测方程：

$$\lambda_{\text{IF}}\nabla\Delta\phi_{\text{IF}} = \frac{f_1^2}{f_1^2 - f_2^2}\lambda_1\nabla\Delta\phi_1 - \frac{f_2^2}{f_1^2 - f_2^2}\lambda_2\nabla\Delta\phi_2$$

$$= \nabla\Delta\rho + \nabla\Delta T + \nabla\Delta\varepsilon_{\text{other}} + \frac{f_1^2}{f_1^2 - f_2^2}\lambda_1\nabla\Delta N_1 - \frac{f_2^2}{f_1^2 - f_2^2}\lambda_2\nabla\Delta N_2 \quad (4.167)$$

由于宽巷模糊度可以通过 MW 组合计算得到，因此，根据 $\nabla\Delta N_1$、$\nabla\Delta N_2$ 与双差宽巷模糊度 $\nabla\Delta N_W$ 之间的关系 $\nabla\Delta N_2 = \nabla\Delta N_1 - \nabla\Delta N_W$，可以得到

$$\lambda_{\text{IF}}\nabla\Delta\phi_{\text{IF}} = \nabla\Delta\rho + \nabla\Delta T + \nabla\Delta\varepsilon_{\text{other}} + \frac{c}{f_1 + f_2}\nabla\Delta N_1 + \frac{cf_2}{f_1^2 - f_2^2}\nabla\Delta N_W \quad (4.168)$$

对于式（4.168）中的双差对流层延迟误差，将其分为双差对流层干延迟和双差对流层湿延迟两部分，双差对流层干延迟部分采用 GMF 映射函数模型及对流层折射改正模型进行修正，因此，双差对流层延迟误差为：

$$\Delta\nabla T \cong \Delta\nabla T_{dry} + (ZTD_{k,wet} \cdot \Delta MF_{k,wet}(\cdot) -$$
$$ZTD_{l,wet} \cdot \Delta MF_{l,wet}(\cdot)) \tag{4.169}$$

式中：k 和 l 分别为两个增强服务节点；$MF(\cdot)$ 为天顶对流层湿延迟的投影函数。

模式一：当增强服务节点之间距离较近时，服务节点之间的对流层湿延迟部分具有较强的相关性，采用估计服务节点间相对对流层湿延迟值的方式，能够有效削弱观测法方程的病态性，缩短模糊度固定时间，则有

$$\Delta\nabla T \cong \Delta\nabla T_{dry} + RZTD_{k,l,wet} \cdot \Delta MF_{k,l,wet}(\cdot) \tag{4.170}$$

从式（4.170）可以看出，双差观测方程中，双差宽巷模糊度与双差对流层干延迟部分可以计算得到，因此在未知参数方面主要有相对对流层湿延迟值以及双差 L1 模糊度。则其误差方程可以表示为

$$\boldsymbol{V}_1 = \boldsymbol{B}_1 \boldsymbol{X}_1 - \boldsymbol{L}_1 \tag{4.171}$$

式中：$\boldsymbol{V}_1 = [V_1(t), V_2(t), \cdots, V_{n-2}(t)]^T$；$n$ 为卫星总数。

$$\boldsymbol{B}_1 = \begin{bmatrix} a_1 & b_1 & c_1 & \Delta MF_{k,l,1} & \dfrac{c}{f_1+f_2} & 0 & \cdots & 0 \\ a_2 & b_2 & c_2 & \Delta MF_{k,l,2} & 0 & \dfrac{c}{f_1+f_2} & \cdots & 0 \\ \vdots & \vdots & \vdots & \vdots & \vdots & \vdots & \ddots & \vdots \\ a_{n-2} & b_{n-2} & c_{n-2} & \Delta MF_{k,l,n-2} & 0 & 0 & 0 & \dfrac{c}{f_1+f_2} \end{bmatrix} \tag{4.172}$$

$$\boldsymbol{X}_1 = [\nabla\Delta N_1^1, \nabla\Delta N_1^2, \cdots, \nabla\Delta N_1^{n-2}]^T \tag{4.173}$$

$$\boldsymbol{L}_1 = [L_1(t), L_2(t), \cdots, L_{n-2}(t)]^T \tag{4.174}$$

$$L_m(t) = \lambda_{IF}\nabla\Delta\phi_{IF} - \nabla\Delta\rho - \nabla\Delta T - \nabla\Delta\varepsilon_{other} - \frac{cf_2}{f_1^2-f_2^2}\nabla\Delta N_W \tag{4.175}$$

采用抗差自适应卡尔曼滤波，对模糊度等参数进行设置，对流层天顶湿延迟假设为随机游走过程，从而得到基线抗差自适应卡尔曼滤波解，利用 LAMBDA 算法对模糊度进行搜索固定，得到 L1 模糊度固定解。

模式二：当增强服务节点之间距离较远时，随着基线长度的增加，服务节点之间的对流层湿延迟部分相关性会降低，如果仍然采用估计服务节点间相对对流层湿延迟值的方式，会导致模糊度解算结果的不准确，无法满足产品的要求，因此采用同时估计服务节点间对流层湿延迟值的方式，则双差观测方程的未知参数变为：服务节点 A 对流层湿延迟值、服务节点 B 对流层湿延迟值以及双差 L1 模糊度，则其相应的误差方程表示为

$$\boldsymbol{V}_2 = \boldsymbol{B}_2 \boldsymbol{X}_2 - \boldsymbol{L}_2 \tag{4.176}$$

式中：

$$V_2 = [V_1(t), V_2(t), \cdots, V_{n-2}(t)]^{\mathrm{T}}$$

$$B_2 = \begin{bmatrix} a_1 & b_1 & c_1 & \Delta\mathrm{MF}_{k,1} & -\Delta\mathrm{MF}_{l,1} & \dfrac{c}{f_1+f_2} & 0 & \cdots & 0 \\ a_2 & b_2 & c_2 & \Delta\mathrm{MF}_{k,2} & -\Delta\mathrm{MF}_{l,2} & 0 & \dfrac{c}{f_1+f_2} & \cdots & 0 \\ \vdots & \vdots & \vdots & \vdots & \vdots & \vdots & \vdots & \ddots & \vdots \\ a_{n-2} & b_{n-2} & c_{n-2} & \Delta\mathrm{MF}_{k,n-2} & -\Delta\mathrm{MF}_{l,n-2} & 0 & 0 & 0 & \dfrac{c}{f_1+f_2} \end{bmatrix}$$

$$(4.177)$$

$$X_2 = [\mathrm{ZTD}_k, \mathrm{ZTD}_l, \nabla\Delta N_1^1, \nabla\Delta N_1^2, \cdots, \nabla\Delta N_1^{n-2}]^{\mathrm{T}} \qquad (4.178)$$

$$L_2 = [L_1(t), L_2(t), \cdots, L_{n-2}(t)]^{\mathrm{T}} \qquad (4.179)$$

$$L_m(t) = \lambda_{\mathrm{IF}}\nabla\Delta\phi_{\mathrm{IF}} - \nabla\Delta\rho - \nabla\Delta T - \nabla\Delta\varepsilon_{\mathrm{other}} - \frac{cf_2}{f_1^2-f_2^2}\nabla\Delta N_W \qquad (4.180)$$

同理，采用抗差自适应卡尔曼滤波，对模糊度等参数进行设置，对流层天顶湿延迟假设为随机游走过程，从而得到基线抗差自适应卡尔曼滤波解，然后利用 LAMBDA 算法对模糊度进行搜索固定，最后得到精确的增强服务节点间模糊度固定解。

（4）进行模糊度解算正确性检核。不正确的模糊度结果将严重影响实时大气误差预测值的生成，所以对于模糊度需进行严格的正确性检核控制。对于网络 RTK 基线结果来说，通过比较后验方差矩阵的比值及双差观测值残差，可直接验证模糊度解算结果的正确性。此外，解算模糊度后，重构无几何模型得到站点坐标结果，并将其与已知坐标结果进行差值比较也可用于验证模糊度结果的标准之一。

针对双差模糊度本身的整数特性，及德洛内（Delaunay）三角网解算网元特性，还存在两种检验关系：

$$\Delta\nabla N_{k,l,\mathrm{wide}}^{i,j} = \Delta\nabla N_{k,l,1}^{i,j} - \Delta\nabla N_{k,l,2}^{i,j} \qquad (4.181)$$

$$\Delta\nabla N_{AB} + \Delta\nabla N_{BC} + \Delta\nabla N_{CA} = 0 \qquad (4.182)$$

因此，对于区域大范围连续增强服务节点网络，当上述两条件检核通过后，同时达到了 LAMBDA 的比值阈值设定（一般设为3）及基线的残差判定，认定其模糊度满足了整网条件并可用于构建整网的实时区域大气误差模型。

通过使用各类观测值组合，构建大气误差加权模型滤波器，实时估计预测大气误差用于提高新升起卫星模糊度收敛速度及低高度角卫星模糊度收敛稳定性，达到加速网元模糊度快速收敛的目的。

（5）进行格网点虚拟参考站观测值生成。在网络 RTK 覆盖区域范围，根据格网点位置所在网元，区域 RTK 差分解算模块在格网点位置创建一个虚拟参考站，通过内插得到虚拟参考站各误差改正值，实时生成格网点虚拟参考站观测值。

①构建电离层改正数内插模型：在中纬度地区电离层平静时期，电离层线性内插模型精度较高，所以使用线性内插法可以很好地描述参考站网络区域范围内电离层平静时期电离层延迟的空间分布特性。

电离层改正数线性内插模型，其误差方程为

$$V_I = A \times X \tag{4.183}$$

式中：$V_I = \begin{bmatrix} \Delta\nabla I_{1,2} \\ \Delta\nabla I_{1,3} \end{bmatrix}$；$A = \begin{bmatrix} a_1 & a_2 \end{bmatrix}$；$X = \begin{bmatrix} \Delta x_{1,2} & \Delta x_{1,3} \\ \Delta y_{1,2} & \Delta y_{1,3} \end{bmatrix}$。其中，1 为主参考站，一般选取距离用户终端最近的增强服务节点作为主参考站；2 和 3 为辅助参考站；a_1、a_2 为线性内插系数；Δx、Δy 为辅助参考站与主参考站之间的平面坐标差。根据式（4.183）得到的线性内插系数，由虚拟参考站 m 与主参考站 1 的平面坐标差，即可得到流动站电离层误差改正数为

$$\Delta\nabla I_{1,m} = a_1 \Delta x_{1,m} + a_2 \Delta y_{1,m} \tag{4.184}$$

②构建对流层改正数内插模型：在对流层改正数同样采用线性内插模型，其误差方程为

$$V_T = B \cdot X \tag{4.185}$$

式中：$V_T = \begin{bmatrix} \Delta\nabla I_{1,2} \\ \Delta\nabla I_{1,3} \end{bmatrix}$；$B = \begin{bmatrix} b_1 & b_2 \end{bmatrix}$；$X = \begin{bmatrix} \Delta x_{1,2} & \Delta x_{1,3} \\ \Delta y_{1,2} & \Delta y_{1,3} \end{bmatrix}$。其中，1 为主参考站；2 和 3 为辅助参考站；b_1、b_2 为线性内插系数；Δx、Δy 为辅助参考站与主参考站之间的平面坐标差。由虚拟参考站 m 与主参考站 1 的平面坐标差，即可得到流动站对流层误差改正数为

$$\Delta\nabla T_{1,m} = b_1 \Delta x_{1,m} + b_2 \Delta y_{1,m} \tag{4.186}$$

同时，对轨道误差等进行整体改正。在计算出双差大气误差后，转换为格网点的虚拟观测值，具体公式为

$$\varphi_V^j = \varphi_A^j + \frac{1}{\lambda}\Delta\rho_{AV}^j + \frac{1}{\lambda}\left(-\Delta\nabla I_{AV}^{ij} + \Delta\nabla T_{AV}^{ij} + \Delta\nabla O_{AV}^{ij} + \Delta\nabla M_{AV\varphi}^{ij} + \varepsilon\Delta_{AV\varphi}\right)$$

$$\tag{4.187}$$

参考卫星：

$$\varphi_V^j = \varphi_A^j + \frac{1}{\lambda}\Delta\rho_{AV}^j \tag{4.188}$$

非参考卫星：

天地一体化应急导航增强技术与系统

$$P_V^j = P_A^j + \frac{1}{\lambda}\Delta\rho_{AV}^j + \frac{1}{\lambda}\left(\Delta\nabla I_{AV}^{ij} + \Delta\nabla T_{AV}^{ij} + \Delta\nabla O_{AV}^{ij} + \Delta\nabla M_{AVP}^{ij} + \varepsilon\Delta_{AVP}\right) \qquad (4.189)$$

参考卫星：

$$P_V^j = P_A^j + \frac{1}{\lambda}\Delta\rho_{AV}^j \qquad (4.190)$$

（6）进行基于多参考站网络 RTK 的大气误差改正数计算。具体而言，包含以下步骤：

①构建多参考站电离层改正数内插模型：采用双频载波相位观测值可以计算各参考站网络基线上电离层延迟误差。根据载波相位双差观测方程，可以计算得到参考站间电离层误差双差改正数为

$$\Delta\nabla I = \frac{f_2^2}{f_1^2 - f_2^2}\left[(\lambda_1\Delta\nabla\varphi_1 - \lambda_2\Delta\nabla\varphi_2) + (\lambda_1\Delta\nabla N_1 - \lambda_2\Delta\nabla N_2)\right] -$$

$$\frac{f_2^2}{f_1^2 - f_2^2}(\Delta\nabla\varepsilon_1 - \Delta\nabla\varepsilon_2) \qquad (4.191)$$

式中：$\Delta\nabla$为双差算子；$\Delta\nabla I$为双差电离层延迟值；$\lambda_i, f_i(i=1,2)$分别为 L1 及 L2 的载波波长和频率；$\varphi_i(i=1,2)$为载波相位观测值；N_i为载波相位整周模糊度；$\varepsilon_i(i=1,2)$为载波相位组合观测值的噪声和未被模型化的误差影响。对于 200km 以下的基线而言，在典型电离层条件下，观测噪声等随机误差影响不大于 3mm，因此可忽略不计，简化为

$$\Delta\nabla I = \frac{f_2^2}{f_1^2 - f_2^2}\left[(\lambda_1\Delta\nabla\varphi_1 - \lambda_2\Delta\nabla\varphi_2) + (\lambda_1\Delta\nabla N_1 - \lambda_2\Delta\nabla N_2)\right] \qquad (4.192)$$

在中纬度地区电离层平静时期，电离层线性内插模型精度较高，所以使用线性内插法可以很好地描述参考站网络区域范围内电离层平静时期电离层延迟的空间分布特性，因此，本章仍采用线性内插模型来计算电离层误差双差改正数，由此建立基于多参考站的电离层改正数内插模型。由于电离层延迟误差不受高程因子的影响，在线性内插模型中，仅考虑平面坐标因子的影响，其误差方程为

$$V_I = \begin{bmatrix} \Delta\nabla I_{1,n} \\ \Delta\nabla_{2,n} \\ \vdots \\ \Delta\nabla_{n-2,n} \\ \Delta\nabla I_{n-1,n} \end{bmatrix} = A \cdot X \qquad (4.193)$$

式中：$A = \begin{bmatrix} a_1 & a_2 \end{bmatrix}$；$X = \begin{bmatrix} \Delta x_{1,n} & \Delta x_{2,n} & \cdots & \Delta x_{n-2,n} & \Delta x_{n-1,n} \\ \Delta y_{1,n} & \Delta y_{2,n} & \cdots & \Delta y_{n-2,n} & \Delta y_{n-1,n} \end{bmatrix}$；$n$ 为参考站

128

数量同时为主参考站；1，2，…，N 为辅助参考站；a_1、a_2 为线性内插系数；Δx、Δy 为辅助参考站与主参考站之间的平面坐标差。

由流动站 m 与主参考站的平面坐标差，即可得到用户终端电离层误差改正数 $\Delta\nabla I_{m,n}$。

$$\Delta\nabla I_{m,n} = a_1\Delta x_{m,n} + a_2\Delta y_{m,n} \tag{4.194}$$

②构建多参考站对流层改正数内插模型：与电离层相比，对流层延迟的空间分布特性及相关特性存在明显差异，对流层延迟误差不仅受水平方向影响，同时还受高程方向影响。而目前常规内插模型是根据用户终端周围参考站网络在水平方向的平面分布来拟合所估计误差量的空间分布，构成网络内插平面，当流动站在水平方向强约束于由参考站所构成的区域内时，在高程方向却可能远离于模型区域内插面，因此对于用户终端对流层延迟改正数必须考虑高程因子的影响。本章采用考虑高程偏差影响的多参考站对流层改正数内插模型。

根据载波相位双差观测方程，以及电离层变换公式，有

$$I_i = A/f_i^2 \tag{4.195}$$

可以计算得到参考站间对流层误差双差改正数，即

$$\Delta\nabla T = \frac{cf_1(\Delta\nabla\varphi_1 - \Delta\nabla N_1)}{f_1^2 - f_2^2} - \frac{cf_2(\Delta\nabla\varphi_2 - \Delta\nabla N_2)}{f_1^2 - f_2^2} - \Delta\nabla\rho \tag{4.196}$$

式中：$\Delta\nabla T$ 为双差对流层延迟值；ρ 为卫星与用户终端之间的几何距离。在对流层线性内插模型（LCM）上添加高程因子 h，建立以下内插模型：

$$\Delta\nabla T_{i,n} = f(\Delta x_{i,n}, \Delta y_{i,n}, \Delta h_{i,n}) \tag{4.197}$$

其误差方程如下：

$$V_T = \begin{bmatrix} \Delta\nabla T_{1,n} \\ \Delta\nabla T_{2,n} \\ \vdots \\ \Delta\nabla T_{n-2,n} \\ \Delta\nabla T_{n-1,n} \end{bmatrix} = B \cdot X \tag{4.198}$$

式中：$B = \begin{bmatrix} b_1 & b_2 & b_3 & b_4 \end{bmatrix}$；$X = \begin{bmatrix} \Delta x_{1,n} & \Delta x_{2,n} & \cdots & \Delta x_{n-2,n} & \Delta x_{n-1,n} \\ \Delta y_{1,n} & \Delta y_{2,n} & \cdots & \Delta y_{n-2,n} & \Delta y_{n-1,n} \\ \Delta h_{1,n} & \Delta h_{2,n} & \cdots & \Delta h_{n-2,n} & \Delta h_{n-1,n} \\ 1 & 1 & \cdots & 1 & 1 \end{bmatrix}$；

b_1、b_2、b_3、b_4 为线性内插系数；Δh 为辅助参考站与主参考站之间的高程差异。设其内插系数 $b_i(i=1,2,\cdots,n)$ 满足以下约束条件：

$$\begin{cases} \sum_{i=1}^{n} b_i = 1 \\ \sum_{i=1}^{n} b_i (X_u - X_i) = 0 \\ \sum_{i=1}^{n} b_i^2 = \min \end{cases} \tag{4.199}$$

其中：$X_u - X_i = (\Delta x_{mi}, \Delta y_{mi}, \Delta h_{mi})$。由上式得到的线性内插系数，根据用户终端 m 与主参考站的平面坐标差以及高程差，即可得到终端对流层误差改正数 $\Delta \nabla T_{m,n}$。

$$\Delta \nabla T_{m,n} = b_1 \Delta x_{m,n} + b_2 \Delta y_{m,n} + b_3 \Delta h_{m,n} + b_4 \tag{4.200}$$

（7）应用动态卡尔曼（Kalman）滤波解算模型。在基线解算中，一般采用 Kalman 滤波进行数据解算，对状态空间进行动态估计是 Kalman 滤波的一个显著特点。而在实际测量过程，流动站接收机随着物体的运动会随时发生变化，难以保证其保持规则的运动状态，因此难以构建有效的函数模型。而 Kaman 滤波可以通过存储上一个历元的状态参数估值，依据新的观测数据，对状态参数进行更新，进行实时估计，并且具有很高的计算效率，同时在这个过程中，可以根据当前观测值信息来削弱部分误差在运动过程中对计算结果的影响，即抗差估计模型。

在动态基线解算中，Kalman 滤波的动力学模型和观测模型为

$$\begin{cases} X_k = \boldsymbol{\Phi}_{k,k-1} X_{k-1} + W_k \\ L_k = A_k X_k + V_k \end{cases} \tag{4.201}$$

式中：k 为 t_k 时刻历元；X_k 和 X_{k-1} 分别为 t_k 时刻和 t_{k-1} 时刻的状态参数向量；$\boldsymbol{\Phi}_{k,k-1}$ 为状态转移矩阵；W_k 为高斯白噪声过程误差向量；L_k 为 t_k 时刻得到的观测值向量；A_k 为观测方程系数矩阵；V_k 为观测残差向量。

Kalman 滤波的统计模型为

$$\begin{cases} \mathrm{E}(W_k) = 0, \mathrm{E}(V_k) = 0 \\ \mathrm{Cov}(W_k) = \boldsymbol{\Sigma}_{W_k} \mathrm{Cov}(V_k) = \boldsymbol{\Sigma}_k \mathrm{Cov}(W_k, V_k) = 0 \end{cases} \tag{4.202}$$

式中：$\mathrm{E}(\cdot)$ 为计算数学期望；$\mathrm{Cov}(\cdot)$ 为获取协方差矩阵；$\boldsymbol{\Sigma}_{W_k}$ 为状态模型输入噪声向量的协方差矩阵；$\boldsymbol{\Sigma}_k$ 为观测值残差向量的协方差矩阵。

Kalman 滤波的过程可以分为两部分，分别为时间更新和观测信息更新。其计算过程为：

首先存储 t_{k-1} 时刻的状态信息 $\hat{X}_{k-1}$、$\boldsymbol{\Sigma}_{\hat{X}_{k-1}}$，其中 $\hat{X}_{k-1}$、$\boldsymbol{\Sigma}_{\hat{X}_{k-1}}$ 分别为 t_{k-1} 时刻的状态向量及其协方差阵的滤波估值。

求解 t_k 时刻的状态向量：

$$\bar{X}_k = \boldsymbol{\Phi}_{k,k-1} \hat{X}_{k-1} \qquad (4.203)$$

求解 t_k 时刻的协方差阵的预测值：

$$\boldsymbol{\Sigma}_{\hat{X}_k} = \boldsymbol{\Phi}_{k,k-1} P_k \boldsymbol{\Phi}_{k,k-1}^{\mathrm{T}} + \boldsymbol{\Sigma}_{W_k} \qquad (4.204)$$

求解新息向量及其协方差矩阵：

$$\bar{V}_k = L_k - A_k \bar{X}_k$$
$$\boldsymbol{\Sigma}_{\bar{V}} = A_k \boldsymbol{\Sigma}_{\bar{X}_k} A_k^{\mathrm{T}} + \boldsymbol{\Sigma}_k \qquad (4.205)$$

求解增益矩阵：

$$K_k = \boldsymbol{\Phi}_{k,k-1} A_k \boldsymbol{\Sigma}_{\boldsymbol{\Sigma}_k}^{-1} \qquad (4.206)$$

计算新的状态估值：

$$\hat{X}_k = \bar{X}_k + K_k \bar{V}_k \qquad (4.207)$$

状态新的协方差矩阵：

$$\boldsymbol{\Sigma}_{\hat{X}_k} = (I - K_k A_k) \boldsymbol{\Sigma}_{\bar{X}_k} \qquad (4.208)$$

t_{k+1} 时刻时，则回到第一步。

当采用 Kalman 滤波进行动态基线解算时，需要对上述公式的参数进行合理设置，才能使得滤波结果稳定可靠。在滤波开始前的第一个历元，可以依据现有的经验值对参数进行赋值，如测站坐标、用户终端钟差、对流层天顶湿延迟、模糊度等。与序贯最小二乘相比，Kalman 滤波具有更多的优势。

（8）进行模糊度最优估值解算。针对观测方程：

$$BY = L + \Delta \qquad (4.209)$$

在基线模型中，$B = [AC]$，$Y = [XN]^{\mathrm{T}}$。在网络 RTK 模型中，$B = [MFC]^{\mathrm{T}}$，$Y = [ZtdC]^{\mathrm{T}}$。根据最小二乘原理，求解观测方程式采用如下估计准则：

$$\| B\hat{Y} - L \|^2 = \min \qquad (4.210)$$

其 LS 解为

$$\hat{Y} = (B^{\mathrm{T}} P B)^{-1} B^{\mathrm{T}} P L = N_0^{-1} B^{\mathrm{T}} P L \qquad (4.211)$$

根据 Tikhonov 正则化原理，求解观测方程式采用如下估计准则：

$$\| B\hat{Y} - L \|^2 + \alpha \Omega(\hat{Y}) = \| B\hat{Y} - L \|^2 + \alpha \hat{Y}^{\mathrm{T}} R \hat{Y} = \min \qquad (4.212)$$

式中：α 为正则化参数；R 为正则化矩阵；$\Omega(\hat{Y})$ 为稳定泛函；$\| \cdot \|$ 为欧氏 2 范数。与一般最小二乘原理相比，正则化准则增加了要求稳定泛函 $\Omega(\hat{Y})$ 极小的约束，因此有利于解算病态问题。

根据 Tikhonov 正则化方法解算病态的法方程时要解决两个关键问题：一是正则化矩阵 R 如何选取；二是正则化参数 α 如何确定。正则化矩阵 R 的选取方法：

第一步：将权矩阵 P 化为单位阵；将观测值 L 的权矩阵 P 单位化，得到

$$\bar{B}Y = \bar{L} + \bar{\Delta} \tag{4.213}$$

第二步：对 $\bar{B}$ 作奇异值分解，选取正则化矩阵 R。将 $\bar{B}$ 进行奇异值分解，即 $\bar{B} = UDV^{T}$。将 V、D 按照以下形式分块：

$$\mathop{V}_{m \times m} = \begin{pmatrix} V_{11} & V_{12} \\ k \times k & k \times (m-k) \\ V_{21} & V_{22} \\ (m-k) \times k & (m-k) \times (m-k) \end{pmatrix} \tag{4.214}$$

$$\mathop{D}_{m \times m} = \begin{pmatrix} D_1 & & 0 \\ (m-k) \times (m-k) & & 0 \\ 0 & & D_2 \end{pmatrix} \tag{4.215}$$

令

$$\mathop{S_Q}_{k \times m} = D^{\frac{1}{2}} \begin{pmatrix} V_{11}^{T} & \mathop{O}_{k \times (m-k)} \end{pmatrix} \tag{4.216}$$

最后利用 S_Q 构造出正则化矩阵：

$$R = S_Q^{T} S_Q \tag{4.217}$$

显然，R 是 $m \times m$ 的奇异矩阵，除左上角 $k \times k$ 子矩阵不为 0，其余为 0，其秩为 k。

在参数先验信息较为可靠的情况下，可以对其进行约束，即

$$R = \begin{pmatrix} P_X & 0 \\ 0 & 0 \end{pmatrix} \tag{4.218}$$

正则化参数 α 的确定：由式（4.217）可以得到对应的估计准则为

$$\| \bar{B}^{T}\hat{Y} - L \|^{2} + \alpha \hat{Y}^{T} R \hat{Y} = \min \tag{4.219}$$

选定正则化矩阵 R 后，应用 L 曲线法进行了大量的实际计算，结果表明：选取正则化参数 $\alpha = 1$ 时效果最好，则式（4.218）变为

$$\| \bar{B}^{T}\hat{Y} - L \|^{2} + \hat{Y}^{T} R \hat{Y} = \min \tag{4.220}$$

模糊度的确定：结合式（4.219）由估计准则式求导组成的法方程：

$$\rho_{u,c}^{(i)} = r_u^{(i)} + \delta t_u + \varepsilon_{\rho,ur}^{(i)} \tag{4.221}$$

解算法方程得：

$$\hat{Y} = \begin{pmatrix} \hat{X} \\ \hat{N} \end{pmatrix} = (\bar{B}^{\mathrm{T}}\bar{B} + R)^{-1}\bar{B}^{\mathrm{T}}\bar{L} \tag{4.222}$$

式中：系数阵中增加了 R 一项。正是由于 R 的参与，改善了法矩阵的状态，$(\bar{B}^{\mathrm{T}}\bar{B} + R)$ 的求逆变得正常，因而能得到可靠的估值。

相应的 MSE 矩阵近似取为

$$\mathrm{MSEM}(\hat{Y}) = \hat{\sigma}_0^2 (\bar{B}^{\mathrm{T}}\bar{B} + R)^{-1} = \begin{pmatrix} \mathrm{MSEM}_{\hat{X}} & \mathrm{MSEM}_{\hat{X}\hat{N}} \\ \mathrm{MSEM}_{\hat{N}\hat{X}} & \mathrm{MSEM}_{\hat{N}} \end{pmatrix} \tag{4.223}$$

在数值计算时，求 $(\bar{B}^{\mathrm{T}}\bar{B} + R)^{-1}$ 比求 $(\bar{B}^{\mathrm{T}}\bar{B})^{-1} = N_0^{-1}$ 要稳定，正则化解法在得到较准确模糊度浮点解的同时，应用均方误差矩阵代替协方差阵来确定模糊度的搜索范围，结合 LAMBDA 方法固定模糊度。根据式（4.221）可以得到模糊度的浮点解 $\hat{N}$，根据式中可以得到模糊度的均方误差矩阵 $\mathrm{MSEM}_{\hat{N}}$。在此基础上，对模糊度 N 进行整数估计：

$$\min \| \hat{N} - \tilde{N} \|^2_{\mathrm{MSEM}_{\tilde{N}}^{-1}}, \hat{N} \in Z \tag{4.224}$$

为了得到 N 的整数估计，对 N 进行 Z 变换，形成新的模糊度 z。

$$z = Z^{\mathrm{T}}N \tag{4.225}$$

$$\hat{z} = Z^{\mathrm{T}}\hat{N} \tag{4.226}$$

$$\mathrm{MSEM}_{\hat{z}} = Z^{\mathrm{T}} \mathrm{MSEM}_{\hat{N}}Z \tag{4.227}$$

式（4.226）可转换为：

$$(\hat{z} - z)^{\mathrm{T}} \mathrm{MSEM}_{\hat{z}}^{-1}(\hat{z} - z) \leqslant \chi^2 \tag{4.228}$$

在转换后的空间里搜索整周模糊度，整数 z 的搜索范围大大减小。解算得到 z 的整数最优估值 $\bar{z}$，再通过转换矩阵 Z，求出模糊度 N 的整数最优估值 $\bar{N}$。

4）后处理增强服务

后处理解算对地基增强网观测数据进行实时存储，当收到用户观测数据之后，采用基线解算与网平差的方法求取用户精确坐标，并发送给用户，适用于对精度要求较高的应用场景，包括数据预处理、静态相对定位 2 个步骤。

（1）数据预处理：在卫星导航后处理解算过程中，预处理是非常关键的一个阶段，它的目的是获得最终用于形成基线解算的数学模型的观测数据和其他信息，包括不含有周跳和较大偏差的"干净"观测值、基线端点的较高精度的近似坐标、每个观测历元的接收机钟差、标准化卫星轨道数据和卫星钟差等。其中周跳的探测与修复是数据预处理的主要难点。由于载波相位测量只能测量相位中不足一个整周的小数部分，连续整周部分由多普勒计数得到，信号遮挡、信噪比低以及接收机故障等都可引起整周计数部分的突变——周跳。由于卫星数、卫星图形、观测条件等的不同，在短时间内实现高精度定位存在一定的困难。

在数据预处理阶段，要进行的主要工作包括：数据导入（如果为原始数据，则包括数据解码）、数据筛选和编辑、数据标准化、标准单点定位、接收机钟差估算、差分观测值或线性组合观测值形成、基线向量近似值估算和周跳探测、修复或标记等。

①进行数据标准化：数据标准化是从参与基线解算的各类数据文件中提取所需信息，对某些能够采用确定方法和模型进行改正和改化的项目进行相应处理，并将经过处理的数据按内部指定数据结构进行存储，最终得到直接用于形成基线解算数学模型的标准数据。在这一过程中需要进行的主要工作包括：时标同步、用户终端天线相位中心改正、卫星轨道标准化等。

时标同步：在观测数据文件中，时标通常是根据卫星导航终端的时钟所生成的。在卫星导航测量数据处理中，时标同步包含两方面的含义：第一，是观测值采样历元的同步，使不同卫星导航终端在进行同步观测时，应在相同的时刻记录观测数据，因为只有这样才能形成差分观测值；第二，是与卫星时的同步，使观测值时标与卫星时一致，因为在基线解算中所采用的卫星轨道数据是基于卫星时的。对于前者，通常由卫星导航终端完成，要求达到毫秒级水平；而对于后者，则是在基线解算的数据预处理过程中来完成。

实现时标同步通常需要分两部分来完成：一部分是卫星导航终端根据用户所设定的采样间隔，在能够被采样间隔整除的秒数时进行采样；另一部分是卫星导航终端在进行数据采集时，利用所得到的伪距观测值逐历元进行单点定位，以解求出终端钟差，并进行时标改正，使用户终端时钟与卫星时的差异保持在一定范围内。另外，在数据预处理阶段，还需要利用伪距数据逐历元估算用户终端钟差，以用于进行进一步更为精确的时标同步。

用户终端钟差可以采用两种算法进行估算：一种是伪距单点定位，将终端钟差作为参数与位置参数一同进行估计；另一种是通过精度较高的测站近似坐标直接从伪距观测值中分离出终端钟差，即

$$\delta\tau_i = \frac{1}{n}\sum_{j=1}^{n}(\rho_i^j - R_i^j - \delta\tau^j + d_{\text{trop}i}^j + d_{\text{iono}i}^j) \tag{4.229}$$

式中：$\delta\tau_i$ 为终端钟差；为站星几何距离；R_i^j 为伪距观测值；$\delta\tau^j$ 为卫星钟差；

$d^j_{\text{trop}i}$ 为对流层折射延迟；$d^j_{\text{iono}i}$ 为电离层折射延迟；n 为观测卫星数。在进行基线解算时采用双差观测值模型，则通过以上两种算法所得到的终端钟差的精度均能够满足数据处理的要求。

卫星轨道标准化：卫星轨道标准化是将采用不同形式表示的卫星轨道数据用一个统一的方式来表示，通常是采用一组高阶多项式的系数。卫星轨道标准化有两方面的作用：一是得到某一时间段内平滑的轨道数据；二是将不同类型的轨道数据转换为统一的形式，以便在基线解算时采用。实时定位采用广播星历进行轨道标准化，而后处理定位中采用精密星历进行轨道标准化。对于不同类型的北斗卫星轨道数据，卫星轨道标准化的内容并不完全相同。

对于广播星历，由于其基本上是每隔两小时更新一次，因此，当观测时段较长或观测时段正好处于轨道数据进行更新的时刻时，就将遇到同一卫星具有多组不同的独立轨道数据的情况，这将给数据处理带来许多不便，为此，需要将多组不同独立轨道数据标准化为一组统一的轨道数据。常用的方法是用以时间为变量的多项式来分别对卫星在地心地固坐标系下 X、Y、Z 坐标分量和钟差进行拟合。

对于常用的 IGS 精密星历，由于其轨道数据并不是相对于卫星信号发射天线的相位中心，而是相对于卫星的质心，因此，必须将精密星历所提供的轨道数据按照一定的方法改化到天线相位中心，而该项改化在卫星位于地影期间非常复杂。另外，由于精密星历（通用的 SP3 格式）通常是以一定的时间间隔给出离散卫星位置和速度的方式来表示卫星轨道，因此，观测历元时的卫星位置和速度需要通过多项式内插的方法来计算，或者像广播星历一样，在一个观测时段内用一组多项式系数分别表示卫星在地心地固坐标系下的 X，Y，Z 坐标和速度分量及钟差。

卫星轨道和钟差可采用 9 阶拉格朗日多项式进行内差，拉格朗日多项式内插的方法为：若已知函数 $y=f(x)$ 的 $n+1$ 个节点 $x_0,x_1,x_2,\cdots,x_n$ 及其对应的函数值 $y_0,y_1,y_2,\cdots,y_n$，对于插值区间内任一点，可用下面的拉格朗日插值多项式来计算函数值，详情可参照相应的计算方法资料：

$$f(x) = \sum_{k=0}^{n} \prod_{\substack{i=0\\i\neq k}}^{n} \left(\frac{x-x_i}{x_k-x_i}\right) y_k \tag{4.230}$$

数据筛选和编辑：在数据筛选和编辑过程中，将根据观测值的信噪比、卫星高度角、卫星健康状态、观测值间的同步情况等对数据进行编辑整理，信噪比异常或过低、卫星高度角低于预先设值的阈值、星历显示卫星不健康或没有同步观测数据的观测值将被标记或剔除。

差分和线性组合观测值形成：用于形成函数模型的差分观测值既可以是

由 L1 或 L2 载波相位观测值分别单独形成的双差观测值，也可以是由 L1 和 L2 载波相位观测值的线性组合观测值形成的双差观测值。

双差观测值涉及两个测站对两颗卫星的观测数据，基本形成方式如下：

$$\nabla \Delta \Phi_{i,j}^{k,l} = (\Phi_j^l - \Phi_i^l) - (\Phi_j^k - \Phi_i^k) \qquad (4.231)$$

$$\nabla \Delta R_{i,j}^{k,l} = (R_j^l - R_i^l) - (R_j^k - R_i^k) \qquad (4.232)$$

式中：$\nabla \Delta \Phi_{i,j}^{k,l}$ 为与测站 i、j 和卫星 k、l 有关的双差观测值；Φ_i^k 为测站 i 对卫星 k 的载波相位观测值；Φ_i^l 为测站 i 对卫星 l 的载波相位观测值；Φ_j^k 为测站 j 对卫星 k 的载波相位观测值；Φ_j^l 为测站 j 对卫星 l 的载波相位观测值；R_i^k 为测站 i 对卫星 k 的伪距观测值；R_i^l 为测站 i 对卫星 l 的伪距观测值；R_j^k 为测站 j 对卫星 k 的伪距观测值；R_j^l 为测站 j 对卫星 l 的伪距观测值。

②进行周跳探测与修复：周跳就是由于卫星信号的失锁而使载波相位差观测值中的整周计数所发生的突变。信号失锁可能长达数分钟或更多时间，也可能发生在两相邻历元之间。在前者的情况下，周跳是很容易识别的，因为该颗卫星在失锁期间，就不再有相位差观测值。但若仅发生在两相邻历元之间，则在失锁前后，每个历元在都有包括整数和小数部分的相位差观测值。然而整周已发生突变，不相衔接。所出现的周跳可能小至 1 周，也可能大至数百万周。因为即使不发生周跳，各历元的瞬时相位差观测估值中的整周数也是在不断地递增的，所以难以察觉已曾发生的周跳，更需要用专门的方法进行探测。

周跳探测与修复的基本思路就是通过合理的数据处理，得出精确反映周跳变化的检测量序列，从检测量序列中探测出周跳发生的位置和大小并修复，最后将周跳改正后的数据序列参与解算。

常用的周跳探测方法有多项式拟合法、历元间高次差法和残差法。这些方法适用于单一频率的载波相位观测值，可用于探测原始单程（非差）、单差或双差载波相位观测值中的周跳。这些方法探测周跳的能力与数据的采样间隔有关，一般说来，采样间隔越小，探测能力则越强。

对于双频载波相位观测值，周跳探测较为容易，除了可采用上述方法外，还可以采用伪距法和无几何关系的电离层残差组合观测值来进行周跳探测。其中，后一种方法非常有效，受电离层变化的影响，特别适合于前后历元电离层变化小的数据的周跳探测。在静态或低速动态和采样率不太低（<15s）的情况下，几乎可以发现任何周跳。其中，载波相位的电离层残差组合为

$$\lambda_1 \varphi_1 - \lambda_2 \varphi_2 = \lambda_2 N_2 - \lambda_1 N_1 + \frac{\text{TEC}}{9.52437} \qquad (4.233)$$

如结合伪距观测值，则电离层残差组合又可表示为

$$(\lambda_1\varphi_1 - \lambda_2\varphi_2) + (P_1 - P_2) + (\lambda_1 N_1 - \lambda_2 N_2) = 0 \qquad (4.234)$$

通常采用电离层残差法进行周跳的探测，对所探测出的周跳，可以采用以下两种方法进行处理：

方法一：对周跳进行修复。若探测出某颗卫星在某一历元的那种载波相位观测值上发生了周跳，并且能够准确确定出周跳的数量，则可将丢失的整周数加到该历元后（含该历元）该颗卫星的所有载波相位观测值中，直到该颗卫星的载波相位值中有新的周跳发生。该方法适用于能够准确确定出发生周跳的位置和数量的情况，否则会对基线解算结果造成不良影响。

方法二：引入新的模糊度参数。若探测出某颗卫星在某一历元有周跳发生，可以从该历元起，为该颗卫星引入一个新的模糊度参数。实际上，在此历元所发生周跳的数量等于该历元前后两个模糊度值之差。

（2）进行静态相对定位：静态相对定位是指两台或多台卫星导航终端安置在测量点上连续观测，取得充分多的多余观测数据，以改善定位的精度。同步观测的任意两台终端之间构成基线。载波相位观测值为基本的观测量。待定点在地固坐标系统中的位置没有变化或者变化非常的缓慢，以致在一个时间段内可忽略不计。因此在数据处理中，整个时段内的待定点坐标都可以认为是固定不变的一组常数。

对于同时观测的两颗卫星 i，j，假设使用卫星 j 为参考卫星，忽略轨道误差的影响，考虑到对流层延迟和电离层延迟残差，则在历元 t 时刻的载波相位双差观测方程为

$$\lambda\Delta\nabla\varphi_{12}^{ij}(t) = \Delta\nabla\rho_{12}^{ij}(t) + \nabla l^{ij}dX(t) + \nabla m^{ij}dY(t) + \nabla n^{ij}dZ(t) -$$
$$\lambda\Delta\nabla N_{12}^{ij}(t) + \Delta\nabla\delta_{\text{ion}}(t) + \Delta\nabla\delta_{\text{trop}}(t) + \varepsilon(t) \qquad (4.235)$$

式中：$\Delta\nabla$ 为双差组合符；$\Delta\nabla\varphi_{12}^{ij}$ 为双差的载波相位观测值；$\Delta\nabla\rho_{12}^{ij}$ 为终端到卫星之间的近似几何距离双差值；$\Delta\nabla N_{12}^{ij}$ 为双差载波相位的整周模糊度；$(\nabla l^{ij}\ \nabla m^{ij}\nabla n^{ij})$ 为卫星 i，j 之间的方向余弦之差；$\Delta\nabla\delta_{\text{ion}}$ 为双差电离层延迟残差；$\Delta\nabla\delta_{\text{trop}}$ 为双差对流层延迟残差；ε 为观测噪声。

记一个历元的载波相位观测值为向量 $\phi(t)$，若观测了 n 个历元，则一共有 n 个上述载波相位值 $\phi(t)$，其中，式中 $t = 1, 2, \cdots, n$。在周跳修复完成的情况下，模糊度视为固定常数；另外，在一段时间内，对流层延迟视为不变值，则将 n 个历元的观测方程进行累积，得到误差方程：

$$\boldsymbol{Y} = \boldsymbol{AX} + \boldsymbol{\Delta} \qquad (4.236)$$

$$Y = \begin{bmatrix} \lambda \ \nabla\Delta\phi_1^{21} - \nabla\Delta\rho_1^{210} \\ \lambda \ \nabla\Delta\phi_1^{31} - \nabla\Delta\rho_1^{310} \\ \lambda \ \nabla\Delta\phi_1^{41} - \nabla\Delta\rho_1^{410} \\ \vdots \\ \lambda \ \nabla\Delta\phi_n^{21} - \nabla\Delta\rho_n^{210} \\ \cdots \end{bmatrix} \quad (4.237)$$

$$A = \begin{bmatrix} l_1^{21} & m_1^{21} & n_1^{21} & -\lambda & 0 & 0 & \cdots & 1 & 0 & 0 & \cdots \\ l_1^{31} & m_1^{31} & n_1^{31} & 0 & -\lambda & 0 & \cdots & 0 & 1 & 0 & \cdots \\ l_1^{41} & m_1^{41} & n_1^{41} & 0 & 0 & -\lambda & \cdots & 0 & 0 & 1 & \cdots \\ \vdots & \vdots & \vdots & \vdots & \vdots & \vdots & \ddots & \vdots & \vdots & \vdots & \ddots \\ l_n^{21} & m_n^{21} & n_n^{21} & -\lambda & 0 & 0 & \cdots & 1 & 0 & 0 & \cdots \\ \cdots \end{bmatrix} (4.238)$$

$$X = \begin{bmatrix} dX & dY & dZ & \nabla\Delta N^{21} & \nabla\Delta N^{31} & \nabla\Delta N^{41} \cdots \Delta\nabla\delta_{\text{trop}}^{21} & \Delta\nabla\delta_{\text{trop}}^{31} & \Delta\nabla\delta_{\text{trop}}^{41} \cdots \end{bmatrix}^T \quad (4.239)$$

式中：下标 1，2，$\cdots$，n 为历元；A 为方程的设计矩阵；X 为方程的未知参数，包括 3 个坐标分量、每颗卫星对应的模糊度参数及对流层参数；$\Delta = \nabla\Delta\varepsilon_\phi$ 为观测噪声。

快速静态定位及静态后处理都可看作是 RTK 定位在静态情况下的一种特例，因为它的数学模型与 RTK 基本一致。两种定位模型的区别在于静态定位的观测方程需随着历元不断累积，在剔除了粗差、修复了周跳之后，观测时段内的未失锁的同一颗卫星的模糊度当作常数进行解算。在给定时间长度的一个观测时段获得一个基线向量解，该解的精度可达亚米级。另外，对于中长基线，对流层延迟在一定时间段（如 1h 以内）当作不变量，作为参数连同基线分量和整周模糊度一起进行估计。

两台或多台用户终端，同步观测相同卫星的情况下，卫星的轨道误差、卫星钟差和终端钟差以及电离层和对流层的折射误差等，对观测值的影响具有一定的相关性，利用这些观测量的不同组合，进行相对定位，可以有效地消除或减弱上述误差的影响，从而提高相对定位的精度。

综上，卫星导航相对测量基线的解算精度绝定于两个方面：一是终端的载波相位量测精度，由终端本身绝定；二是双差后轨道及大气延迟残差的大小，与基线的距离相关。

进行静态定位的时候，基线分量在观测时间内是不变化的，但是由于距离长的缘故，测站的间的对流层延迟相关性很差，因此双差后必须对另外一

个参数进行估计。则待估计的参数为

$$X = (\mathrm{d}X \ \mathrm{d}N \ \mathrm{d}T)^{\mathrm{T}} \tag{4.240}$$

式中：dX 为基线向量改正数向量；dN 为模糊度的改正数向量；dT 为基准站与静态站的天顶对流层延迟的残差。因为是静态观测数据，因此基线向量改正数不变化。短时间内（1h 左右）测站的天顶对流层延迟也是不变化的，同样模糊度参数在不发生周跳的情况下也是不变的，具体解算流程如图 4 – 26 所示。

①探测修复周跳，剔除粗差观测值，获得一组"干净的"观测值。具体操作方法与 RTK 基本一致。

②用修复周跳、剔除粗差后的载波相位观测值进行标准最小二乘解算，求得基线向量及整周模糊度参数的初始解，该解中的模糊度参数为实数。

③采用 LAMBDA 搜索算法及固定最小失败率比值检验方法，能够可靠地将实数模糊度固定为整数，如搜索得到的模糊度无法通过检验，则直接输出浮点解结果。

④将通过模糊度确认后的整周模糊度作为已知值带回法方程，此时法方程中的未知数个数将十分有限，重新求解基线向量（及其他参数），从而获得固定解。

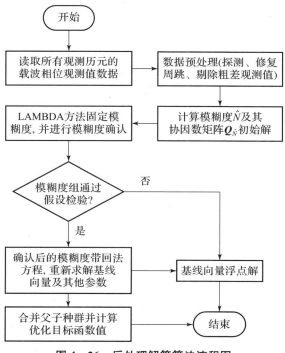

图 4 – 26 后处理解算算法流程图

139

值得指出的是，与 RTK 定位不同的是，静态相对定位在进行数据处理过程中同时对所有观测数据进行处理，一个时段仅获得一个解算结果。如果在模糊度确认过程中，备选模糊度组合无法通过假设检验，则无法获取基线的固定解，此时只能把模糊度参数当作实数进行处理，即最终得到的基线向量解为实数解。

2. 可用性定位增强服务

对于可用性增强服务系统而言，单个应急导航增强服务节点难以提供完备的可用性增强服务，根据卫星导航定位原理，在独立定位模式下至少需要 4 个增强服务节点才能提供区域内的可用性增强服务。因此，增强服务节点的选址和布局对可用性增强服务的质量至关重要。本节将首先介绍应急导航增强服务节点的作用范围，然后对网络构型、评价指标等进行介绍，最后介绍典型的布局优化算法。

为确保可用性增强服务系统能够保持良好的时间同步及对用户进行定位的能力，针对某一用户范围进行增强服务节点布局的前提是用户可以接收到所有增强服务节点发射的信号，本节将结合应急导航增强服务节点发射功率、终端灵敏度、信号传播路径损耗及单站视距范围对单一增强节点的作用范围进行分析。

1）单个节点视距范围

可用性增强服务系统应急导航增强服务节点利用支架放置于地面之上，发射天线相位中心高于用户位置，假定主瓣宽度半角为 76°，最大辐射方向沿地面水平方向（即用户位于天线同一侧），终端天线为全向天线。现对增强服务节点的视距范围进行数学分析，将地球视为一个圆球，半径 R 取为 6378.137km，增强服务节点对用户终端的覆盖范围如图 4 – 27 所示。

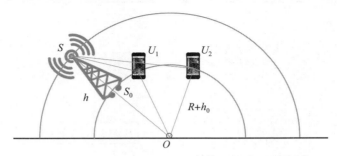

图 4 – 27　单站视距范围

O 点代表地球地心，点 U_1、U_2 分别为距离地面增强服务节点最近及最远的用户位置，S 点为地面增强服务节点发射天线中心位置，h 为增强服务节点与用户高度差，h_0 为用户与地球水平面之间的距离。则增强服务节点发射天线与用户之间水平距离 US_0 可表示为

$$US_0 = (R + h_0) \cdot \left(\frac{\pi}{2} - \angle USO - \arcsin \frac{(R + h_0 + h) \cdot \sin \angle USO}{R + h_0} \right) \quad (4.241)$$

对于 U_2 处用户，图中三角形边 $SU_{max} \perp OU_{max}$，从而得出增强服务节点最远覆盖范围半径表示为

$$U_{max}S_0 = (R + h_0) \cdot \arccos \frac{R + h_0}{R + h_0 + h} \quad (4.242)$$

对于 U_1 处用户，结合天线主瓣宽度，可近似视为 $h \ll R$，$h_0 \ll R$，将图中用户终端和发射天线视为在同一水平面，位置关系转如图 4 – 28 所示。

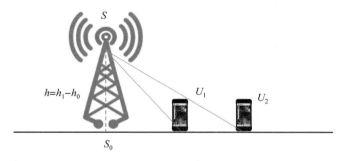

图 4 – 28　单站视距范围

从而求得覆盖范围最小距离，即

$$U_1S_0 = SS_0 \cdot \tan(\angle U_1SS_0) \quad (4.243)$$

结论表明，单个增强服务节点的作用范围近似为一扇形区域，单基站作用范围通式如表 4 – 11 所示，其中 h 为增强服务节点与用户高度差，h_0 为用户高度，θ_{max} 为增强服务节点发射天线主瓣宽度半角。

表 4 – 11　单基站作用范围通式

发射天线朝向	作用范围最远距离	作用范围最近距离
水平朝向一侧	$r_{max} = (R + h_0) \arccos \dfrac{R + h_0}{R + h_0 + h}$	$r_{min} = h \tan(90° - \theta_{max})$

2）用户终端灵敏度对单个增强服务站点作用范围的影响

前述内容从数学意义上对增强服务节点作用范围进行分析，并未考虑实际定位中信号功率及定位精度的要求。实际使用时，用户终端灵敏度会限制单个增强服务节点的作用范围，因此有必要在掌握用户终端灵敏度的条件下

研究单个服务节点的作用范围。终端灵敏度是指用户终端正常工作所需的最低信号功率值，通常用 dBm 表示。

增强服务节点发射的导航信号，经过路径传播，导致用户接收信号功率下降，功率衰减的大小与距离、大气损耗、多路径误差等有关。可通过自由空间损耗公式表示：

$$P_{\text{loss}} = 20\lg\left(\frac{\lambda}{4\pi d}\right) \tag{4.244}$$

式中：P_{loss} 单位为 dB；λ 为信号波长；d 为信号传播距离；单位为 m。

根据自由空间损耗公式，增强服务节点与用户终端距离越远，信号衰减越大，造成用户终端接收到不同服务节点发射信号的功率存在差异，为了能够使用户终端接收到增强服务节点布局单元内所有节点发射的载波信号，则要使增强服务节点与用户终端距离最远情况下，接收到的信号功率不低于终端灵敏度，如图 4 – 29 所示。

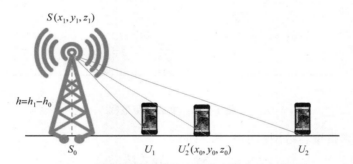

图 4 – 29　终端灵敏度影响下的单个节点作用范围

前述内容中得到的最远距离 S_0U_2 将受到增强服务节点发射功率的影响缩减到 U_2' 处，假设用户在该点处所能接收到的功率为最低终端灵敏度值 $P_{\text{接收机}}$，增强服务节点发射功率为 P_S，存在下述不等式关系：

$$P_U = P_S + 20\lg\left(\frac{\lambda}{4\pi SU_2'}\right) \geqslant P_{\text{接收机}} \tag{4.245}$$

$$SU_2' = \sqrt{S_0U_2'^2 + (h_1 - h_0)^2} \tag{4.246}$$

根据式（4.244）和式（4.245）可知，当已知增强服务节点与用户最近水平距离，可得到节点与用户之间高度差的最大值；当已知增强服务节点高度时，可得出节点与用户之间的最远几何距离和最远水平距离。节点与用户之间的水平最远距离与其高度差之间存在反比关系。这一现象和考虑用户终端的灵敏度有关，它导致了单一增强服务节点的有效作用范围比之前讨论的视距范围有所减小。

3）增强服务节点布局特殊约束

对于地基导航系统，除了上述约束外，为保证系统站间时间同步，需要确保各从站与主站之间可视，因此需要满足以下条件：

（1）从前文视距范围考虑，由于增强服务节点发射天线主瓣宽度半角θ_{max}的影响，在水平面，增强服务节点S_1和相邻两个服务节点S_2、S_3之间形成的夹角应满足$\angle S_2 S_1 S_3 \leqslant 2\theta_{max}$。

（2）从传输损耗考虑，用户表示为应急导航增强服务节点，即可得到相应公式，当确定接收天线灵敏度后，即可根据节点间高度差确定增强服务节点最远摆放水平距离。

4）增强服务节点组网布局

在对单个节点作用范围进行分析后，需考虑若干个增强服务节点构建网络以提供服务。一般而言，增强服务节点布局的几何约束通常为：

（1）分别将4个增强服务节点与用户终端连线，由形成的单位向量端点组成的四面体体积越大，GDOP值越小，即同一系统下，定位精度越高，布局效果越好。同理，当使用增强服务节点数目$N \geqslant 5$进行布局时，结论相似。

（2）垂直精度因子和增强服务节点与用户高度角最大正弦差值成反比，高度角范围越大，定位精度越高。

在上述约束条件下，地基可用性增强服务系统组网可按照以下步骤进行：

（1）首先，需要确定可用性增强服务系统服务区域的大小，根据系统增强服务节点与用户终端的工作距离确定需要多少组的增强服务节点组网单元；

（2）然后，在每一个增强服务节点组网单元中，可根据该单元内区域的地形地貌、用户基数、活动范围等情况对地面增强服务节点的位置进行确认；

（3）最后，在确定地面增强服务节点的位置分布之后，需要选取合适位置放置具有高仰角的节点，用以优化整个区域内的GDOP分布，尽可能让这些具有高仰角的增强服务节点在地面的投影接近地面增强服务节点围成形状的中心处。

5）增强服务节点布局算法

在前述内容中，已经探讨了应急增强服务节点网络布局的几何限制和基本步骤。在规划增强服务节点的部署时，最关键的环节是确定网络单元内部节点的具体位置。节点布局算法旨在确定应急增强服务节点的最佳安装位置，依据之前的讨论，可以确定算法的两个主要优化目标：①确保在多个应急增强服务节点的信号覆盖下，最大化增强信号的覆盖范围，以降低成本并提升增强服务节点的使用效率；②优化增强服务节点网络的布局，以改善网络的几何结构，从而提高定位服务的准确性。基于这些考虑，增强服务节点布局问题的数学模型可以表述如下：

$$\begin{cases} \text{maximize} f_1(\boldsymbol{S}) = \dfrac{\text{area}(V(S_1,S_2,\cdots,S_n))}{A} \\ \text{minimize} f_2(\boldsymbol{S}) = g(\text{DOP}(S_1,S_2,\cdots,S_n)) \end{cases} \tag{4.247}$$

式中：A 为目标区域大小；$\text{area}(V(S_1,S_2,\cdots,S_n))$ 为系统信号覆盖区域大小；$g(\text{DOP}(S_1,S_2,\cdots,S_n))$ 为精度因子大小；$\boldsymbol{S}=(S_1,S_2,\cdots,S_n)$ 代表决策向量，在本文中代表增强服务节点的一个布站方案；n 为服务节点个数，所有的决策向量可以构成决策空间。覆盖率用于评价系统信号覆盖情况，而精度因子用于评价系统增强布局的好坏，两个目标函数 f_1 和 f_2 分别代表系统信号覆盖率和精度因子大小。

根据卫星导航的基本原理，用户终端必须至少接收到来自四个增强服务节点的信号才能完成定位。因此，把能够接收到四个或更多节点信号的区域定义为可定位区域，而那些需要定位服务的区域则被称作目标区域。定位增强系统的信号覆盖率是指系统能够覆盖的目标区域面积与其总面积的比值，这个比值越高，说明信号覆盖效果越佳。如果比值达到 1，则表示目标区域内的每一个位置都能够进行定位。确定定位增强系统的可定位区域大小通常包括以下三个步骤[4]：

（1）首先，导入目标区域的数字高程模型（Digital Elevation Model，DEM）数据，获取包括经度、纬度和海拔高度在内的地形信息。

（2）其次，利用前文提到的可视域分析技术，计算每个增强服务节点的信号覆盖范围。

（3）最后，将所有增强服务节点的信号覆盖区域进行叠加，以获得系统的整体信号覆盖情况。

DEM 数据记录地形的三维数据，是经度、纬度和高程的集合，经过转换后可用二维矩阵表示为

$$\begin{aligned} \mathbf{DEM}_x &= \left[Dx_{ij}\right]_{M\times N} \\ \mathbf{DEM}_y &= \left[Dy_{ij}\right]_{M\times N} \\ \mathbf{DEM}_z &= \left[Dz_{ij}\right]_{M\times N} \end{aligned} \tag{4.248}$$

式中：M、N 分别为 DEM 数据矩阵的行数和列数。通过从三个矩阵中提取相应的元素，我们可以得到地形数据的坐标点 $(Dx_{ij},Dy_{ij},Dz_{ij})$。假设在实际的地形中，增强服务节点 i 的坐标为 $S_i(x_i,y_i,z_i)$，利用可视域分析技术，我们可以确定在这种地形条件下增强服务节点 i 的可视域矩阵 $\boldsymbol{v}_i=\left[a_{ij}\right]_{M\times N}$。其中，$a_{ij}$ 取值为 0 或 1，当 $a_{ij}=1$ 时为该增强服务节点对点 $(Dx_{ij},Dy_{ij},Dz_{ij})$。可视，相反地，$a_{ij}=0$ 则对该点不可见。因此可视域矩阵中 1 的个数越多，为该增强

服务节点的可视范围越大，其信号覆盖更广。可用性定位增 强系统总体覆盖情况可通过所有增强服务节点的可视域矩阵求和得到，即

$$V = \sum_{i=1}^{n} \boldsymbol{v}_i = [b_{ij}]_{M \times N} \tag{4.249}$$

根据定义可知，$\boldsymbol{v}_i$ 为 $(Dx_{ij}, Dy_{ij}, Dz_{ij})$ 点的信号覆盖数量，数量大于 4 即可定位。因此，以 4 作为阈值，将可视矩阵进一步转化为可用性服务矩阵 $\overline{V}$，$\overline{V}$ 中 1 的集合就是可定位区域。综上，目标函数 f_1 可以转换为

$$f_1 = \frac{\mathrm{sum}(\overline{V})}{M \times N} \times 100\% \tag{4.250}$$

可用性定位增强服务的精度主要受观测数据的误差以及用户终端可见增强服务节点几何分布的影响。增强服务节点的几何分布通常用精度因子（Dilution of Precision，DOP）来评估。根据概率论的知识，一组随机变量的统计特性可以通过其相关系数矩阵来描述。对于卫星定位误差的方程，其相关矩阵的形式为

$$Q = [G^{\mathrm{T}}G]^{-1} = \begin{bmatrix} q_{11} q_{12} q_{13} q_{14} \\ q_{21} q_{22} q_{23} q_{24} \\ q_{31} q_{32} q_{33} q_{34} \\ q_{41} q_{42} q_{43} q_{44} \end{bmatrix} \tag{4.251}$$

式中：G 为观测矩阵，该矩阵可以根据用户终端和增强服务节点的坐标计算得出；矩阵 Q 包含了所有关于精度的信息，是评估定位精度的关键依据，通过 Q 矩阵可以推导出精度因子。在对地面目标进行定位时，系统往往更关注水平方向的定位精度（即经度和纬度）。因此，应急导航增强服务节点的几何分布质量通常用水平精度因子（Horizontal Dilution of Precision，HDOP）来评估。

$$\mathrm{HDOP} = \sqrt{q_{11} + q_{22}} \tag{4.252}$$

式中：HDOP 为矩阵 Q 中前两个对角线元素的平方和的平方根。HDOP 反映了在水平方向上总误差 σ_h 与测距误差 σ 之间的放大关系，即 $\sigma_h = \mathrm{HDOP} \times \sigma$。由此可知，HDOP 值越低，表明水平方向的误差越小，相应地，系统的水平定位精度也就越高。

应急导航增强服务节点的布局问题属于多目标优化的范畴，这类问题往往无法实现所有目标的同时最优化。在这个问题中，增强服务节点的覆盖率和网络的几何布局之间存在相互制约的关系：在追求较大的覆盖面积的同时，可能无法保证节点的几何布局达到最优。因此，需要运用多目标优化算法来

解决这一问题。通过多目标优化算法，可以得到一系列折中的解决方案，然后根据具体需求从中挑选出最令人满意的方案。

为了解决应急导航增强服务节点的布局问题，可以考虑采用第二代非支配排序遗传算法（Non-dominated Sorting Genetic Algorithm，NSGA-Ⅱ）。NS-GA-Ⅱ是一种广为人知的多目标遗传算法，它在多目标优化领域有着广泛的应用。该算法通过采用快速非支配排序技术来降低 NSGA-Ⅱ 的计算复杂度，并用拥挤距离策略替代了小生境策略，从而减少了对共享参数的依赖。结合精英策略，NSGA-Ⅱ展现出了卓越的性能。算法通过以下五个步骤：种群初始化、遗传操作、快速非支配排序、计算拥挤距离以及精英策略，能够高效地找到增强节点布局问题的非支配最优解集。

（1）种群初始化：通过随机方法生成 N_p 个个体以构成初始种群。考虑到问题的目标是确定应急导航增强服务节点的位置坐标，个体的染色体采用实数编码方式。假设需要布局的增强服务节点总数为 n，服务节点 i 的坐标为 $S_i(x_i, y_i, z_i)$。其中，z_i 的值是基于 x_i、y_i 和 DEM 数据确定的，因此 z_i 不是一个需要优化的变量。将所有增强服务节点的 x 和 y 坐标按顺序排列，形成一个向量，这个向量即为个体的染色体向量 $X = (x_1, y_1, x_2, y_2, \cdots, x_n, y_n)$。接着，通过随机初始化染色体向量的方法来构建初始种群。

（2）进行遗传操作：遗传操作包括选择、交叉和变异三个主要环节。首先，通过锦标赛选择机制从父代种群中挑选出两个个体作为父母个体。然后，利用多点交叉方法从这两个父母个体生成后代个体。这个过程会重复进行，直到生成一个与父代种群规模相同（即 N_p 个个体）的子代种群 R_0。最后，从子代种群 R_0 中随机选择一部分个体进行变异操作，变异过程采用多点变异策略。

（3）快速支配排序：首先，将父代种群 Q_k 与子代种群 R_k 合并，形成一个新的种群 U_k，种群规模扩大到 $2N_p$。接着，依据之前推导出的两个目标函数 f_1 和 f_2，对 U_k 中每个个体进行非支配等级的评定。

（4）计算拥挤距离：首先，根据种群 U_k 中个体的非支配等级，从高到低依次保留个体，直到保留的个体数量达到 N_p。然而，在从高等级到低等级的筛选过程中，可能会遇到某个等级的个体只能部分保留的情况。由于这些个体的等级相同，因此需要通过拥挤距离比较算子来决定哪些个体被保留。NSGA-Ⅱ算法通过计算每个个体与周围个体的平均距离来确定其拥挤度，优先保留拥挤度较低（即较为稀疏）的个体，以此保持种群的多样性。

（5）执行精英策略：在进化过程中，对当前代和上一代的精英个体进行比较，选择更优秀的精英个体进行保留，以防止优秀的个体在进化过程中被错误淘汰。完成这一步骤后，再重复上述步骤（1）～（5）以继续进化过程，如图 4 – 30 所示。

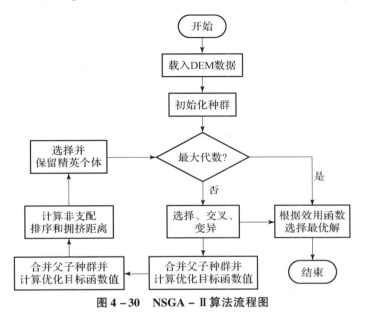

图 4 – 30　NSGA – Ⅱ 算法流程图

最终，通过应用 NSGA – Ⅱ 算法得到布站问题的 Pareto 最优解集之后，可以利用效用函数从解集中提取出一个符合特定偏好的解。效用函数的一个典型形式如下：

$$C_1 \times \frac{f_1(X_i) - f_{1\min}}{f_{1\max} - f_{1\min}} + C_2 \times \frac{f_{2\max} - f_2(X_i)}{f_{2\max} - f_{2\min}} \tag{4.253}$$

式中：$C_1 + C_2 = 1$，并且 C_1，C_2 均为非负数。系数 C_1 和 C_2 可根据个人偏好来选定，C_1 比 C_2 大表示从非支配解集中选择增强服务节点布局时更看重信号覆盖率，C_2 比 C_1 大则表示从非支配解集中选择增强服务节点布局时更看重可用性定位增强服务的质量。最后计算所有个体的效用函数值 F，选择 F 最大的个体作为最优布局方案。

4.3.2　应急导航增强服务节点指挥调度服务

应急导航增强服务节点指挥调度服务侧重于保障增强节点高效、安全地到达平台部署节点位置，主要包含规划部署服务和综合管控服务。

1. 应急导航增强服务节点规划部署服务

规划部署服务着眼于如何根据平台制定的应急增强服务节点布局方案，

快速高效地规划每个节点的部署路线，并确保部署路线的安全性，具体包括：路径规划、路径引导、道路匹配和冲突检测四项服务。

1）路径规划模块

路径规划模块是实现搜索出最优路径的功能。支持最快路线、最短路线两种路径计算方式；能够根据车辆的长、宽、重量等参数，规划能够满足道路、桥梁、隧道等路段的限高、限重、限宽、限轴重等条件的可行驶路线；支持设置特种车辆参数，结合地理信息数据及限制性条件，在无道路环境下规划出可行驶路线。路径规划原理示意图如图 4 – 31 所示。

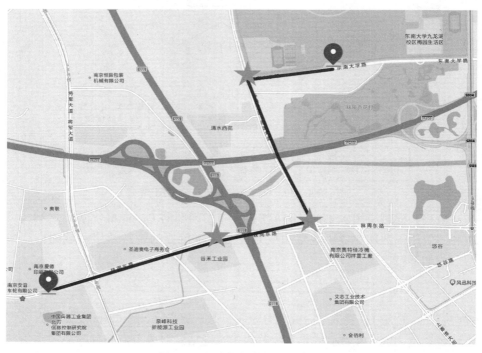

图 4 – 31　路径规划原理示意图

应急场景下的路径规划的方法是在耗费栅格中进行最优搜索。例如，从 B 到最近源 A 的直线距离与从 C 到最近源 A 的直线距离相同，若 BA 路段交通拥堵，而 CA 路段交通畅通，则其时间耗费必然不同；此外，通过直线距离对应的路径到达最近源时常常是不可行的，例如，遇到河流、高山等障碍物就需要绕行，这时就需要考虑其耗费距离。

耗费距离栅格的值表示该单元格到最近源的最小耗费值（可以是各种类型的耗费因子，也可以是各感兴趣的耗费因子的加权）。最近源是当前单元格到达所有的源中耗费最小的一个源。耗费栅格中为无值的单元格在输出的耗费距离栅格中仍为无值。单元格到达源的耗费的计算方法是，从待计算单元格的中心出发，到达最近源的最小耗费路径在每个单元格上经过的距离乘以耗费栅格上对应单元格的值，将这些值累加即为单元格到源的耗费值。因此，耗费距离的计算与单元格大小和耗费栅格有关。如图 4 – 32 所示，源栅格和耗费栅格的单元格大小均为 2，单元格（2，1）到达源（0，0）的最小耗费路线如图 4 – 32 所示中红线所示。

耗费栅格　　　　　　　源栅格

图 4 – 32　最小耗费路线图

耗费方向栅格的值表达的是从该单元格到达最近源的最小耗费路径的行进方向。在耗费方向栅格中，可能的行进方向共有 8 个（正北、正南、正西、正东、西北、西南、东南、东北），使用 1~8 共 8 个整数对这 8 个方向进行编码，如图 4 – 33 所示。注意，源所在的单元格在耗费方向栅格中的值为 0，耗费栅格中为无值的单元格在输出的耗费方向栅格中将被赋值为 15。

方向编码

图 4 – 33　耗费方向栅格编码图

耗费分配栅格的值为单元格的最近源的值（源为栅格时，为最近源的栅格值；源为矢量对象时，为最近源），单元格到达最近的源具有最小耗费距离。耗费栅格中为无值的单元格在输出的耗费分配栅格中仍为无值，如图 4 – 34 所示。

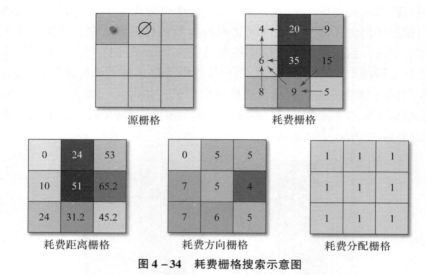

图 4 - 34　耗费栅格搜索示意图

其中，在耗费栅格上，使用箭头标识了单元格到达最近源的行进路线，耗费方向栅格的值即标示了当前单元格到达最近源的最小耗费路线的行进方向。

通过对高程数据的栅格计算坡度后重分级的结果栅格作为耗费栅格，指定两点分别作为源点和目标点，进行两点间栅格最短路径分析，得到两点间的最少耗费路线，如图 4 - 35 所示。

最小耗费路径

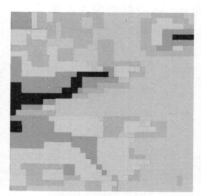

耗费栅格(粗粒度示例)

图 4 - 35　最小耗费路径图

如果车辆对坡度有要求，根据算法可设置最大上坡角度和最大下坡角度可以使分析得出的路线不经过过于陡峭的地形。其中，最大上下坡角度的值和表面栅格所表达的地形有关，如图 4 - 36 所示。

最小耗费路径

图 4 – 36　战时路径规划示意图

图 4 – 36 展示了将最大上坡角度和最大下坡角度分别均设置为 5°、10° 和 90° 时的表面距离最短路径，由于对上下坡角度做出了限制，因此表面距离最短路径是以不超过最大上下坡角度为前提而得出的。

2）路径引导模块

路径引导模块是基于用户实时高精度位置和高精度地图，提供沿用户选择的路径规划计算的路线进行实时精确引导，实现为应急导航增强服务节点提供行驶路径引导信息的功能。用户通过服务接口获得引导信息后，通过路径引导界面向用户实时提示引导信息。

路径引导的工作原理基于用户实时高精度位置和高精度地图，提供沿用户选择的路径规划计算的路线进行实时精确引导；提供前方实时地况、地形、气候等信息，并根据即时信息及时变更规划路线或发送提速、慢行等建议；支持利用环境结构、路径特征、先验知识等上下文因素生成多粒度的指示单元，从中选择最合适的指示单元，进而实现自适应路径引导的方法。

在地图匹配算法在车辆导航中，具有可行性和可操作性，修正了 GNSS 定位信息的偏差，匹配精度更高，体现出了算法的优势。利用获得的准确、实时的动态位置信息信息为终端设备在路径选择提供了基础条件，在此基础上研究分析了经典的 Dijkstra 算法，针对经典 Dijkstra 算法的缺陷提出优化方案，在存储结构、搜索方式、数据队列 3 个方面作了改进。将道路网络抽象成虚拟路网，在虚拟路网的基础上构建了以路段的行程时间作为权值、以行驶时间最少作为目标函数的动态路网模型，在导航的过程中，会出现因各种原因偶尔而偏离规划的路径行驶，一旦平台识别出用户不再行驶在给定的路径上时，平台做出相关反应，让用户尽力回到正确的路径上。只有用户较长时间偏移路径行驶时，才考虑重新路径规划。

路径引导界面获取到平台服务接口返回新的路径规划和路径引导信息后，开始为用户提供路径引导服务。在路径引导过程中，终端设备不断获取终端的位置信息，模块会根据增强服务节点的实时位置判断节点是否符合预先生成好的路径规划信息，若符合，则直接获取下一步的路径引导信息，并以地图、文字和语音的方式播报给用户。

若增强服务节点位置不符合路径规划信息，会继续判断是否处在阈值之内，若在阈值之内，则将界面显示的节点位置吸附到最可信的道路/路径之上。若偏离程度已经超过阈值，则会根据服务节点当前位置、目标点、限定时间等相关信息，重新生成路径规划信息并发送用户，若用户接受，则按照新的路径规划信息指引用户前进，若不接受，可继续重新生成路径信息，如图 4 - 37 所示。

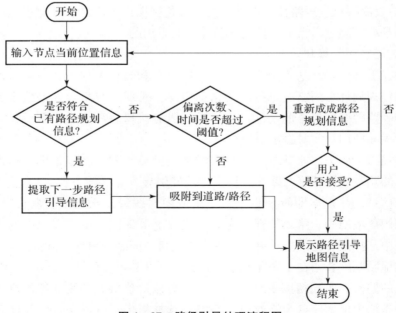

图 4 - 37　路径引导处理流程图

3）道路匹配模块

道路匹配模块通过成熟地图匹配算法，将连续的定位信息进行纠正，将终端的位置匹配到"最可信"的道路上。能够直接匹配位置数据，或对已经保存的历史轨迹进行匹配，能够用匹配结果来修改历史轨迹。

导航过程中由于定位受到多路径效应、高压电缆、太阳日照、环境建筑等影响，造成定位的精确性、持续性和可靠性受到不同程度的影响，导致增强服务节点定位出现一定程度的"漂移"，从而产生无法将增强服务节点位置精确地标识在道路线上，出现定位结果与实际不符的情况。因此需要通过道路匹配算法将目标点纠正到正确的道路上。

如图 4 - 38 所示，1、2、3 这三个点是车辆的 GNSS 定位结果，尽管车辆是在道路上，但定位结果与道路存在偏差。

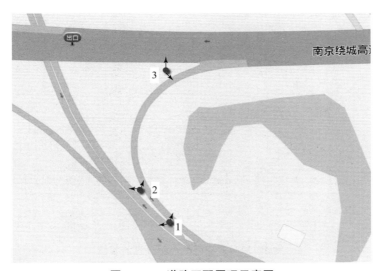

图 4 - 38　道路匹配原理示意图

在实际应用中，位置采样信号的质量会严重影响地图匹配结果：采样频率的降低、定位误差的加大、信号的丢失，都会使匹配的不准确性增加。这些情况在实际应用中经常出现。

根据考虑采样点的范围，可分成局部/增量算法、全局算法。

（1）局部/增量算法：该算法属于贪婪算法，每次确定一个匹配点，下个点从已经确定的匹配点开始。这些方法根据距离和方向相似性来找到局部最优点或边。

（2）全局算法：该算法的目标是要从路网中找到一条与采样轨迹最接近的匹配轨迹。为了测量采样轨迹和匹配轨迹的相似性，大多数算法使用

"Frechet 距离"或者是"弱 Frechet 距离",还有时空匹配算法、投票算法等。

根据轨迹数据的采样频率,现有的地图匹配算法可分成如下两类:

(1) 高频采样算法:包括所有局部算法、部分全局算法,如 Frechet 距离判别法等;

(2) 低频采样算法:包括 ST - matching 算法、IVVM 算法等,这类算法是一种全局算法,能综合几何信息 (GNSS 点与道路的距离)、道路拓扑信息 (最短路径)、道路属性信息 (每条道路的限速),具有精度高,稳定性好等优点。

道路匹配模块内部处理流程如图 4 - 39 所示。用户将匹配计算请求发送给软件后,先从数据库中检测是否已经有匹配结果,有则直接返回;若没有历史结果,则通过计算模块将位置数据和路网数据进行匹配运算;结果返回给用户,并保存到匹配结果库中。

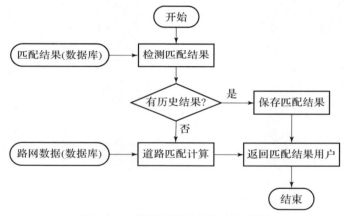

图 4 - 39　道路匹配内部处理流程图

4) 冲突检测模块

冲突检测模块主要面向动态性较高的军事应急场景,基于应急导航中增强服务节点接收的任务信息,包括时间、位置等,结合动态作战任务信息,进行空间冲突分析,以评估增强服务节点规划路径的安全性和实际可行性。

军事应急行动中包含大量的时间约束关系,如行动的先后次序、同步关系、时间期限等。为表达这些时间约束,为推演事件设计了两类时间对象:一类是时刻,可描述在瞬间发生的事件;另一类是时段,可描述具有一定持续时间的事件。用点代数和间隔代数表示事件中两类时间变量,两个事件的时间变量 T_1 和 T_2 之间的关系可表示为 $T_1\{R_1,R_2,\cdots,R_n\}T_2$。其中,$R$ 表示时间变量的关系,R 有 3 种基本类型。

（1）点点关系：即时间点与时间点关系。时间点变量之间的关系表达较简单，仅分为先、后和是否相等 3 种关系。

（2）段段关系：即时间段与时间段关系。段段关系的描述方法有 7 中基本关系，分别是前、相等、相遇、重叠、期间、开始、完成共 7 种。

（3）点段关系：即时间点与时间段关系。常见的 PI 关系包括：前、开始、期间、完成、之后共 5 种。

部署事件的空间关系，是由事件包含的实体和行动决定的。实体和行动都具有空间属性，如部署位置、机动路径、服务范围等，这些属性可用点、线、面、体等空间对象来表示。这些空间对象的关系表现为相离、相接、重叠、相等、包含、被包含共 6 种类型。其实现方式可通过空间分析中的叠加分析，叠加分析是 地理信息系统（Geographic Information System，GIS）的基本空间操作功能之一，是指通过矢量数据间的集合运算，产生新数据的过程。应用程序提供了对点、线、面类型数据集的叠加分析功能，如裁剪、合并、擦除、求交、同一、对称差、更新。叠加分析是通过对空间数据的加工或分析，提取用户需要的新的空间几何信息。图 4 - 40 介绍了图层布尔逻辑运算的性质与定律。

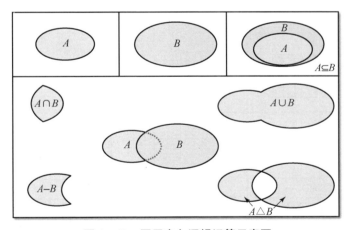

图 4 - 40　图层布尔逻辑运算示意图

其布尔逻辑运算涉及裁剪算子、合并算子、擦除算子、求交算子、同一算子、对称差算子、更新算子等，具体实现方式如下：

（1）裁剪是用裁剪数据集从被裁剪数据集中提取部分特征集合的运算。裁剪数据集中的多边形集合定义了裁剪区域，被裁剪数据集中凡是落在这些多边形区域外的特征都将被去除，而落在多边形区域内的特征要素都将被输出到结果数据集中，如图 4 - 41 所示。

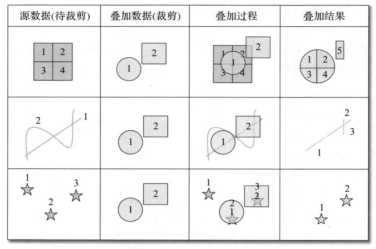

源数据(待裁剪)	叠加数据(裁剪)	叠加过程	叠加结果

图 4 – 41　剪裁算子示意图

（2）合并是求两个数据集并的运算。进行合并运算后，两个面数据集在相交处多边形被分割，重建拓扑关系，且两个数据集的几何和属性信息都被输出到结果数据集中，如图 4 – 42 所示。

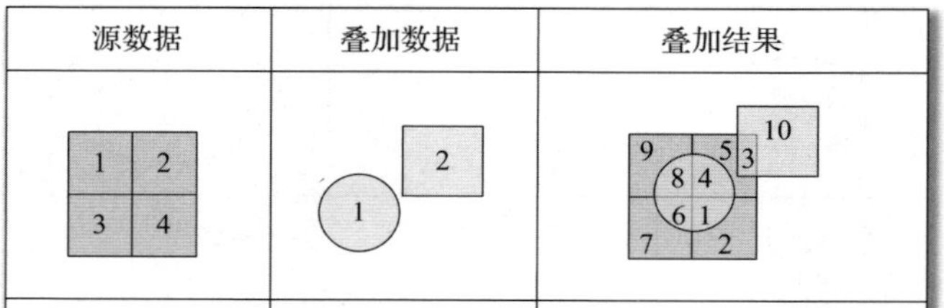

源数据	叠加数据	叠加结果

SmID	W	P
1	A	11
2	B	12
3	C	13
4	D	14

SmID	W	Q
1	E	21
2	F	22

SmID	P	Q	W_1	W_2
1	14	21	D	E
2	14		D	
3	13	22	C	F
4	13	21	C	E
5	13		C	
6	12	21	B	E
7	12		B	
8	11	21	A	E
9	11		A	
10		22		F

图 4 – 42　合并算子示意图

（3）擦除是用来擦除掉被擦除数据集中多边形相重合部分的操作。擦除数据集中的多边形集合定义了擦除区域，被擦除数据集中凡是落在这些多边形区域内的特征都将被去除，而落在多边形区域外的特征要素都将被输出到结果数据集中。擦除运算与裁剪运算原理相同，只是对源数据集中保留的内容不同，如图 4 – 43 所示。

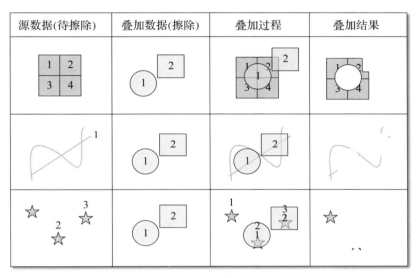

图 4 – 43　擦除算子示意图

（4）求交运算是求两个数据集的交集的操作。待求交数据集的特征对象在与交数据集中的多边形相交处被分割（点对象除外）。求交运算与裁剪运算得到的结果数据集的空间几何信息是相同的，但是裁剪运算不对属性表做任何处理，而求交运算可以让用户选择需要保留的属性字段，如图 4 – 44 所示。

（5）同一运算结果的图层范围与源数据集的图层范围相同，但包含来自叠加数据集图层的几何形状和属性数据。同一运算就是源数据集与叠加数据集先求交，然后求交结果再与源数据集求并的一个运算。如果第一个数据集为点数集，则新生成的数据集中保留第一个数据集的所有对象；如果第一个数据集为线数据集，则新生成的数据集中保留第一个数据集的所有对象，但是把与第二个数据集相交的对象在相交的地方打断；如果第一个数据集为面数据集，则结果数据集保留以源数据集为控制边界之内的所有多边形，并且把与第二个数据集相交的对象在相交的地方分割成多个对象，如图 4 – 45 所示。

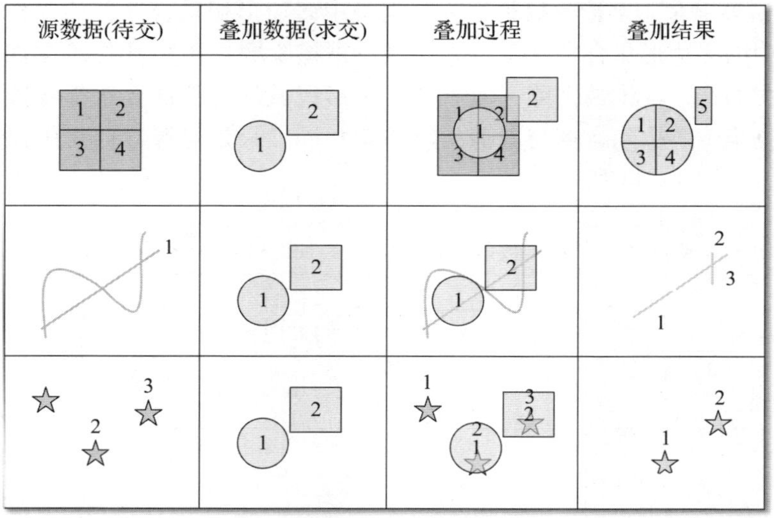

源数据(待交)	叠加数据(求交)	叠加过程	叠加结果

图4-44　求交算子示意图

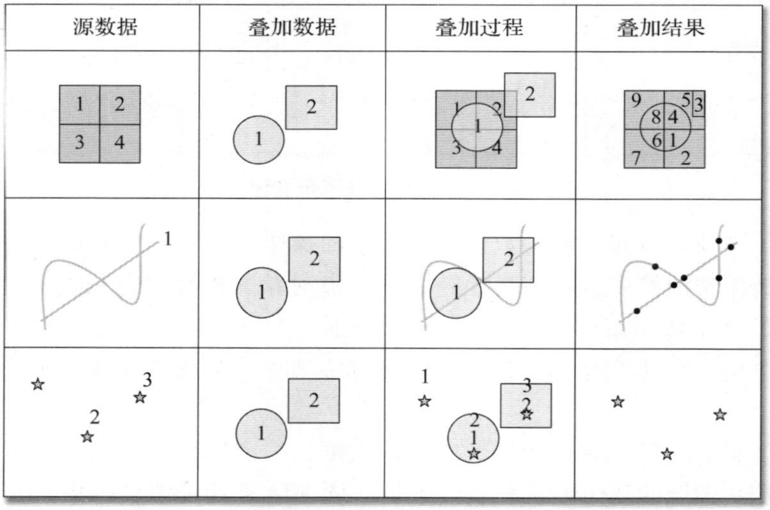

源数据	叠加数据	叠加过程	叠加结果

图4-45　同一算子示意图

（6）对称差运算是两个数据集的异或运算。操作的结果是，对于每一个面对象，去掉其与另一个数据集中的几何对象相交的部分，而保留剩下的部分，如图4-46所示。

（7）更新运算是用更新数据集替换与被更新数据集重合的部分，是一个先擦除后粘贴的过程。结果数据集中保留了更新数据集的几何形状和属性信息。

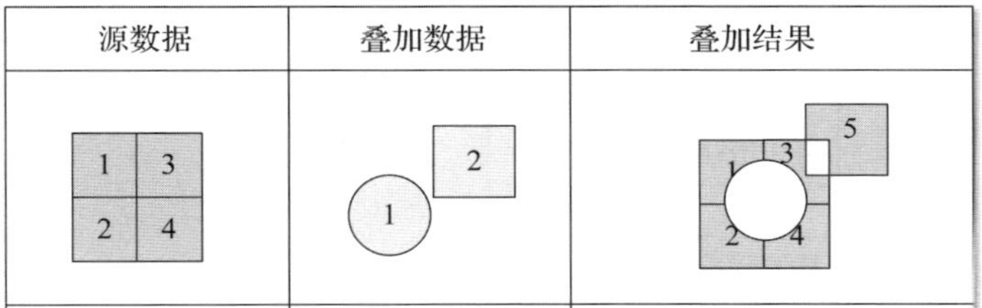

源数据	叠加数据	叠加结果

图中表格数据：

源数据：

SmID	W	P
1	A	11
2	B	12
3	C	13
4	D	14

叠加数据：

SmID	W	Q
1	E	21
2	F	22

叠加结果：

SmID	P	Q	W_1	W_2
1	11		A	
2	12		B	
3	13		C	
4	14		D	
5		22		F

图 4 – 46　对称差算子示意图

时空冲突检测模块的内部处理流程如图 4 – 47 所示，首先，平台将编制好的增强服务节点部署方案和作战方案中的任务、约束等信息发送给本模块后，模块对应急导航增强服务节点的时序、任务的时间约束以及有时间重叠的任务空间叠加等进行错误和冲突检测；在发现错误或冲突时，返回冲突信息给用户。

2. 应急导航增强服务节点综合管控服务

综合管控服务关注于对这些服务节点的实时监控和数据分析，以适应不断变化的环境和任务需求，从而最大化地提升应急响应的效率和效果。综合管控服务具体包括：位置监控、位置共享、轨迹查询和行程统计四个服务。

1）位置监控服务

位置监控模块主要实现服务平台对各个增强服务节点的实时位置监控功能。服务平台接收服务节点定时回传的位置、运动状态等信息，解析、处理并将最新数据保存至数据库和缓存中。通过服务平台，可以对服务节点的各类信息进行综合管理，还能够对目标服务节点的位置信息进行更新、编辑与删除等处理。

位置监控模块接收服务节点上传指定协议的数据，数据经过加密后，既保证了数据的保密性，防止用户的数据被窃取或泄露；同时保证数据的完整性，防止用户传输的数据被篡改，还可以使通信双方的身份确认，确保数据来源与合法的用户。其具体流程图如图 4 – 48 所示。

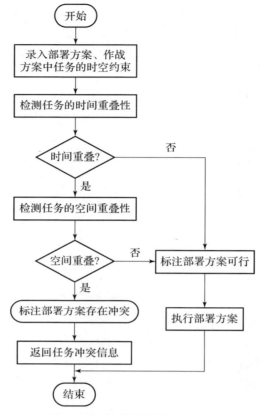

图 4 - 47　冲突检测内部流程图

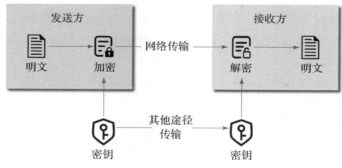

图 4 - 48　位置数据加密流程

　　位置监控模块密钥加密算法采用非对称加密算法，利用公钥和私钥两种不同的密码来进行加解密。公钥和私钥是成对存在，公钥是从私钥中提取产生公开给所有人的，如果使用公钥对数据进行加密，那么只有对应的私钥才能解密，反之亦然。非对称加密算法具有安全性高、算法强度复杂的优点，流程如图 4 –49 所示。

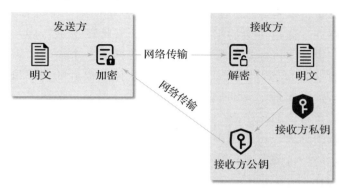

图 4 –49　非对称加密流程

位置监控模块解析加密的数据后，可以提供多类目标的实时位置、运动状态等进行监控，全程记录目标的位置信息和运动状态，支持特定类别目标监控，支持特定目标指定范围内监控，支持轨迹偏离等违反规则的异常告警。

位置监控软件提供多类目标的实时位置、运动状态等进行监控，全程记录目标的位置信息和运动状态，位置监控通过数据接收模块能够获取位置数据，并对其进行解析后，存入云数据库中进行管理。数据管理模块能够对云数据库中的位置数据进行增、删、改、查等操作，并能够在地图上进行可视化显示，流程图如图 4 –50 所示。

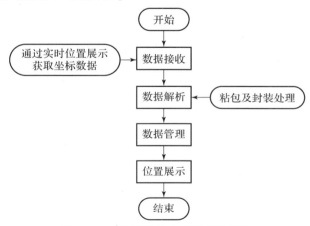

图 4 –50　位置监控内部处理流程图

与此同时，位置监控模块还可以基于用户实时高精度位置和高精度地图，提供增强服务节点的位置、运动状态等实时信息，实现对服务节点的位置、运动状态等实时信息的查询，并通过可视化页面呈现。用户通过服务接口获取当前时间内的实时位置点数据，并更新在地图上，通过地图控件，可以对更新的点数据进行聚合显示、隐藏或者突出显示等向用户进行展示。

实时位置展示通过传入的服务节点位置，在地图上进行展示，所要解决的问题是把一个空间目标集合按照专题内容转换为一个最能代表该集合主要空间特征的更抽象的空间目标集合，并符号化该抽象后的空间目标集合，以最有效的方式传输地理空间知识。点聚合或称点聚类，是地图综合展示中的一种方法，主要解决地图中点要素很多时候的表示困难的问题。点聚合可以用少量的点或图标来表示地图中的所有点，让地图显示更清晰明朗。其采用基于网格和距离结合的点聚合算法，步骤如下：

（1）将地图划分成指定尺寸的正方形（每个缩放级别不同尺寸），然后将落在对应格子中的点聚合到该正方形中（正方形的中心），最终一个正方形内只显示一个点，并且点上显示该聚合点所包含的原始点的数量，如图4-51所示。

图4-51　基于网格的点聚合算法结果

（2）根据点与点之间的距离进行聚合，对每个点进行迭代，若被迭代的点在某个已有聚合点的指定阈值的距离范围内，那么这个点就聚合到该点，否则新建一个聚合点，如此循环，但聚合后的点的坐标依然是该聚合点创建时的第一个点的坐标位置，如图4-52所示。

图4-52　基于网格的点聚合算法结果

（3）初始时没有任何已知聚合点，然后对每个点进行迭代，计算一个点的外包正方形，若此点的外包正方形与现有的聚合点的外包正方形不相交，则新建聚合点（区别于前面基于直接距离的算法，这里不是计算点与点间的距离，而是计算一个点的外包正方形，正方形的变长由用户指定或程序设置一个默认值），若相交，则把该点聚合到该聚合点中，若点与多个已知的聚合点的外包正方形相交，则计算该点到聚合点的距离，聚合到距离最近的聚合点中，如此循环，直到所有点都遍历完毕。每个缩放级别都重新遍历所有原始点要素，如图 4－53 所示。

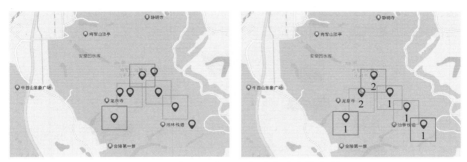

图 4－53 基于网格和距离结合的点聚合算法

实时位置展示界面获取到服务接口返回的位置信息后，开始为用户提供实时位置展示服务。在实时位置展示过程中，平台不断获取增强服务节点的位置信息，模块会根据服务节点的实时位置以地图展示给用户。实时位置展示软件首先通过用户输入起始时间，服务节点序号，获取当前时间内的实时位置点数据，通过地图控件，可以对更新的点数据进行聚合显示、隐藏或者突出显示等向用户进行展示，流程如图 4－54 所示。

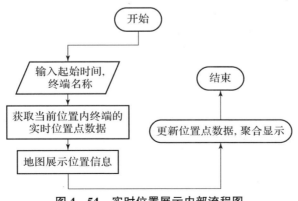

图 4－54 实时位置展示内部流程图

2）位置共享服务

位置共享模块可实现应急导航增强服务节点群组内成员位置信息的接收与发送，并对共享用户群组进行管理。设定参与位置共享的服务节点，增强服务节点提供自身位置，并分发至群组内参与位置共享的成员，群组内其他成员接收到该成员的位置信息之后即可在地图上交互显示详细的位置信息和用户自定义的信息（坐标信息、距离等）。

位置共享模块依赖于 GIS 服务中的空间处理功能，各个增强服务节点将当前实时的位置信息传到 GIS 服务的服务端，服务端在接收信息之后，将各个服务节点的位置坐标通过 GIS 服务标注技术在地图上进行打点标注，各节点之间可以查看彼此当前最新位置，如图 4 – 55 所示。

图 4 – 55　位置共享示意图

位置共享通过 WebSocket 技术,完成多方位置的即时通讯,如图 4 - 56 所示。WebSocket 是 HTML5 一种新的协议。它实现了浏览器与服务器通信,能更好地节省服务器资源和带宽并达到实时通信,它建立在 TCP 之上,同 HTTP 一样通过 TCP 来传输数据,但是它和 HTTP 最大的不同是:

(1) 首先,WebSocket 是一种双向通信协议,在建立连接后,WebSocket 服务器和 Browser/Client Agent 都能主动的向对方发送或接收数据,就像 Socket 一样。

(2) 其次,WebSocket 需要类似 TCP 的客户端和服务器端通过握手连接,连接成功后才能相互通信。

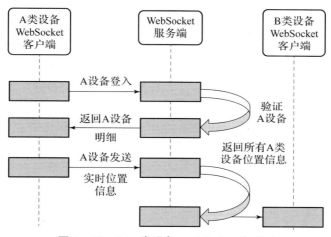

图 4 - 56　A/B 类设备 WebSocket 交互图

位置共享模块在用户登录成功后,设定参与位置共享的成员,成员的位置信息有两种获取方式:一是从增强服务节点拉取;二是从位置监控模块中获取,将该成员的实时位置分发给参与位置共享的成员后,所有参与共享的成员都能接收到该成员的位置信息,并能在地图上交互显示详细的位置信息和自定义信息。位置共享模块的内部处理流程如图 4 - 57 所示。

3) 轨迹查询服务

轨迹查询模块负责终端历史数据记录的查询,其前提是增强服务节点部署工作时的数据信息正常记录。对服务节点保存的位置信息进行错误数据剔除、数据抽稀以及基于“道格拉斯 - 普克法”的重采样等处理后,按照时间顺序在地图上打点画线形成轨迹,可以模拟终端行驶进行轨迹回放,同时支持回放轨迹的播放、暂停、重放、清除、改变回放速度等操作。

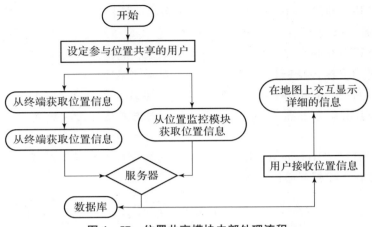

图 4-57 位置共享模块内部处理流程

轨迹回放模块的服务端功能主要是对采集到的数据进行管理、存储和使用，此外做到对明显错误数据剔除，如位置信息，在正常的轨迹数据中出现的异常偏移数据可以做到自动剔除，结合速度和报警状态判断数据是否异常进而决定是否保留数据，提高报警的准确性。终端返回的数据量较为庞大，考虑到客户端性能可以对轨迹数据进行点抽稀，即对象重采样，由用户指定增强服务节点编号和起止时间进行非重要数据抽稀，非重要数据是指不包含特殊状态信息和报警信息，仅仅起到历史轨迹记录的数据。数据的筛选是在不影响整体轨迹显示效果的前提下，对这些位置数据进行抽稀，可指定抽稀时间间隔，如每3s取一条位置数据等。

对象重采样是指对线几何对象或者面几何对象的边界线进行重采样，根据一定的规则去掉几何对象上一些的节点，同时，尽量保持几何对象的形状。本模块基于常用于针对矢量数据集中的线状对象的重采样方法，使用"光栏法"和"道格拉斯－普克法"来实现抽稀功能。

（1）首先，使用光栏法进行抽稀。下面以图4-58所示的有6个节点的折线为例来说明光栏法的计算过程：

图 4-58 光栏法原理示意图（初始状态）

①如图4-59（a）所示，在节点2处做线段12的垂线，在垂线上选择距离节点2点为"重采样距离m"的A、B两点，分别连接节点1和A、B两点并继续延伸形成重采样区域（左图中的三角形区域），判断节点3是否在该区域内。如果在该区域内，则删除节点2；否则保留。由于节点3在重采样区域内，所以节点2被删除，折线变成图4-59（b）所示的形状。

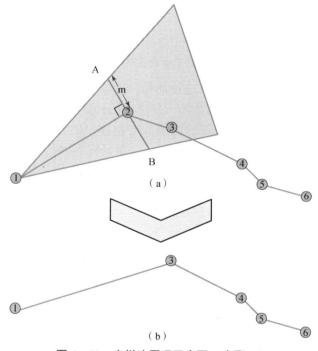

（a）

（b）

图4-59　光栅法原理示意图（步骤一）

②然后，按照步骤1中的方法判断节点3。如图4-60所示，得知节点4不在重采样区域内（三角形覆盖区域），因此节点3被保留。

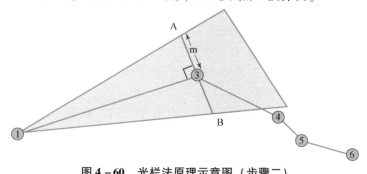

图4-60　光栅法原理示意图（步骤二）

③随后，继续对剩余节点进行判断。最终，得到如图 4-61 所示的重采样结果。

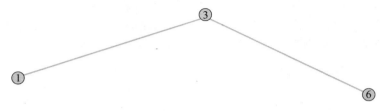

图 4-61　光栏法原理示意图（步骤三）

（2）使用道格拉斯-普克法进行抽稀，下面仍然使用光栏法中所用的有 6 个节点的折线为例来说明道格拉斯-普克法的计算过程：

①如图 4-62 所示，将折线的首尾节点相连，得到一条连线，其他节点到这条线的距离的最大值为 d，如果 $d > m$（重采样容限），则 d 所对应的节点保留，并以该节点为分界点，将原线对象划分为两部分，分别继续使用该方法进行重采样，直到所有划分出来的线都不能再进行重采样（即仅包含两个节点）；否则所有中间节点均被删除。

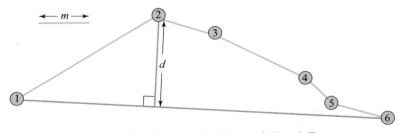

图 4-62　道格拉斯-普克法原理示意图（步骤一）

图 4-62 中，显然有 $d > m$，因此，节点 2 保留，原线对象划分为两部分，分别包含节点 1、2 和 2、3、4、5、6。

②如图 4-63（a）所示，由节点 1、2 构成的线不能再简化。对由节点 2、3、4、5、6 构成的线重复上一步骤，由于 $d < m$，因此节点 2 和 6 之间的节点均被删除，剩余节点 2 和 6，因此不能再继续简化，从而得到图 4-63（b）所示的重采样最终结果。

用户在客户端收到平台返回的轨迹点数据之后，在客户端对点数据在地图上进行渲染绘制，根据时间顺序进行线段连接，行程完整的历史轨迹数据，如图 4-64 所示。此时客户端收到的点数据已经是经过纠错处理、抽稀处理的数据，减轻了客户端的负荷，降低了对客户端性能的要求。

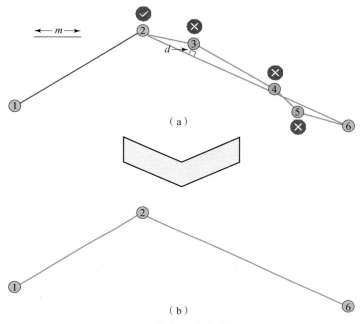

（a）

（b）

图 4 - 63　道格拉斯 - 普克法原理示意图

图 4 - 64　轨迹查询效果图

历史轨迹完成绘制后可采用辅助图标对终端的历史状态进行重现，根据时间轴顺序回放所有历史数据，展示终端的历史状态。在播放中提供播放速度控制功能，做到加速播放、减速播放、暂停、停止、重播、轨迹清除等功能。

轨迹查询模块获取到用户的查询请求，根据用户输入的查询参数，包括增强服务节点号，起止时间等信息，查找该时间段内服务节点的所有位置信息。对查询到的位置信息点进行异常数据剔除，数据量大的进行抽稀处理。最后将处理后的位置点数据返回，并在地图上形成轨迹，流程如图 4 – 65 所示。

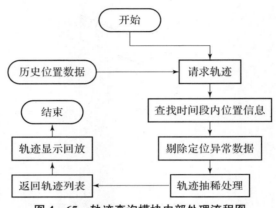

图 4 – 65　轨迹查询模块内部处理流程图

4）行程统计服务

行程统计模块提供对应急导航增强服务节点行程的管理和统计功能。行程管理为用户提供对任务行程的增删改查等管理工作。用户能够通过接口，自定义时间跨度查询行程的统计结果，平台根据用户给定跨度的不同，返回不同时间粒度的统计结果，避免了长跨度时间内统计的高数据库占用和高延迟等问题。

行程统计模块分为行程管理和行程统计，前者是对行程的规划管理以及指定详细行程方案，后者是对任务行程执行情况的监督记录。行程管理根据每一次部署任务的详情对任务执行制定详情的行程：开始时间地点、执行路线、详细步骤、重要节点、可预见困难、人员以及设备的消耗、异常情况的出现、整体耗时、结束的时间和地点，此外提供了对行程编辑即对原始行程的修改，每一项内容的增删改查等基本功能。行程统计是每一个服务节点部署行程的执行情况的记录。在行程实施的实际过程中详细确切的记录每一项内容，如重要的时间节点、意外突发情况、实际路线等，基于时间线对整个行程进行记录存档，有利于事后对原始规划和实际执行情况进行对比，不断优化行程计划。

行程统计能将结果以图表的形式进行展示。统计图表，是利用点、线、面、体等绘制成几何图形，以表示各种数量间的关系及其变动情况的工具。通过图表对数据进行可视化，可以帮助洞察数据的关系、分布、类别、趋势和模式。统计图表具有形象具体、简明生动、通俗易懂、一目了然等特征。

行程统计支持将行程进行统计后，将结果数据集属性信息图形化，可创建不同形式的统计图表。通过图表的构建能够直观的展示和挖掘数据的关系、结构和趋势等。常用以做分类统计或比较，如可用柱状图表直观展示一次任务中行驶的总里程的差异；还可用于统计事件发生的频次分布。例如：服务节点的违规报警情况，判断其在任务中的执行程度。支持图表、地图、属性表间的联动显示，多种可视化的交互操作，使得在同一时间能够看到不同图表的展示效果，根据不同的数据情况调整图表形式，以获得满意的统计图表，并且支持图表与专题图之间的直接转换，可快速的通过不同的方式展示数据信息。图表包括柱状图、饼状图、线形图、圆环图、直方图等多种类型。

行程统计界面获取到平台服务接口的指令后，为用户提供具体增强服务节点部署行程的管理和信息统计服务。行程统计模块可对其行程的起止时间、预计时间、耗能情况、中途异常等信息进行记录，用户可以在行程中对行程信息进行调整修改等。用户能够自定义时间跨度对行程信息进行整合统计，平台根据时间跨度的不同，返回不同时间粒度的统计结果，流程如图 4 - 66 所示。

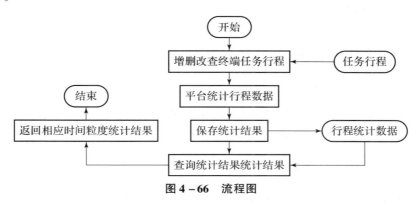

图 4 - 66　流程图

第 5 章
应急导航增强系统应用侧

应急导航增强应用侧由不同类型的应急导航增强终端组成，通过接收服务侧播发的精度增强产品或可用性增强产品，实现在应急场景下的高精度、高可用定位。根据载体平台的不同可分为手持终端、车载终端、船载终端、机载终端等，根据应用场景的不同，可分为精度增强终端及可用性增强终端。

5.1 终端基本组成

应急导航增强终端是应急导航增强系统的一个重要组成部分，主要应用于军事领域作战单位应急定位、民生领域的应急搜救等。该终端不仅实现了导航定位和短报文通信的功能，而且还具备无线通信以及指示、监测、提示等功能，完成与应急导航增强系统平台信息的交互，满足军事和民生方面的应急需求。

5.1.1 终端功能指标

在不可预见的紧急情况下，如自然灾害、安全事故或意外事件中，可靠的导航和定位服务对于确保人员安全、优化救援行动和提高响应效率至关重要。因此，应急导航增强终端的设计必须考虑到在这些高压和复杂环境中的稳定性和功能性。应急导航增强终端不仅需要提供精确的定位信息，还应该具备与其他救援系统和设备进行有效通信的能力。对应急导航增强终端功能需求的介绍如下。

高精度定位：在紧急情况下，终端需要提供精确的定位信息，以便快速确定用户位置。水平定位精度和高程定位精度达到 10m 以内；测速精度误差最大允许为 0.1m/s。

多模式导航：终端应支持多种导航模式，包括 GPS、GLONASS、Galileo 和北斗等，确保在全球任何地方都能提供服务。

抗干扰：终端应能在干扰环境中保持对卫星信号的稳定接收，如通过高性能的射频前端和优化的信号处理算法来抑制干扰；在数据解算过程中，终端能够识别并排除干扰数据，保证定位结果的准确性。

快速响应：终端应能够迅速启动并在几秒内提供定位数据，以便及时响应紧急情况。信号的首捕时间控制在 32s 以内；失锁重捕时间不超过 1s。

通信能力：除了定位功能外，终端还应具备与其他设备或指挥中心通信的能力，以便实现定位增强产品的接收和救援行动的协调。常用的通信手段包括短报文、专用电台、Wi-Fi 等。

用户界面：终端应有一个简单直观的用户界面，使非专业人员也能在紧急情况下快速使用。

电源管理：终端应具备长时间的电池续航能力（续航时间在 5h 以上），支持续航时间预测功能并在低电量时提供必要的警示。

软件更新：终端应支持远程软件更新，以便于在紧急情况下快速部署最新的导航算法和安全特性。

环境适应性：终端设计应考虑到各种环境条件，如极端天气、城市峡谷或室内环境，确保在这些条件下也能正常工作。工作温度为 -40℃ ~ +55℃，储存温度为 -40℃ ~ +65℃。

耐用性：终端应结构坚固，能够承受跌落、冲击和恶劣环境，平均故障时间在 3000h 以上。

集成性：支持标准通用串行总线（Universal Serial Bus，USB）接口和蓝牙透传，终端应能够方便地与其他救援设备（如医疗监测设备、通信电台）集成，提供综合的救援解决方案。

5.1.2　终端总体架构

应急导航增强终端是一种高度集成的装置，主要由三个关键组成部分组成：天线单元、主机和电源。天线单元是终端的"耳朵"和"嘴巴"，负责接收和发射无线电信号，包括 GNSS 信号、应急导航增强节点信号及短报文信号等。主机是应急导航增强终端的"大脑"，负责处理和管理来自不同功能模块的数据，进而产生准确的位置、速度和时间信息。主机的核心是一块主控模块，它协同其他 9 个具体的功能模块：射频模块、基带处理模块、通信模块、数据处理模块、电源管理模块、存储模块、人机交互模块、外设控制模块以及接口控制模块，共同实现诸如定位解算、无线通信、外接控制等功能。电源是终端的"心脏"，与电源管理模块一起负责确保在应急场景下整个终端系统能持续、稳定地获得电力供给，终端总体架构示意图如图5-1所示。

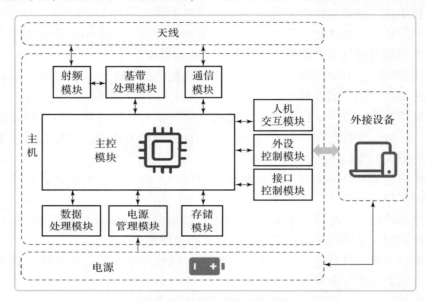

图5-1 终端总体架构示意图

首先，天线接收无线信号后，信号会被送入射频模块，在这里信号会经历初步处理，包括放大、滤波和混频等步骤。随后，经过初步处理的信号会被传递到基带处理模块，在该模块中，信号会被捕获、跟踪并解调，从而提取出基本的观测信息和导航增强信息。接下来，这些提取的信息会被发送到专门的数据处理模块，在这里，根据不同的导航需求（如需要高精度还是高可用性的定位），会选择相应的定位算法来生成最终的定位结果。最后，这个定位结果会被存储在存储模块中，或者被传送到外部设备上做进一步分析或实时显示。

5.1.3 终端模块设计

1. 天线设计

应急导航增强终端的天线设计是一个重要的环节，因为天线的性能直接影响到信号的接收质量，进而影响到终端的定位精度和可靠性。以下是天线设计的一些主要思路。

1）工作频段选择

终端的频段越宽，能够接收到的 GNSS 信号越多，拥有以下优势：①提高定位精度：不同的卫星导航系统提供了更多的卫星，这意味着接收机能同时跟踪更多的卫星信号。更多的可用卫星可以改善几何分布，从而提高定位精度；②增强可靠性：多系统兼容意味着即便其中一个系统的卫星信号受到干扰或者暂时不可用，终端仍可以从其他系统获取足够的信号来继续提供定位服务，增加了定位的可靠性和鲁棒性；③改善服务可用性：在某些地理区域，某个导航系统可能因为卫星星座布局的原因而信号较弱或者不可用。多系统接收机可以在一个系统信号不佳的情况下，利用另一个系统继续提供服务，尤其是在城市峡谷或山区等复杂环境中；④缩短首次定位时间：当接收机开启时，它可以更快地从多个系统中收集到足够多的卫星信号来确定位置，从而缩短了首次定位所需的时间。⑤增强抗干扰能力：多个导航系统的信号可以互相补充，使得在面对故意或非故意干扰时，终端仍能保持一定程度上的工作能力。

根据以上分析，应急导航增强终端的天线需要覆盖尽可能多的频段，如 GPS L1/L2/L5、GLONASS L1/L2、Galileo E1/E5a/E5b 等。在终端设计中，可以使用多模多频天线。这种天线能够接收多个 GNSS 信号，包括北斗、GPS、GLONASS 等，覆盖 L1、L2、L5 等多个频段，确保在各种环境下都能接收到足够的卫星信号以提供定位服务。

2）天线类型选择

根据应用环境选择合适的天线类型是设计应急导航增强终端的关键之一。在应急导航领域，天线的选择直接关系到信号接收的质量，进而影响到定位的准确性。以下是一些常见天线类型的介绍及其适用场景。

（1）螺旋天线：螺旋天线具有全向接收的特点，能够在三维空间内均匀接收信号。此外，它们对于圆极化信号有着良好的匹配特性，这使得它们非常适合接收 GNSS 信号，因为大多数卫星信号都是右旋圆极化。螺旋天线特别适用于需要全方位信号覆盖的情况，如车载导航系统、便携式设备以及在复杂地形中的应用。由于其结构简单且易于集成，螺旋天线在应急导航设备中较为常见。

（2）微带贴片天线：微带贴片天线体积小巧、重量轻，可以方便地集成到设备内部。它们通常具有窄带特性，但在设计时可以优化为宽带天线。此外，微带贴片天线可以根据需要设计成不同的辐射模式，如全向或定向。这类天线非常适合用于需要紧凑设计的应用场合，如智能手机、可穿戴设备以及其他需要嵌入式解决方案的小型电子设备。它们还可以用于无人机、小型飞行器等移动设备上，以实现精确的定位和导航。

（3）环形天线：环形天线（又称为磁环天线或环状天线）具有较好的方向性，并且对垂直于环面的入射电磁波有较高的接收效率。这种类型的天线可以在某些情况下提供更好的信号强度。环形天线适用于那些对特定方向上的信号接收有较高要求的应用，如固定基站、特定区域内的定位系统或者是需要优化某一方向信号接收的应用。

除了上述三种常见的天线类型之外，还有其他一些天线形式也被应用于应急导航设备中，如偶极子天线、平面倒 F 天线、印制线天线等，每一种都有其独特的优势和局限性。对于追求小型化和灵活化的应急导航增强终端而言，微带贴片天线和平面倒 F 天线可能是最为合适的选择。这两种天线不仅体积小巧、重量轻，而且便于集成到设备内部，可以灵活地适应不同的设备设计需求。此外，它们也可以根据具体的应用环境进行定制，以优化性能。

3）北斗短报文能力

北斗短报文通信是北斗卫星导航系统的一项特色服务，允许用户在没有地面通信网络覆盖的情况下，通过卫星链路发送和接收简短的消息。这项服务在应急救援、海上作业、野外探险等场景中尤为重要，因为它提供了在极端环境下的一种可靠的通信手段。为了支持北斗系统的短报文通信（Radio Determination Satellite Service，RDSS），应急导航增强终端确实需要配备专门设计的 RDSS 天线。RDSS 天线专门设计用于支持北斗系统的有源定位和通信服务，包括短报文通信。这种天线能够支持北斗系统的 RDSS 功能，实现定位和通信的一体化。

4）多路径抑制能力

为了增强应急导航增强终端的多路径抑制能力，需要选择一种能够有效减少多路径效应影响的天线。多路径效应是在接收端接收到直接信号的同时，还接收到经反射、折射等途径到达的信号，导致定位误差。因此，选择合适的天线设计可以显著提高定位精度。几种有助于减少多路径效应的天线类型及其特点如下。

（1）多波束天线：多波束天线通过形成多个波束来指向不同的方向，从而可以更好地分离直接路径信号和反射路径信号。该天线特别适用于需要在复杂环境中提高定位精度的应用。

（2）自适应天线：自适应天线可以根据接收到的信号情况动态调整天线的增益和相位，从而抑制不需要的信号路径。自适应天线适用于需要在动态变化的环境中提高定位精度的应用。

（3）多极化天线：多极化天线（如双极化天线）可以通过同时接收垂直

和水平极化信号，或者圆极化信号，来减少多路径干扰。多极化天线适用于需要在不同极化条件下改善信号质量的应用。

（4）天线阵列：天线阵列是由多个单一天线组成的，可以通过数字信号处理技术来合成一个具有方向性的合成天线。天线阵列适用于需要在特定方向上增强信号接收能力，同时抑制来自其他方向的多路径信号的应用。

（5）智能天线：智能天线通过软件控制，能够根据信号环境的变化调整天线的特性，以减少多路径效应。智能天线适用于需要在各种复杂环境中动态调整接收性能的应用。

（6）特殊结构设计天线：有些天线通过特殊的物理结构设计来减少多路径效应，如使用反射板、导流板等来改变信号传播路径。这类天线适用于需要通过物理手段来改善信号接收质量的应用。

（7）一体化天线：一体化天线将多个功能整合在一起，通过优化设计来减少多路径效应。一体化天线适用于需要紧凑设计且希望在有限空间内实现高性能的应用。

在选择抗多径影响天线时，需要根据应急导航增强终端的实际应用场景来决定最适合的天线类型。例如：如果终端主要用于城市环境中的导航，那么可以选择多波束天线或天线阵列，因为城市中的建筑物会造成严重的多路径效应。如果终端用于野外探险或海上航行，可能更适合使用多极化天线或智能天线，因为这些环境下的反射源较少，但信号传播条件可能更为复杂。如果从应急导航增强终端需要尽可能小型化，那么可以选择一体化天线或特殊结构设计的天线，以在有限的空间内实现多路径抑制。

在应急导航增强终端天线设计中，可以根据以上四点思路进行天线选择，通过不同类型天线的组合确保应急导航增强终端在执行任务时能够在各种复杂环境中保持稳定的定位和通信能力，尤其是在紧急情况下，这些功能对于保障人员安全和提高救援效率至关重要。

2. 主机设计

应急导航增强终端的主机设计是一个复杂的工程任务，涉及硬件、软件以及系统集成等多个方面。主机作为终端的核心部分，负责信号处理、数据计算、无线通信、用户交互等功能。下面是主机各个模块的设计思路：

1）主控模块

主控模块是北斗导航终端的核心部分，负责处理信号接收、数据计算、系统控制等关键任务。为了设计一个高效的主控模块，需要从硬件选择、软件架构、性能优化等多个方面进行综合考虑。主控模块设计的一些关键点如下。

（1）硬件设计包括中央处理器、内存与存储等两项基本内容。

①中央处理器（Central Processing Unit，CPU）有较高性能要求，需要选择具有足够计算能力的处理器，能够支持 GNSS 信号处理、定位算法计算、数据管理和用户交互等功能。同时，还需选择低功耗的处理器，特别是在便携式或电池供电的设备中，以延长设备的续航时间。此外，集成度也是一个需要考虑的因素，需要选择带有集成外设（如 USB 控制器）的处理器，以减少外围器件的数量，简化设计。

②内存与存储设计：在内存（Random Access Memory，RAM）方面，需要选择足够容量的 RAM，用于运行时数据存储和程序执行。此外，还需要足够的存储空间，以用于存储操作系统、应用程序、地图数据等。

（2）软件设计包括操作系统、驱动程序以及中间件的设计。

①操作系统设计：终端操作系统一般采用嵌入式操作系统，需要选择适合嵌入式应用的操作系统。在实时性方面，如果应用需要实时响应，应选择实时操作系统。

②驱动程序设计：包括硬件驱动和标准化接口设计。其中，硬件驱动包括开发或集成针对各种基础硬件或外设（如传感器、显示器等）的驱动程序。标准化接口需要使用标准化的（Application Programming Interface，API）接口，便于驱动程序的开发和维护。

③中间件设计：包括通信中间件和数据处理中间件。其中，通信中间件用于实现不同模块间的通信协议，如消息队列、事件驱动等。数据处理中间件用于处理和存储来自各个传感器的数据，提供统一的数据接口。

基于以上几点考虑，以下是几款适合应急导航增强终端的主控模块，这些模块在市场上具有较高的认可度，并且广泛应用于各类嵌入式系统中。

（1）NXP i. MX 8M Mini 系列：在性能方面，NXP i. MX 8M Mini 系列处理器集成了高性能的四核 Cortex – A53 CPU 和一个 Cortex – M4 内核，适合需要高性能计算的应用场景。在集成度方面，其支持多种接口（如 USB、千兆以太网等），并且集成了丰富的多媒体处理能力。此外，NXP i. MX 8M Mini 系列处理器还具有低功耗特性，适合电池供电的应用。因此，其适合需要多媒体处理能力的导航终端，如车载导航设备或具有视频显示功能的终端。

（2）STM32MP1 系列：在性能方面，STM32MP1 系列拥有双核 Cortex – A7 CPU 加上一个 Cortex – M4 内核，提供了良好的性能与功耗平衡。在集成度方面，其集成了丰富的外设接口，如 USB、以太网等，并且支持多种操作系统。在功耗方面，同样具备低功耗设计，适合便携式或电池供电的设备，适合需要良好功耗性能平衡的应用，如便携式导航设备或物联网终端。

（3）ESP32 – S2 系列芯片：在性能方面，ESP32 – S2 是一款具有双核 Xtensa LX6 微处理器的微控制器，支持无线通信功能，适合需要无线通信的应用。在集成度方面：其集成了多种外设接口，并且支持多种开发工具。ESP32 – S2 具有低功耗模式，适合电池供电设备，适合需要集成无线通信功能的应急导航增强终端，可用于物联网设备、位置追踪和导航等多种应用场景。

2）射频模块

射频前端作为应急导航增强终端与外界交换信息的重要组成部分，不仅负责信号的下变频处理，还负责滤除各种杂波信号，确保信号的纯净度。在射频前端的设计中，首先使用带通滤波器来滤除天线接收到的信号中的带外噪声，然后通过低噪声放大器增强信号并降低系统的噪声系数。镜像滤波器用于防止在混频过程中产生的镜像频率信号干扰中频信号。接下来，本振信号与经过镜像滤波后的信号进行混频，通过带通滤波器去除不需要的高频成分，完成信号的下变频。这一过程可能需要多次混频和滤波，以确保信号的准确性和稳定性。最后，中频模拟信号通过模数转换器转换为数字信号，为后续的基带处理模块信号处理提供基础，导航终端射频前端结构如图 5 – 2 所示。

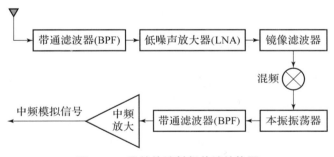

图 5 – 2　导航终端射频前端结构图

3）基带处理模块

基带处理模块负责对接收到的射频信号进行解调、解码，并生成最终定位解算所需的基本观测量信息。信号捕获是卫星导航接收机在复杂电磁环境中识别和锁定卫星及应急导航增强节点信号的关键步骤，它涉及从背景噪声中提取有用的信号，并初步估计信号的码相位和多普勒频偏，以便将信号引导至精确的跟踪阶段。信号捕获算法主要分为串行和并行两种策略：串行捕获逐个处理信号，而并行捕获则通过傅里叶变换将信号从时域转换到频域，利用频域乘法替代时域的相关运算，从而显著提高运算效率。在信号成功捕获后，跟踪阶段通过码跟踪和载波跟踪确保本地生成的信号与接收到的卫星信号同步，从而分离出用于导航的扩频码和导航电文。基带信号处理模块对这些信号进行解算，提取出用于定位的关键观测量，并将这些数据发送至数据处理模块进行定位解算。

　　为了兼容卫星信号和应急导航增强节点信号的处理需求，应急导航增强终端可装备一种高效率的基带处理单元。这一单元采用了并行多通道分路选择技术和双模式捕获技术，形成了一个综合的基带芯片架构。通过这一架构，多路基带相关器通道能够共享两套 FFT/IFFT 模块，这不仅实现了硬件资源的集中利用和节省，还减少了基带单元占用的空间。如图 5－3 所示，系统框图展示了多通道并行处理方法的架构设计。

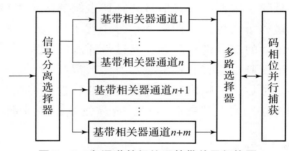

图 5－3　多通道并行处理基带单元架构图

　　如图 5－4 所示，基带处理单元由多个关键组件构成，它们协同工作以实现对卫星信号和应急导航增强节点信号的高效处理。这些组件包括信号分离选择器、基带相关器通道、本地时钟单元、跟踪处理单元、电文处理单元以及外部接口。信号分离选择器负责接收射频单元处理后的导航电文信息，并根据信号的功率范围将其分离为卫星信号和应急导航增强节点信号，然后分别发送到对应的基带相关器通道。基带相关器通道包含 m 路应急导航增强节点信号通道和 n 路卫星信号通道，它们与本地时钟单元、跟踪处理单元和电文处理单元相连接。本地时钟单元提供系统时间信息，通过与电文信息中的时标信号对比来校准本地时钟。跟踪处理单元负责检索、锁定和跟踪指定信号，收集应急导航增强节点工作状态信息和原始导航电文数据，并将这些数据传输至电文处理单元。电文处理单元进一步处理这些数据，提取出星历、历书、系统时钟修正参数和电离层时延模型参数等关键信息。处理后的观测值信息通过外部接口传输至数据处理模块，以进行定位解算。

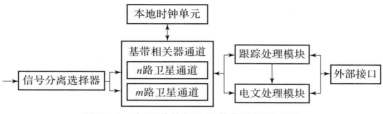

图 5 - 4　多通道并行处理基带单元组成图

4）通信模块

应急导航增强终端的通信模块设计需要集成多种通信技术，以确保在不同场景下能够提供可靠的通信能力，保障差分定位信息以及短报文信息的顺利发送和接收。下面详细介绍应急导航增强终端通信模块的设计思路，特别是需要包含短报文通信、无线通信、蓝牙以及第四代（Fourth Generation，4G）、第五代（Fifth Generation，5G）通信能力。

（1）短报文通信功能：支持北斗卫星系统的短报文通信功能，允许在无地面网络覆盖的情况下发送和接收简短消息。设计要点如下。

①专用芯片：选择支持北斗短报文通信的专用芯片或模块。

②天线设计：配备专用的 RDSS 天线，确保信号接收和发送的可靠性。

③协议栈：实现完整的北斗短报文通信协议栈，包括信号捕获、跟踪、解调和解码。

（2）WiFi 通信功能：支持 IEEE 802.11 标准，实现设备之间的无线局域网通信。设计要点如下：

①芯片选择：选择支持 802.11ac 或 802.11ax 的无线通信芯片，以确保高速率传输。

②天线设计：设计合适的无线通信天线，以确保信号覆盖范围和强度。

③协议栈：实现完整的无线通信协议栈，包括认证、加密等功能。

（3）蓝牙通信功能：支持蓝牙 4.0 及以上版本，实现与周边辅助设备的无线通信和便捷数据传输，设计要点如下。

①芯片选择：选择支持蓝牙 5.0 或更高版本的蓝牙芯片，以利用低功耗和高速传输特性。

②天线设计：设计合适的蓝牙天线，确保信号覆盖范围和强度。

③协议栈：实现完整的蓝牙协议栈，包括配对、数据传输等功能。

（4）4G/5G 通信功能：支持 4G LTE 和 5G NR 网络，实现高速数据传输。设计要点如下。

①芯片选择：选择支持 4G/5G 的通信芯片，如高通 X55/X60、联发科

M70 等。

②天线设计：设计多频段天线，确保在不同频段上的信号接收和发送性能。

③协议栈：实现完整的 4G/5G 协议栈，包括信令处理、数据传输等功能。

④SIM 卡支持：提供 SIM 卡插槽或 eSIM 支持，以便接入运营商网络。

5）数据处理模块

数据处理模块是应急导航增强终端的一个重要组成部分，其主要职责是基于基带处理模块生成的观测值，根据接收机的服务模式（高精度增强或高可用增强），调用不同的定位算法生成定位结果。

在高精度增强模式下，数据处理模块利用从应急增强导航节点播发的差分数据信息，结合位置差分、伪距差分或载波相位差分等算法来计算终端的位置信息。在 5.2 节中将详细介绍相关高精度增强定位算法。这种模式下，模块通过接收并处理来自增强导航节点的差分改正数，显著提高定位精度。具体来说，载波相位差分能够提供亚米级甚至厘米级的定位精度，这对于需要高精度定位的应用场景非常重要。

在高可用增强模式下，数据处理模块不仅可以接收卫星信号，还同时接收应急增强导航节点播发的类卫星信号，通过融合这两种信号或者在卫星不可见的情况下独立使用应急导航增强节点播发的类卫星信号信息，利用诸如伪距定位或载波相位定位算法来计算终端的位置信息。这种模式旨在提高定位的可用性和连续性，即使在卫星信号受到干扰或部分遮挡的情况下，也能提供可靠的定位服务。

通过上述两种模式的灵活切换，数据处理模块能够根据不同应用场景的需求，提供高精度或高可用性的定位结果。无论是需要高精度定位的军事应用，还是需要高可用性定位的抢险救灾场景，数据处理模块都能够确保应急导航增强终端在各种复杂环境下的性能表现，提供可靠且精准的定位服务。这种灵活性使得应急导航增强终端可以在多种不同的使用条件下发挥最佳性能，满足用户的不同需求。

6）电源管理模块

应急导航增强终端的电源管理模块需要确保在不同工作环境下（甚至是极端温度环境下）提供稳定可靠的电力支持。电源管理模块的设计要点如下。

（1）电源转换与稳压设计，包含如下两项内容。

①直流 – 直流（Direct Current to Direct Current，DC – DC）转换器：使用高效的 DC – DC 转换器将电池电压转换为系统所需的电压，如 3.3V 或 5V，并确保在负载变化时能够迅速响应，保持输出电压稳定。

②低压降稳压器（Low – dropout Regulator，LDO）：对于需要更稳定电压

的模块，可以使用 LDO 进行稳压处理，确保关键电路的稳定供电。

（2）电源状态监控与管理，包含电量检测、故障检测和日志记录三项基本要素。

①电量监测：实时监测电池电量、电压、温度等参数，提供低电量警告和电池健康状态报告。

②故障检测：检测电源系统中的故障，如短路、开路等，并采取相应的保护措施。

③日志记录：记录电源状态和故障信息，便于后期诊断和维护。

（3）环境适应性设计包括温度补偿和热管理两项内容。

①温度补偿：设计温度补偿电路，确保在不同温度下电池的充放电效率。

②热管理：实现热管理功能，通过散热设计或加热元件确保电池在低温下正常工作。

7）存储模块

应急导航终端的存储模块设计需要确保数据的安全性、可靠性和易访问性，同时考虑到存储容量、读写速度以及耐用性等因素。应急导航终端存储模块设计的基本思路如下。

（1）存储介质选择：应急导航终端的存储模块设计中，选择耐用且具有较高读写速度的闪存作为主要存储介质，常见的类型包括嵌入式多媒体卡和通用闪存存储，其中嵌入式多媒体卡适用于需要较大存储空间的应用，具有较高的性价比，而通用闪存存储适用于需要高速读写的高性能应用，提供更快的数据传输速度；易失性存储方面，采用动态随机存取存储器作为临时存储和缓存使用。

（2）存储容量规划：存储容量规划包括系统分区、用户数据分区和缓存分区：系统分区用于存放操作系统、固件等系统文件，通常占用较小的空间；用户数据分区用于存储用户数据、导航记录、地图信息等，根据实际需求选择合适的容量；缓存分区用于暂存频繁访问的数据，以提高系统的响应速度。

（3）数据保护与可靠性：数据保护与可靠性设计包括使用错误检查与纠正（Error Correction Code，ECC）技术对存储数据进行错误检测和纠正，提高数据的可靠性；实现磨损均衡算法，确保所有存储单元均匀使用，避免某些区域过度磨损导致的寿命缩短；对于需要高可靠性的应用，可以考虑使用独立磁盘冗余阵列（Redundant Array of Independent Disks，RAID）技术提供数据冗余和容错能力。

8）人机交互模块

应急导航终端的人机交互模块设计需要支持多种交互方式，包括触摸屏和键盘输入等功能，以确保用户能够直观、高效地与设备进行交互。具体的设计思路如下。

（1）触摸屏：导航终端的触摸屏设计需选择高灵敏度的电容式触摸屏，支持多点触控以提供流畅的操作体验，并采用具有高防护等级的屏幕材质如康宁大猩猩玻璃以提高耐用性和抗划伤能力；显示技术方面，根据设备需求选择液晶显示器或有源矩阵有机发光二极体（Active Matrix Organic Light Emitting Diode，AMOLED）屏幕，其中 AMOLED 屏幕具有更高的对比度和更鲜艳的颜色表现，同时选择高清分辨率如高清（720p）、全高清（1080p）或更高以提供清晰细腻的显示效果；用户界面设计采用直观易懂的图标和按钮简化用户操作流程，并支持多点触控操作以实现缩放、拖拽等手势控制。

（2）键盘输入：导航终端的键盘输入设计包括紧凑型的物理键盘，以便于手持设备使用并提供快速的文本输入，且在暗光环境下配备背光功能，方便用户在夜间或昏暗环境中使用；此外，还在触摸屏上提供虚拟键盘，支持多种输入方式如拼音、手写等，并集成智能输入法，支持自动补全和纠错功能，以提高输入效率。

9）外设控制模块

应急导航终端的外设控制模块需具备自动识别连接外设类型（如传感器模块等）的能力，并支持对外设进行配置管理，包括设置参数和更新固件；此外，该模块需支持多种通信接口（如 USB、蓝牙、无线通信）和通信协议（如蓝牙等），实现高效的数据传输机制。模块还应支持远程控制和自动化控制功能，并具备状态监控能力，包括提供外设状态反馈信息和异常检测功能。

在硬件设计方面，需根据外设种类选择合适的接口类型，并注重信号完整性；软件设计方面，需开发驱动程序、设计中间件层并提供标准化 API 接口；用户界面设计方面，需提供直观的图形化界面和状态指示信息；安全性方面，需实施权限管理和数据加密机制；兼容性和可扩展性方面，需进行广泛兼容性测试并采用模块化设计方法。

10）接口控制模块

应急导航终端的接口控制模块负责管理和控制终端与外部设备之间的数据传输及设备控制功能，具体包括以下几个方面。

（1）数据传输：接口控制模块负责将导航接收机获取的卫星信号数据传输到外部设备，如计算机或其他数据处理系统。这包括通过各种通信接口，如以太网接口、串行接口等，实现数据的输出和存储，确保数据能够高效、可靠地传输至目标系统。

（2）设备控制：该模块还涉及对导航接收机的控制功能，包括远程配置、诊断和定位跟踪等功能。通过这些功能，可以提高设备管理效率，使用户能够远程管理和监控接收机的状态和性能。

（3）通信协议支持：接口控制模块支持多种通信协议，以确保接收机可以与不同的外部系统和设备进行有效通信。例如，支持美国国家海洋电子协会（National Marine Electronics Association，NMEA）0183 消息输出等多种数据格式，使得接收机能够灵活地与其他系统进行数据交换，从而增强整体系统的互操作性和灵活性。

3. 电源设计

应急导航终端的电源设计需要综合考虑为主机提供长时间稳定的电力供给、给临时需要供电的外接设备提供短时便捷的电力供给，以及在外接设备电力充足的情况下，优先使用外部电源。电源设计的基本思路如下。

电池类型需选择适用于极端温度条件的电池，如锂聚合物电池或磷酸铁锂电池，这些电池具有较宽的工作温度范围；电池容量应根据主机的功耗需求来确定，确保在不充电的情况下能够长时间运行。在应急导航终端的电池设计中，计算总功率是非常重要的一步，因为它直接影响到电池的选择、容量大小以及整个系统的能耗管理。

需要计算其主要模块的平均功耗，这包括但不限于：主控模块（主要涉及 CPU 和内存的功耗）、射频模块（包括信号接收和发射产生的功耗）、基带处理模块（主要涉及信号处理与数据计算所需的功耗）、数据处理模块（主要为定位解算所需的功耗）、通信模块（主要包括蓝牙、4G/5G 等通信子模块的功耗）、显示模块（主要为屏幕显示所需的功耗）、传感器模块（如加速度计和陀螺仪的功耗等），以及其他外设（如按键和指示灯产生的功耗等）。

具体而言，电源设计的 5 个步骤如下。

（1）估算各个模块的平均功耗：对于每个模块，需要估算其平均功耗。这可以通过查阅数据手册、实验室测试或仿真等方式获得。

（2）计算总平均功耗：将上述各模块的平均功耗相加，得到总的平均功耗为

$$P_{total} = P_{主控} + P_{射频} + P_{基带} + P_{数据} + P_{通信} + P_{显示} + P_{传感器} + P_{外设} \quad (5.1)$$

（3）考虑峰值功耗：除了平均功耗之外，还需要考虑峰值功耗，尤其是在某些模块需要高功率输出的时候。例如，射频模块在发射信号时可能会消耗更高的功率。假设平均总功耗为 900mW，射频模块在发射时的最大功耗为 1W（1000mW），则有

$$P_{\text{peak}} = P_{\text{total}} + P_{\text{射频最大}} = 900\,\text{mW} + 1000\,\text{mW} = 1900\,\text{mW} \qquad (5.2)$$

（4）确定电池容量：根据总平均功耗和预期的工作时间来确定电池容量。例如，如果希望应急导航终端能在不充电的情况下连续工作 10h，则有

$$C_{\text{battery}} = P_{\text{total}} \times T_{\text{operation}} = 900\,\text{mW} \times 10\,\text{h} = 9000\,\text{mAh} \qquad (5.3)$$

需要注意的是，这里的计算假设电池的放电效率为 100%，实际上电池的放电效率通常低于 100%，因此实际所需的电池容量可能需要增加一定的裕量。

（5）考虑电池的放电效率：实际应用中，电池的放电效率通常为 80% ~ 90%，因此需要将计算得到的容量适当放大，有

$$C_{\text{battery\_actual}} = \frac{C_{\text{battery}}}{\eta} \qquad (5.4)$$

假设放电效率为 85%，则有

$$C_{\text{battery\_actual}} = \frac{9000\,\text{mAh}}{0.85} \approx 10588\,\text{mAh} \qquad (5.5)$$

此外，还需选用具备过充、过放和短路保护功能的电池管理，以确保电池的安全使用。

（1）电源路径管理：电源路径管理需设计智能切换功能，通过电源路径管理电路确保系统能够在不同电源输入的情况下自动选择优先使用外部电源供电；同时，实现自动切换功能，当外部电源断开时，系统能够无缝切换回电池供电，以保证设备的持续运行。

（2）双向充电支持：双向充电功能需使用支持电源传输（Power Delivery，PD）协议的 USB Type – C 接口，实现双向充电，并设计过流保护、过压保护、欠压保护等保护电路，确保充电安全；此外，还需实现智能充电控制算法，根据电池状态和外部电源情况自动调整充电模式（如快充、慢充等），并在外接设备电力充足时自动切换为外部电源供电，并为应急导航增强终端充电。

5.2　精度增强应用终端定位算法

精度增强应用终端通常由 GNSS 天线、高精度定位板卡、微处理器、电源等部件组成，与普通的卫星导航定位终端相比，其最大的区别在于其能够接收定位增强产品以实现差分定位，从而将定位精度提升至实时厘米级或后处理毫米级。因此，其采用内置差分定位算法的高精度定位板卡而非普通定位板卡，同时内置通信模块或借助外部系统中的通信设备以实现精度增强产品

的请求和接收。

全球导航卫星导航系统观测误差影响中，电离层延迟的误差、卫星星历的误差、对流层延迟的误差是空间强相关，而卫星时钟的误差是时间强相关，因此如果相隔一定距离的两个位置同时观测同一颗卫星，那么从这两个位置获得的观测值被认为包含相关的误差。如果把其中一个站设置为基准站，而且精确坐标已知，将该站实时观测的数据发送到应用终端，此时应用终端同时接收和处理分别来自两个位置的观测数据，因而便可消除一些相关的共同误差的影响。

按照差分校正目标量的不同，差分技术可以分为位置差分、伪距差分与载波相位差分。位置差分的原理很简单，但要求两个终端必须至少采用同一种定位算法和同一套卫星测量值组合，定位精度相对较低；载波相位差分实现方法非常复杂困难，但定位精度是最高的，可以达到厘米级；伪距差分定位精度处于前两者之间，能满足日常生活的需要，相对来说比较容易实现。下面主要对这三种差分定位技术进行详细介绍。

5.2.1　位置差分

位置差分定位技术相对比较简单，增强服务节点在接收到卫星信号后，由于存在多种测量误差，增强服务节点解算出来的位置坐标值与已知的真实坐标值是不同的，存在一个误差值，将两者作差得到这个误差值。这个误差值也就是差分校正量，增强服务节点将这个差分校正量播发给用户终端，用户终端也解算出了位置坐标，利用差分校正量来校正这个位置坐标值，最后得到校正后的定位坐标值。

增强服务节点已知的真实坐标值是事先经过精密定位的，真实坐标值为真实坐标值为(x_0, y_0, z_0)，增强服务节点测量解算后的坐标值为(x, y, z)，因此差分校正量$(\Delta x, \Delta y, \Delta z)$中的坐标值可分别表示为

$$\begin{cases} \Delta x = x - x_0 \\ \Delta y = y - y_0 \\ \Delta z = z - z_0 \end{cases} \tag{5.6}$$

用户终端定位解算后的位置坐标为(x_u, y_u, z_u)，用户终端接收到增强服务节点的差分校正值后对其进行校正，校正后的位置坐标为(x_c, y_c, z_c)，因此校正后的坐标值可表示为

$$\begin{cases} x_c = x_u + \Delta x \\ y_c = y_u + \Delta y \\ z_c = z_u + \Delta z \end{cases} \tag{5.7}$$

如果需要考虑用户位置的瞬时变化，则可表示为

$$
\begin{cases}
x_c = x_u + \Delta x + \dfrac{\mathrm{d}\Delta x}{\mathrm{d}t}(t - t_0) \\[2mm]
y_c = y_u + \Delta y + \dfrac{\mathrm{d}\Delta x}{\mathrm{d}t}(t - t_0) \\[2mm]
z_c = z_u + \Delta z + \dfrac{\mathrm{d}\Delta x}{\mathrm{d}t}(t - t_0)
\end{cases} \tag{5.8}
$$

用户终端与增强服务节点的共同误差，在经过位置差分校正后的用户位置坐标中已经被消去了，如星历误差、卫星钟差和大气误差等，提高了定位精度。没有经过差分校正，即单点的定位精度一般为 3~5m 左右，位置差分定位一般能提供 2m 左右的定位精度，范围在 100km 以内。

位置差分定位技术算法简单，数据量小，比较容易实现，但是定位精度不高，并且要求增强服务节点与用户终端必须使用同一套卫星测量组合和同一种定位算法，这在实际中也是比较困难的。

5.2.2　伪距差分

伪距差分在当前应用的最多最广泛。由于增强服务节点的坐标是已经精确知道的，所以可以根据增强服务节点的坐标和卫星的坐标求出增强服务节点与卫星的真实几何距离，然后将真实几何距离减去增强服务节点测出的伪距测量值，就可以得到伪距差分校正值。增强服务节点通过通信链路将伪距差分校正值播发给用户终端，用户终端就可以利用伪距差分校正值来校正测量的伪距测量值，最后用户终端得到校正后的伪距。

假设某颗卫星在某时刻的地心地固坐标是 $(x^{(i)}, y^{(i)}, z^{(i)})$，增强服务节点的坐标是 (x_r, y_r, z_r)，那么该增强服务节点到该卫星的几何距离为

$$
r_r^{(i)} = \sqrt{(x^{(i)} - x_r)^2 + (y^{(i)} - y_r)^2 + (z^{(i)} - z_r)^2} \tag{5.9}
$$

根据伪距测量方程可知，增强服务节点的伪距测量值 $\rho_r^{(i)}$ 为

$$
\rho_r^{(i)} = r_r^{(i)} + \delta t_r - \delta t^{(i)} + I_r^{(i)} + T_r^{(i)} + \varepsilon_{\rho,r}^{(i)} \tag{5.10}
$$

式中：δt_r 为增强服务节点的钟差；$\delta t^{(i)}$ 为卫星钟差；$I_r^{(i)}$ 为电离层延时；$T_r^{(i)}$ 为对流层延时；$\varepsilon_{\rho,r}^{(i)}$ 为终端噪声。

因为增强服务节点 r 到卫星 i 的几何距离 $r_r^{(i)}$ 是可以计算出来的，伪距测量值 $\rho_r^{(i)}$ 也是可以测量计算出来的，为了使终端可以算出准确时间，把增强服务节点估计的 δt_r 加入到修正值中，所以增强服务节点 r 关于卫星 i 的伪距差分校正量 $\Delta\rho_c^{(i)}$ 表示为

$$\Delta \rho_c^{(i)} = r_r^{(i)} - \rho_r^{(i)} + \delta t_r \tag{5.11}$$

假设用户终端对卫星 i 的伪距测量值为 $\rho_u^{(i)}$，其中包含了卫星钟差、星历误差和大气延时误差等，为了消除这些误差，用户终端可以把伪距差分校正量 $\Delta \rho_c^{(i)}$ 加到自身的伪距测量值上，可表示为

$$\rho_{u,c}^{(i)} = \rho_u^{(i)} + \Delta \rho_c^{(i)} \tag{5.12}$$

用户终端的伪距测量值 $\rho_u^{(i)}$ 也可表示成为

$$\rho_u^{(i)} = r_u^{(i)} + \delta t_u - \delta t^{(i)} + I_u^{(i)} + T_u^{(i)} + \varepsilon_{\rho,u}^{(i)} \tag{5.13}$$

将卫星钟差、电离层延时和对流层延时消除后，用户终端噪声为

$$\varepsilon_{\rho,ur}^{(i)} = \varepsilon_{\rho,u}^{(i)} - \varepsilon_{\rho,r}^{(i)} \tag{5.14}$$

那么用户终端经过伪距差分校正后的伪距可表示为

$$\rho_{u,c}^{(i)} = r_u^{(i)} + \delta t_u + \varepsilon_{\rho,ur}^{(i)} \tag{5.15}$$

伪距差分定位与位置差分定位相似，在短基线情况下，都可以将增强服务节点与用户终端的公共误差消除，但是随着距离的增大，其效果变低，定位精度下降。对于短基线伪距差分，定位精度一般能达到 1m 左右。

5.2.3 载波相位差分

伪距差分通常只能达到米级的定位精度，而载波相位差分法在理想情况下定位精度能达到厘米级，对于高精度定位而言，载波相位差分法应用较多。其基本原理在于通过引入波长更短的载波信号进行卫星与用户终端间的距离测量，得到更小量测误差的测量结果，并通过差分的方法消除卫星间和用户终端间共有的误差。根据用户终端和增强服务节点之间观测量的差分次数可以将载波相位差分模型分为单差模型、双差模型和三差模型。

1. 单差载波相位观测模型

设 r 为增强服务节点，u 为精度增强应用终端，单差载波相位模型如图 5 - 5 所示。

单差载波相位观测模型如图 5 - 5 所示，地面的两个观测站同时对一个卫星的载波相位进行监测，然后将观测量作差消去误差。设两站同时观测的卫星为 i，则增强服务节点和用户终端的载波相位观测值分别为 $\phi_r^{(i)}$ 和 $\phi_u^{(i)}$，即

$$\phi_u^{(i)} = \lambda^{-1}(r_u^{(i)} - I_u^{(i)} + T_u^{(i)}) + f(\delta t_u - \delta t^i) + N_u^{(i)} + \varepsilon_{\phi,u}^{(i)} \tag{5.16}$$

$$\phi_r^{(i)} = \lambda^{-1}(r_r^{(i)} - I_r^{(i)} + T_r^{(i)}) + f(\delta t_r - \delta t^i) + N_r^{(i)} + \varepsilon_{\phi,r}^{(i)} \tag{5.17}$$

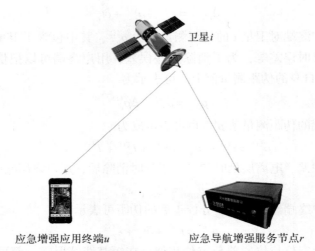

应急增强应用终端u   应急导航增强服务节点r

图 5-5　单差载波相位模型

式中：$r_r^{(i)}$ 为卫星 i 与增强服务节点 r 之间的几何距离；$r_r^{(i)}$ 为卫星 i 与用户终端 r 之间的几何距离；$I_u^{(i)}$ 和 $T_u^{(i)}$ 分别为卫星 i 发出的电磁波信号到达精度增强应用终端时的电离层延时和对流层延时；$I_r^{(i)}$ 和 $T_r^{(i)}$ 分别为卫星 i 发出的电磁波信号到达增强服务节点时的电离层延时和对流层延时；δt_u 为用户终端与 GPS 时间的钟差；δt_r 为增强服务节点与 GPS 时间的钟差；δt^i 为卫星原子钟和 GPS 时间的钟差；$N_u^{(i)}$ 为精度增强应用终端监测卫星 i 的整周模糊度；载波频率为 f。根据波长、光速和频率的关系可得

$$\lambda = \frac{1}{f} \cdot c \tag{5.18}$$

将精度增强应用终端的载波相位观测量减去增强服务节点的观测量，可以得到 $\phi_{ur}^{(i)}$，载波相位测量值的差值，有

$$\phi_{ur}^{(i)} = \phi_u^{(i)} - \phi_r^{(i)} \tag{5.19}$$

结合式（5.16）、式（5.17）和式（5.19），可得

$$\phi_{ur}^{(i)} = \lambda^{-1}(r_{ur}^{(i)} - I_{ur}^{(i)} - T_{ur}^{(i)}) + f\delta t_{ur} + N_{ur}^{(i)} + \varepsilon_{\phi,ur}^{(i)} \tag{5.20}$$

式中：$r_{ur}^{(i)}$、$N_{ur}^{(i)}$、$\varepsilon_{ur}^{(i)}$ 分别为

$$\begin{cases} r_{ur}^{(i)} = r_u^{(i)} - r_r^{(i)} \\ N_{ur}^{(i)} = N_u^{(i)} - N_r^{(i)} \\ \varepsilon_{ur}^{(i)} = \varepsilon_u^{(i)} - \varepsilon_r^{(i)} \end{cases} \tag{5.21}$$

式中：δt_{ur}、$I_{ur}^{(i)}$ 和 $T_{ur}^{(i)}$ 的含义参照式（5.21）的解析方式即可。从式（5.21）可以看出，只要求解出整周模糊度，就可以根据式（5.20）得出没有未知量的

高精度距离测量值。按照上面的公式，对于用户终端和增强服务节点的观测量进行差分后，因观测的是同一卫星，卫星钟差的影响将被完全消除，但是单差的测量噪声有所增长，变为作差前观测量的 $\sqrt{2}$ 倍。用户终端的钟差难以通过单差系统消除，需要双差载波相位差分定位系统才可以消除。只有将载波相位单差观测值得误差控制下厘米级以内，才能将最终的定位精度提高到厘米级别。

载波相位差分定位系统中用户终端一般不会距离增强服务节点太远（太远精度会下降），这种情况下，用户终端和增强服务节点接收到的载波信号经过电离层时的延时基本相同。当两者的海拔高度差别不大时，对流层对用户终端和增强服务节点接收信号的延时程度也基本相同。这样，$I_{ur}^{(i)}$ 和 $T_{ur}^{(i)}$ 都约等于零，对于用户终端和增强服务节点距离在一定范围内的系统，式（5.20）可以进一步简化为

$$\phi_{ur}^{(i)} = \lambda^{-1} r_{ur}^{(i)} + f\delta t_{ur} + N_{ur}^{(i)} + \varepsilon_{\phi,ur}^{(i)} \tag{5.22}$$

星历误差未在上式中体现，因为在单差载波相位观测模型中已经被消掉。在多数地区，可以观测到大于等于 4 颗的卫星，通过最小二乘法即可得出用户终端相对于增强服务节点的相对坐标，如果整周模糊度未得出，可以通过持续观测，得出超过位置个数的方程来求出所有未知数。

2. 双差载波相位观测模型

双在载波相位观测模型是在单差观测模型的基础上，同时检测两个卫星的载波信号，同时对精度增强应用终端 – 增强服务节点之间和卫星 i 和卫星 j 之间作差，这样的话，可以得到两次差分的结果，相比于单差模型，可以进一步消去用户终端和增强服务节点的钟差，双差观测模型的示意图如图 5 – 6 所示。

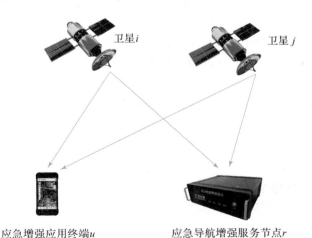

卫星 i　　　　　　　卫星 j

应急增强应用终端 u　　　　应急导航增强服务节点 r

图 5 – 6　双差载波相位观测模型

用户终端和增强服务节点要同时对卫星 i 和卫星 j 进行观测，在 5.2.3 节中，给出了单差载波相位观测模型的公式，同理，对另一卫星 j 的单差载波相位观测量为

$$\phi_{ur}^{(j)} = \lambda^{-1} r_{uu'}^{(j)} + f\delta t_{ur} + N_{ur}^{(j)} + \varepsilon_{\phi.ur}^{(j)} \tag{5.23}$$

在式（5.22）和式（5.23）的基础上，对卫星 i 和卫星 j 的观测结果再次进行差分，可以得到消去终端钟差的双差差分结果观测量：

$$\Delta\phi_{ur}^{(j)} = \phi_{ur}^{(i)} - \phi_{ur}^{(j)} \tag{5.24}$$

将式（5.22）和式（5.23）代入式（5.24），差分后可得双差载波相位观测型的观测量表达式：

$$\Delta\phi_{ur}^{(j)} = \lambda^{-1} r_{ur}^{(ij)} + N_{ur}^{(ij)} + \varepsilon_{\phi.ur}^{(ij)} \tag{5.25}$$

式中：

$$r_{ur}^{(ij)} = r_{ur}^{(i)} - r_{ur}^{(j)} \tag{5.26}$$

式中：$N_{ur}^{(i)}$ 和 $\varepsilon_{\phi,ur}^{(ij)}$ 的得出方式参照式（5.26）。通过以上步骤可以看出，双差载波相位观测模型在原理上类似于单差载波相位观测模型，只是通过再次作差减少了方程中的未知参数数量，使解算更加方便，同时进一步减小了误差项影响。尤其是，通过对比式（5.22）和式（5.25），可以发现，双差观测模型可以直接消去精度增强应用终端和增强服务节点钟差的影响，同时，可以消去电磁波传输路径上的误差。但这些并不表示随着差分层数的增多，定位效果会越来越好。差分层数的增加，也会带来观测量噪声 $\varepsilon_{\phi,ur}^{(i)}$ 的方差增大，双差模型的观测量噪声是单差模型的观测量噪声的 $\sqrt{2}$ 倍，且双差模型的观测值之间存在一定的相关性，也会降低解算的精度。

除上述双差模型的描述以外，也可以更换其他单差观测量来建立双差模型，如先建立星历之间的单差模型，然后在两次观测周期的结果上再差分来建立双差观测模型，但是一般都是基于式（5.25）的方式建立双差模型，结果上更准确。在双差模型的解算过程中，如果选取的卫星 i 和卫星 j 都在天顶方向，观测量之间的高相关性会直接影响最终的定位精度。为了减弱相关性的影响，可以尽可能多的同时监测多个卫星的数据，然后综合选取相对位置较远，且尽量远离用户终端天顶方向的卫星数据进行差分定位。此外，通过采用最小二乘加权的方式，也可以在一定程度上提高定位精度。

3. 三差载波相位观测模型

三差载波相位观测模型是在双差载波相位观测模型的基础上，再次对不同历元时刻的观测量进行差分，这样就可以在应急导航增强服务节点之间、卫星 i 卫星 j 和历元之间各差分一次，形成三差观测模型，如图 5-7 所示。

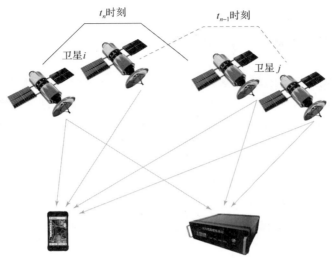

应急增强应用终端u   应急导航增强服务节点r

图 5 - 7　三差载波相位观测模型

如图 5 - 7 所示，双差载波相位观测模型在 t_{n-1} 时的差分观测结果为 $\phi_{ur,n}^{(ij)}$，在 t_n 时的差分观测结果为 $\phi_{ur,n+1}^{(ij)}$，对 t_{n-1} 时刻和 t_n 时刻的双差观测结果再作差，可得

$$\Delta\phi_{ur,n}^{(ij)} = \phi_{ur,n}^{(ij)} - \phi_{ur,n+1}^{(ij)} \tag{5.27}$$

结合式（5.25）和式（5.27），可得三差载波相位观测量的计算公式：

$$\Delta\phi_{ur,n}^{(ij)} = \lambda^{-1}\Delta r_{ur,n}^{(ij)} + \Delta\varepsilon_{\phi,ur,n}^{(ij)} \tag{5.28}$$

式中：$\Delta r_{ur,n}^{(ij)}$ 和 $\Delta\varepsilon_{\phi,ur,n}^{(ij)}$ 的含义为双差观测量结果在 t_n 时刻和 t_{n-1} 时刻的差值。在三差载波相位观测量的计算公式中可以看出，在三差模型中，进一步消去了整周模糊度参数，参数进一步简明。但是测量噪声 $\Delta\varepsilon_{\phi,ur,n}^{(ij)}$，会变得更大，而且观测参数并不是越少越好，过少的观测参数会使精度因子变差，最终的定位精度效果并不会稳定提高，所以在实际应用中，三差载波相位观测模型反而不如双差载波相位观测模型普遍。表 5 - 1 为总结的三种不同次数的差分模型及优劣特点。一般情况下，载波相位差分定位精度可以达到厘米级。

表 5 - 1　载波相位差分模型特点表

模型	方法	优势
单差	站间求差	消除卫星钟差和星历误差
双差	站间、星间求差	消除卫星钟差、星历误差和应用终端钟差
三差	站间、星间、历元间求差	消除卫星钟差、星历误差、应用终端钟差和整周模糊度

5.3 可用性增强应用终端定位算法

可用性增强应用终端通常可连接 GNSS 兼容天线（可兼容接收 GPS，GLONASS，BeiDou，Galileo 信号）接收来自两类节点播发的导航增强信号以及 GNSS 的信号。在卫星导航系统可用时，其直接接收卫星导航系统信号进行定位；在其可用性较低时（小于 4 颗可见卫星），可将应急导航增强节点与 GNSS 系统卫星进行融合定位；当无法接收到 GNSS 信号时，可通过接收应急导航增强系统两类服务节点发出的信号进行定位，提升持续导航定位能力，其定位原理与卫星导航定位原理类似，可基于伪距和载波相位进行独立定位。因而，下面将从独立定位算法与融合定位算法两个方面描述可用性增强应用终端的定位方法。

5.3.1 独立定位算法

独立定位模式是指在没有 GNSS 信号的情况下，利用地面部署的应急导航增强节点来提供导航定位服务的技术。这种模式下，应急导航增强节点发送导航信号，应急导航增强终端通过接收这些信号来计算与增强节点之间的距离，从而确定自身位置。独立定位模式适用于 GNSS 信号被遮挡或受限的环境，如室内、隧道或地下建筑等，能够提供精确的定位服务，增强应急导航系统的可用性和可靠性。

应急导航增强节点独立定位模式下，可用性增强应用终端的信号处理基本流程如下。

（1）信号采集：通过终端配置的天线，对增强节点信号进行接收和采集；

（2）信号预处理：对采集的原始信号进行预处理，包括滤波、放大、降噪和远近效应消除，以提高信号质量和可靠性；

（3）信号解调：将接收到的调制信号进行解调，还原出原始的数字信号；

（4）数据处理和解析：对解调后的数字信号进行处理，包括信号处理算法的应用、数据解码、误码纠正等操作，然后对处理后的数据进行解析，提取有用信息，如增强节点位置、时间等数据；

（5）定位解算：首先利用加权精度因子进行定位节点的选择，然后基于选取增强节点提供的信息，结合定位算法（如基于载波相位差值的定位方法）计算终端的位置。

1. 独立定位原理

到达时间（Time of Arrival，TOA）技术是基于信号传播时间来确定位置的方法。在导航领域，它通过测量信号从发射器到接收器的传播时间来实现定位。这种方法被称为基于到达时间的定位技术。在二维空间中，为了准确定位，至少需要三个发射源来确定接收器的位置，因为接收器的位置将是三个圆的共同交点。而在三维空间中，至少需要四个发射源来定位，此时接收器的位置将是四个或更多球体的交点。简而言之，通过 TOA 技术，接收器的位置可以通过多个发射源的时间差信息来确定，如图 5－8 所示。

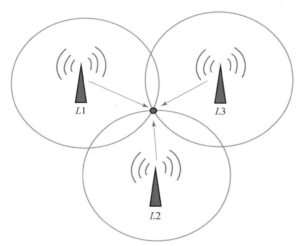

图 5－8　TOA 方法示意图

　　假设应急导航增强节点 i 到达应急导航增强终端 u 的几何距离为 R^i，其中 i 分别为 $L1$，$L2$，$L3$，则 R^i 可以表示为

$$R^i = \sqrt{(x_u - x^i)^2 + (y_u - y^i)^2} \tag{5.29}$$

式中：(x_u, y_u) 为终端 u 的坐标；(x^i, y^i) 为节点 i 的坐标。如果导航信号从节点 i 到终端 u 之间伪距表示为 ρ_u^i，则有

$$\rho_u^i = (t_u - t^i) \cdot c \tag{5.30}$$

式中：t_u 为终端 u 接收信号的时刻；t^i 为节点 i 发射信号的时刻；c 为光速。

　　当传输过程不存在任何误差，且每个发射机和接收机精确时间同步时，则有

$$\rho_u^i = R^i = \sqrt{(x_u - x^i)^2 + (y_u - y^i)^2} \tag{5.31}$$

　　应急导航增强节点的定位系统在信号传输过程中，TOA 与几何距离并不相同，TOA 面临多径、时间同步、对流层传输等误差。因此，测量方程可修改为

$$\rho_u^i \approx R^i + \varepsilon_u^i \approx \sqrt{(x_u - x^i)^2 + (y_u - y^i)^2} + \varepsilon_u^i \tag{5.32}$$

到达时间差（Time Difference of Arrival，TDOA）技术是通过比较接收机接收到来自两个基站的导航信号的时间差来确定接收机的位置。这种方法可以视为在空间中寻找双曲线的交点，因此也被称作双曲线定位法。在二维空间定位中，需要构建至少两个双曲线方程来确定接收机的位置。而在三维空间中，则需要构建三个以上的双曲线方程。简而言之，通过测量信号到达的时间差，可以利用双曲线的交点来定位接收机，如图5-9所示。

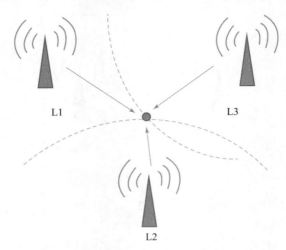

图 5-9　TDOA 方法示意图

TDOA 解算方程可以表示为

$$\begin{cases} \rho_u^2 - \rho_u^1 = \sqrt{(x_u - x^2)^2 + (y_u - y^2)^2} - \sqrt{(x_u - x^1)^2 + (y_u - y^1)^2} + \varepsilon_u^{21} \\ \rho_u^3 - \rho_u^1 = \sqrt{(x_u - x^3)^2 + (y_u - y^3)^2} - \sqrt{(x_u - x^1)^2 + (y_u - y^1)^2} + \varepsilon_u^{31} \end{cases} \tag{5.33}$$

式（5.33）可以认为是应急导航增强节点的星间差分测量方程，它可以消除接收机时钟误差和一些相关误差的影响。

2. 关键技术

可用性增强与精度增强都主要考虑到远近效应方面的影响。其中，精度增强是从发射端考虑，如从信号体制波形角度，而可用性增强则是从接收端考虑减小远近效应的影响，如从硬件角度和接收角度考虑，接下来将从这几个角度讨论可用性增强应用终端的关键技术。

1）基于串行干扰抵消的抗远近效应接收算法

陆基导航远近效应的本质是伪码间互相关干扰，这是一类在 CDMA 扩频系统中普遍存在的多址干扰问题，但是陆基导航抗远近效应方法与 CDMA 通信系统抗远近效应方法有着较大的区别。CDMA 通信系统采用双工通信，可以通过功率控制机制，使所有信号到达接收端时具有相同的功率电平，并力求该功率电平不随时间变化，这种解决远近效应的方法只能在双工通信中使用；陆基导航是单工通信，单一信号接收机接收位于不同位置应急导航增强节点发射的信号，信号到达接收机时的功率差异较大而引起远近效应，因此可在信号接收端采用串行干扰抵消技术消除强信号，达到抑制互相关干扰的目的。串行干扰抵消技术的基本思想是首先在接收机稳定跟踪强信号后，根据跟踪环路实时反馈的信息，准确估计信号幅度、载波相位、码相位和数据比特等信号参数，重构出强信号，然后将重构的强信号从接收到的信号中减去，从而消除互相关干扰，达到抵消强信号的目的。基于串行干扰抵消技术的抗远近效应算法流程图有两个通道：强信号处理通道和弱信号信号处理通道。接收机对强信号进行相关捕获后转入信号跟踪阶段，达到稳定状态后估计强信号相应参数；由于发生远近效应，弱信号码相位信息无法准确被捕获，因而不进行信号跟踪。具体的工作流程如下。

（1）强信号在捕获完成后转入跟踪状态，弱信号则放弃跟踪，并通过延时模块缓存中频信号。

（2）强信号在稳定跟踪强信号后，由于载波数控振荡器和伪码数控振荡器不停复现载波和伪码信息，为此可通过跟踪环路获取载波频率、相位和伪码相位等信息，并从锁相环输出的 I 支路相干积分中解调出数据比特 D_2，计算信号幅度 $\hat{A}_2$，重构强信号 $\hat{r}_2(n)$。

（3）将重构出的强信号 $\hat{r}_2(n)$ 从中频信号中减去。

（4）弱信号通道 2 对经过干扰抵消后的信号进行信号处理，实现对弱信号的捕获与跟踪。

针对强信号对弱信号的互相关干扰问题，串行干扰抵消（Successive Interference Cancellation，SIC）是一种直接有效的抑制算法，影响算法性能的信号参数主要包括三个：载波相位、伪码相位和信号幅度。各个参数的估计误差都会对算法产生严重影响，算法性能随着单个参数的估计误差增大而恶化，若强信号各个参数能够估计准确，则可将强信号完全消除。

2）接收机定位基站的选择

目前，独立组网的应急导航增强定位系统尚处于研发和完善的阶段，对于实际应用中出现的基站选择问题的研究并不多，因此可以参考卫星导航中的选星算法设计应急导航增强节点基站的选择方法。在卫星定位领域中，接收机通常采用 DOP 最优标准作为接收机选择定位卫星的依据。但是与 GNSS 系统中接收机到各卫星距离大致相同、测量误差差异不明显的应用场景不同，应急导航增强节点基站布设在地面上，接收机到各基站的距离不同，测距误差存在明显的差异，不再满足 DOP 值对各单元测距误差基本相同的要求，所以 DOP 最优准则并不适用。为解决组合导航定位系统接收机选星时遇到的类似的问题，提出将加权精度衰减因子（Weighted Dilution of Precision，WDOP）最优标准作为接收机定位卫星选择的依据，解决伪距测量误差不同对选星和定位结果造成的影响。

（1）计算加权精度因子：在定位导航系统中，定位误差可表示为测距误差与 DOP 的乘积，其中 DOP 表示卫星/用户的相对几何布局对定位误差的复合影响，其数值越小，定位精度越高。因此，DOP 的大小成为卫星导航系统最佳星座选择，定位精度评估和完好性检测的重要依据。一般来说，DOP 是用定位误差协方差矩阵各分量之和与基准均方根伪距误差 σ_{UERE}^2 的比值来定义的。定位误差协方差矩阵为

$$\text{cov}(\,\mathrm{d}x) = (\boldsymbol{H}^{\mathrm{T}}\boldsymbol{H})^{-1}\sigma_{\text{UERE}}^2 = D\sigma_{\text{UERE}}^2 \tag{5.34}$$

$$\boldsymbol{H} = \begin{bmatrix} a_x^1 & a_y^1 & a_z^1 & 1 \\ a_x^2 & a_y^2 & a_z^2 & 1 \\ \vdots & \vdots & \vdots & \vdots \\ a_x^n & a_y^n & a_z^n & 1 \end{bmatrix} \tag{5.35}$$

式中：$\boldsymbol{H}$ 为系统的观测矩阵；$a_x^i, a_y^i, a_z^i(i=1,2,\cdots,n)$ 为第 i 颗卫星的方向余弦；n 为可见星数目。几种常用的精度因子可以表示为

$$\begin{cases} \text{GDOP} = \sqrt{D_{11} + D_{22} + D_{33} + D_{44}} \\ \text{PDOP} = \sqrt{D_{11} + D_{22} + D_{33}} \\ \text{HDOP} = \sqrt{D_{11} + D_{22}} \end{cases} \tag{5.36}$$

式中：GDOP 称为几何精度因子，表示位置和时间解的精度；PDOP 称为位置精度因子，表征三维方向上定位的精度；HDOP 为水平精度因子，只表征系统的水平定位精度。通过对导航系统定位误差协方差的分析，给出了 DOP 的推导过程。不难发现，各卫星的测距误差相等是保证 DOP 能准确地衡量系统定位精度的前提。在单系统卫星导航中，由于卫星所处轨道高度相同、与用户之间的距离很远，各卫星测距误差差异不大，所以可以将 DOP 作为最佳星座的选择依据。然而，在应急导航增强定位系统中，基站布设在地面上，到用户之间的距离不同，各观测量的伪距测量误差存在明显差异，DOP 值并不适合作为系统基站选择的依据，需要对 WDOP 进行研究。

（2）计算应急导航增强系统加权矩阵：将加权水平精度衰减因子

（Weighted Horizontal Dilution Of Precision，WHDOP）最优标准作为应急导航增强系统基站选择的依据，首先要确定系统的加权矩阵 W_n。在多星座组合导航定位中，往往根据经验值对卫星观测量进行系统级的加权。而在应急导航增强定位系统中，加权矩阵 W_n 与接收机和基站间的相对位置有关，无法根据经验值确定各观测量的权值，需要分析伪距测量误差的数学模型来确定系统的加权矩阵。应急导航增强节点接收机观测误差主要有以下几个来源：基站时钟同步误差，大气层延迟效应，接收机热噪声以及多径误差。其中应急导航增强节点各基站间采用 4.1.3 节中的时间同步法，同步精度优于 1ns，甚至可以达到皮秒级。

　　因此，基站时钟同步误差和大气层延时误差对伪距测量误差和定位精度的影响很小。考虑到应急导航增强节点的特殊性，多径误差较为严重，尤其是在码头集装箱堆场这种特殊的环境下，抵制和消除多径效应是独立组网的应急导航增强定位系统提供可靠的位置服务的重要环节。多径效应的预处理主要从信号设计、天线设计、数字信号处理以及定位导航计算四个方面进行。目前最成熟的地基伪卫星定位系统 Locata 基于空间分集、频率分集以及 Time-Tena 天线技术很好的削弱了多径效应对接收机定位的影响。在充分抵制多径效应、校正对流层延时的基础上，测距误差将主要取决于接收机热噪声误差。其导致的伪距测量误差主要取决于热噪声距离误差颤动和动态应力误差。当接收机使用相干鉴别器时测量误差均方根可以表示为

$$\sigma_{th} = \sqrt{\frac{B_n D}{2C/N_0}} \tag{5.37}$$

式中：B_n 为码跟踪环的噪声带宽；D 为超前减滞后相关器的间距将应急导航增强系统基准测距误差均方差设定为接收机距离基站。

　　（3）基于基站对 WHDOP 的贡献进行基站选择：在应急导航增强系统中，WHDOP 随接收机位置变化非常明显，每次定位前都需要重新选择基站，对基站选择的实时性提出了很高的要求。而由于在 WHDOP 求解的过程中存在矩阵相乘和矩阵求逆运算，通过对所有潜在基站组合求 WHDOP 从中选取最小值和对应基站组合的遍历法计算量较大，难以满足应急导航增强系统对定位实时性的要求。为了提高定位的实时性，降低基站选择的时间，参考卫星导航领域中以 DOP 次优标准为依据的快速选星法，设计了基于基站对 WHDOP 贡献的选站方法。

　　假设 W_n 是可视基站数为 n 时的观测矩阵，从中去掉一个基站，剩余 $n-1$ 个基站的观测矩阵是 H_{n-1}，两者的关系如下：

$$H_n^{\mathrm{T}} W_n H_n = H_{n-1}^{\mathrm{T}} W_{n-1} H_{n-1} + h^{\mathrm{T}} wh \tag{5.38}$$

式中：h 为去掉基站的观测量；w 为其对应的权值。采用 Sherman – Morrison – Woodbury 展开公式得

$$\begin{aligned} A_{n-1} &= (H_{n-1}{}^{\mathrm{T}} W_{n-1} H_{n-1})^{-1} \\ &= (H_n^{\mathrm{T}} W_n H_n - h^{\mathrm{T}} wh)^{-1} \\ &= A_n + A_n h^{\mathrm{T}} Sh A_n \\ &= A_n + E \end{aligned} \tag{5.39}$$

剩余 $n-1$ 个基站和接收机形成的几何结构的加权水平精度因子为

$$\begin{aligned} \mathrm{WHDOP}_{n-1}^2 &= A_{n_{11}} + A_{n_{22}} + E_{11} + E_{22} \\ &= \mathrm{WHDOP}_n^2 + E_{11} + E_{22} \end{aligned} \tag{5.40}$$

所以去掉的基站对 WHDOP_n 的贡献为

$$\Delta A_n = E_{11} + E_{22} \tag{5.41}$$

由式（5.41）可知，ΔA_n 越小，去掉基站后剩余基站的 WHDOP 越小，定位精度越高。所以在基站选择时，ΔA_n 较小的基站将不会被选中。以此为根据，基于基站对 WHDOP 贡献的基站选择方法具体步骤如下：

①根据接收机通道数量和用户对定位精度的要求，确定基站选择的数目 m。

②计算每个基站对 WHDOP 的贡献值 ΔA_n。

③确定 ΔA_n 的最小值，并去掉其对应的基站。

④对剩余基站执行步骤 2 ~ 3，直到剩余基站数目等于 m 时停止。

从分析各观测量测距误差的协方差开始，确定了适用于应急导航增强系统的加权矩阵；参考卫星导航中的方法，提出了基于基站对 WHDOP 贡献选站法。以 WHDOP 为依据选择基站，能够降低误差较大的观测值参与定位的可能性，在降低接收机计算量的同时提高定位的精度，动态、静态定位误差的平均值和标准差均小于采用 HDOP 选择定位基站和采用全部基站观测值定位的定位误差；基于基站对 WHDOP 贡献的基站选择方法，所选基站性能几乎与遍历法相同，而选站耗时有了明显的改善，在本章仿真条件下，单次选站时间耗时 1ms，远小于遍历法 0.5s 的选站时间，提高了系统定位的实时性。

5.3.2　融合定位算法

融合定位模式是指将应急导航增强节点网络与 GNSS 相结合，以提高定位精度和可靠性的一种技术。在这种模式下，应急导航增强节点发射与 GNSS 相似的信号，用户接收机可以同时接收 GNSS 和增强节点信号，实现同步接收。

通过这种方式，应急导航增强节点网络能够增强 GNSS 在复杂环境下的性能，如隧道、室内和城市峡谷等 GNSS 信号服务性能显著下降的地方。融合定位模式不仅可以扩展 GNSS 的覆盖范围和观测时段，还能从平面和高程方向上优化几何构型，降低精度因子，提高定位精度。

应急导航增强节点融合定位模式下，应急导航增强终端的信号处理基本流程和独立定位模式大体相同但又略有不同，具体流程如下。

（1）信号采集：使用多模多频天线，对增强节点信号以及 GNSS 信号进行接收和采集；

（2）信号预处理：对采集的原始信号进行滤波、放大、降噪等操作，对增强节点信号进行远近效应消除，以提高信号质量和可靠性；

（3）信号解调：将接收到的调制信号进行解调，还原出原始的数字信号；

（4）数据处理与解析：对解调后的数字信号进行处理和分析，包括信号处理算法的应用、数据解码、误码纠正等操作，并提取有用信息，如卫星位置、速度、时间等数据；

（5）数据融合：将增强节点信号和 GNSS 信号的数据进行融合处理，包括时间同步和多径效应消除，以提高定位精度和可靠性；

（6）定位解算：利用融合后的数据，通过定位算法（如基于载波相位差值的定位方法）计算用户的位置。

1. 融合定位原理

GNSS 观测模型可由下式表示：

$$\begin{cases} \rho_{r,j}^s = R_r^s + c(\delta t_r - \delta t^s) + \gamma_j I_{r,1}^s + T_r^s + b_{r,j} - b_j^s + e_{r,j}^s \\ L_{r,j}^s = R_r^s + c(\delta t_r - \delta t^s) - \gamma_j I_{r,1}^s + T_r^s + \lambda_j N_{r,j}^s + B_{r,j} - B_j^s + \varepsilon_{r,j}^s \end{cases} \tag{5.42}$$

式中：$\rho_{r,j}^s$ 和 $L_{r,j}^s$ 为卫星 s 到终端 r 在频率 j 上的码伪距和载波相位观测量；R_r^s 为终端与卫星天线参考点间的几何距离；c 为真空中的光速；δt_r 为终端钟差；δt^s 为卫星钟差；I_r^s 为频率 1 上的一阶电离层斜延迟，其他频率上的电离层延迟可通过系数 $\gamma_j = \dfrac{\lambda_1^2}{\lambda_2^2}$ 计算，其中 λ_j 为对应频率波长；T_r^s 为对流层斜延迟；$N_{r,j}^s$ 为整周模糊度；$b_{r,j}$ 和 b_j^s 分别为终端和卫星的码偏差；$B_{r,j}$ 和 B_j^s 分别为终端和卫星的相位偏差；$e_{r,j}^s$ 和 $\varepsilon_{r,j}^s$ 分别为码伪距和载波相位的随机噪声。

应急导航增强服务节点 p 的信号不存在电离层延迟，因而观测模型可简化为

$$\begin{cases} \rho_r^p = R_r^p + c\delta t_r + b_r - b^p + e_r^p \\ L_r^p = R_r^p + c\delta t_r + \lambda_r N_r^p + B_r - B^p + \varepsilon_r^p \end{cases} \tag{5.43}$$

天线相位中心偏差可以通过具体模型进行标定和修正；相位缠绕也可以通过模型准确计算，多路径误差难以模型化，通常当作噪声处理，所以这里不再列出。为了消除秩亏，一种解决办法是对参数重整。重整参数后的公式为

$$\begin{cases} \bar{\rho}_{r,j}^s = R_r^s + c\delta\bar{t}_r + \gamma_j \, \bar{t}_{r,1}^s + m^s T_{r,w} + e_{r,j}^s \\ \bar{L}_{r,j}^s = R_r^s + c\delta\bar{t}_r - \gamma_j \, \bar{t}_{r,1}^s + m^s T_{r,w} + \lambda_j \bar{N}_{r,j}^s + \varepsilon_{r,j}^s \end{cases} \tag{5.44}$$

其中：

$$\begin{cases} c\delta\bar{t}_r = c\delta t_r + \alpha \cdot b_{r,1} + \beta \cdot b_{r,2} \\ \bar{t}_{r,1}^s = i_{r,1}^s + \beta(b_{r,1} - b_{r,2}) \\ \bar{N}_{r,j}^s = N_{r,j}^s + \dfrac{B_{r,j}}{\lambda_j} - \dfrac{[(\alpha \cdot b_{r,1} + \beta \cdot b_{r,2}) - \gamma_j \beta(b_{r,1} - b_{r,2})]}{\lambda_j} \\ \alpha = \dfrac{f_1^2}{f_1^2 - f_2^2} ; \beta = -\dfrac{f_2^2}{f_1^2 - f_2^2} \end{cases} \tag{5.45}$$

其中：$\bar{\rho}_{r,j}^s$ 和 $\bar{L}_{r,j}^s$ 是经过精密卫星轨道、卫星钟差、卫星偏差和干对流层修正后的观测量；m^s 是对流层映射函数；$T_{r,w}$ 是天顶对流层湿延迟。单个历元 n 颗卫星的观测方程为

$$\bar{\boldsymbol{\rho}}_{r,1} = \boldsymbol{R}_r + \boldsymbol{E}_n c\delta\bar{t}_r + \bar{\boldsymbol{l}}_{r,1} + \boldsymbol{m}T_{r,w} + \boldsymbol{e}_{r,1} \tag{5.46}$$

$$\bar{\boldsymbol{L}}_{r,1} = \boldsymbol{R}_r + \boldsymbol{E}_n c\delta\bar{t}_r - \bar{\boldsymbol{l}}_{r,1} + \boldsymbol{m}T_{r,w} + \lambda_1 \bar{\boldsymbol{N}}_{r,1} + \boldsymbol{\varepsilon}_{r,1} \tag{5.47}$$

$$\bar{\boldsymbol{\rho}}_{r,2} = \boldsymbol{R}_r + \boldsymbol{E}_n c\delta\bar{t}_r + \gamma_2 \bar{\boldsymbol{l}}_{r,1} + \boldsymbol{m}T_{r,w} + \boldsymbol{e}_{r,2} \tag{5.48}$$

$$\bar{\boldsymbol{L}}_{r,2} = \boldsymbol{R}_r + \boldsymbol{E}_n c\delta\bar{t}_r - \gamma_2 \bar{\boldsymbol{l}}_{r,1} + \boldsymbol{m}T_{r,w} + \lambda_1 \bar{\boldsymbol{N}}_{r,2} + \boldsymbol{\varepsilon}_{r,2} \tag{5.49}$$

其中：$\bar{\boldsymbol{\rho}}_{r,j} = [\bar{\rho}_{r,j}^1, \cdots, \bar{\rho}_{r,j}^n]^{\mathrm{T}}$ 和 $\bar{\boldsymbol{L}}_{r,j} = [\bar{L}_{r,j}^1, \cdots, \bar{L}_{r,j}^n]^{\mathrm{T}}$ 分别为单历元的码和相位观测向量。$\boldsymbol{R}_r = [R_r^1, \cdots, R_r^n]^{\mathrm{T}}$ 为几何距离向量；$\boldsymbol{E}_n$ 是元素 1 的 n 维列向量；c 为真空中的光速；$\bar{\boldsymbol{l}}_{r,1} = [\bar{l}_{r,j}^1, \cdots, \bar{l}_{r,j}^n]^{\mathrm{T}}$ 为电离层延迟向量；$\boldsymbol{m} = [m^1, \cdots, m^n]^{\mathrm{T}}$ 为对流层映射函数向量；$\bar{\boldsymbol{N}}_{r,j} = [\bar{N}_{r,j}^1, \cdots, \bar{N}_{r,j}^n]^{\mathrm{T}}$ 为模糊度向量；$\boldsymbol{e}_{r,j}$ 和 $\boldsymbol{\varepsilon}_{r,j}$ 为码和相位的观测噪声向量。随机模型可以表示为 $\boldsymbol{Q}_r = \mathrm{diag}(\sigma_{r,P}^2, \sigma_{r,L}^2) \otimes \boldsymbol{I}_2 \otimes \boldsymbol{W}_n^{-1}$，其中 $\sigma_{r,P}$ 和 $\sigma_{r,L}$ 分别为码和相位在天顶方向的精度。$\boldsymbol{I}_2$ 为 2×2 的单位矩阵，$\boldsymbol{W}_n$ 为与高度角相关的权阵。

与 GNSS 类似，应急导航增强服务节点的观测模型也需要重整参数消除

秩亏：

$$\begin{cases} \bar{\rho}_r^p = R_r^p + cd\bar{t}_r + e_r^p \\ \bar{L}_r^p = R_r^p + cd\bar{t}_r + \lambda_r \bar{N}_r^p + \varepsilon_r^p \end{cases} \quad (5.50)$$

其中：

$$\begin{cases} \bar{\rho}_r^p = \rho_r^p + b^p \\ \bar{L}_r^p = L_r^p + B^p \\ c\delta\bar{t}_r = c\delta t_r + b_r \\ \bar{N}_r^p = N_r^p + (B_r - b_r)/\lambda_r \end{cases} \quad (5.51)$$

则单个历元 m 颗卫星的观测方程为

$$\begin{cases} \bar{\boldsymbol{\rho}}_r = \boldsymbol{R}_r + \boldsymbol{E}_p c\delta\bar{t}_r + \boldsymbol{e}_r \\ \bar{\boldsymbol{L}}_r = \boldsymbol{R}_r + \boldsymbol{E}_p c\delta\bar{t}_r + \lambda_r \bar{\boldsymbol{N}}_r + \boldsymbol{\varepsilon}_r \end{cases} \quad (5.52)$$

2. 关键技术

空间和时间同步是融合定位的前提，下面对其进行详细描述。

1）空间同步

依据国际规定，应急导航增强服务节点不得在 GNSS 使用的 L 频段内发射信号。因此，这类增强设备转而在 2.4GHz 的 ISM 频段发射信号。这种频段的不同要求使用两套独立的天线系统：一套用于接收 GNSS 信号；另一套用于接收紧急导航增强信号。这两类天线之间的相对位置向量被称作杠杆臂向量。为了整合 GNSS 和应急导航增强信号，必须对杠杆臂向量进行校正。在动态定位场景下，由于载体姿态的变动，杠杆臂向量也会随之变化。为了测量这个向量，可以增设一个额外的 GNSS 天线，如图 5-10 所示。三个天线的相位中心应尽可能地布置在同一直线上，可用性增强应用终端的天线位于两个 GNSS 天线之间。这样，主 GNSS 天线与可用性增强应用终端天线之间的相对位置就可以通过这种布局来确定。

$$\boldsymbol{x}_p^e = \boldsymbol{x}_{\mathrm{GNSS},M}^e + \frac{1}{2}\boldsymbol{l}_{S,M}^e \quad (5.53)$$

式中：$\boldsymbol{x}_p^e$ 和 $\boldsymbol{x}_{\mathrm{GNSS},M}^e$ 分别为可用性增强应用终端天线和主 GNSS 天线在 WGS84 地球坐标系下坐标；$\boldsymbol{l}_{S,M}^e = \boldsymbol{x}_{\mathrm{GNSS},S}^e - \boldsymbol{x}_{\mathrm{GNSS},M}^e$ 为主天线到从天线的杆臂向量。该向量可以采用动基站 RTK 定位模型获取。

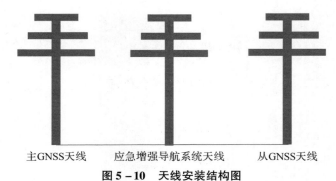

主GNSS天线　　　应急增强导航系统天线　　　从GNSS天线

图 5 – 10　天线安装结构图

由于 $\boldsymbol{x}_p^e$ 和 $\boldsymbol{x}_{\mathrm{GNSS},M}^e$ 的关系已知，在融合定位系统中只需要估计其中一个即可。在该融合定位系统中，将 $\boldsymbol{x}_p^e$ 选择作为位置估计参数，原因有以下两点：

（1）应急导航增强服务节点与可用性增强应用终端之间的距离较近，相较于 GNSS 卫星，它们对线性化误差更为敏感。这种误差可能导致定位结果偏离真实位置，并可能影响定位的收敛速度和模糊度的解算。因此，选择一个更精确的位置进行线性化处理是至关重要的。

（2）当 GNSS 信号在复杂环境中不可用时，定位系统会转为独立工作模式。在这种模式下，由于无法通过 RTK 技术获得杠杆臂向量，也就无法将应急导航增强节点的位置参数 $\boldsymbol{x}_p^e$ 转换到 GNSS 坐标系中的 $\boldsymbol{x}_{\mathrm{GNSS},M}^e$。因此，在这种情况下，不宜将 $\boldsymbol{x}_{\mathrm{GNSS},M}^e$ 作为定位参数。

GNSS 软件中普遍集成了天线高度校正模型，这一模型同样可以用于杆臂校正以简化实现过程。不过，天线高度通常是在本地坐标系中定义的，所以需要先将杆臂向量转换至本地坐标系中，以便应用这一模型。

$$\Delta h_{\mathrm{enu}} = -\frac{1}{2}\boldsymbol{C}_e^n \boldsymbol{l}_{s,M}^e \tag{5.54}$$

式中：$\boldsymbol{C}_e^n$ 为从地球坐标系到局部导航坐标系的转换矩阵，这个矩阵与接收机的当前位置有关，可以通过 GNSS 的标准单点定位（Standard Point Positioning，SPP）来获得接收机的大致位置。因此，杆臂向量可以被看作是随时间变化的"天线高"，需要在每个测量周期内重新计算以保持准确。

2）时间同步

（1）自闭环时间同步：建立应急导航增强服务节点的同步接收机对应急导航增强服务节点的信号发射机的伪距测量方程如下：

$$\rho_i^m = R_i^m + c \times (\delta t_i - \delta t^m) + \varepsilon_i^m \tag{5.55}$$

式中：ρ_i^m 为应急导航增强服务节点的同步接收机到应急导航增强服务节点信号发射机的伪距值；$R_i^m = \sqrt{(x_i - x^m)^2 + (y_i - y^m)^2 + (z_i - z^m)^2}$ 为应急导航增强

服务节点同步接收机和应急导航增强服务节点信号发射机之间的几何距离；δt_i 为同步接收机的钟差；δt^m 为应急导航增强服务节点的系统时间偏差；c 为光速。自闭环融合定位原理如图 5 – 11 所示。

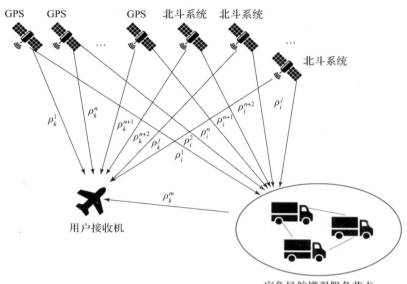

图 5 – 11　自闭环融合定位原理

建立应急导航增强服务节点同步接收机对 GNSS 的伪测距测量方程如下：

$$\rho_i^j = R_i^j + c \times (\delta t_i - \delta t^j) + \delta \rho_R + \delta \rho_1 + \delta \rho_T + \varepsilon_i^j \qquad (5.56)$$

式中：ρ_i^j 为同步接收机对 GNSS 的伪距值；$R_i^j = \sqrt{(x_i - x^j)^2 + (y_i - y^j)^2 + (z_i - z^j)^2}$ 为同步接收机到导航卫星的几何距离；(x^j, y^j, z^j) 为导航卫星位置；(x_i, y_i, z_i) 为同步接收机的位置；$\delta \rho_R$ 为星历误差；$\delta \rho_1$ 为电离层误差；$\delta \rho_T$ 为对流层误差；δt_i 为导航卫星的时间偏差。由于应急导航增强服务节点接收天线的坐标已知，可计算 GNSS 卫星的钟差校正值为

$$M^j = \rho_i^j - P_i^j = c \times (\delta t_i - \delta t^j) + \delta \rho_R + \delta \rho_I + \delta \rho_T \qquad (5.57)$$

式中：M^j 为 GNSS 钟差校正值。可计算得到应急导航增强服务节点的钟差校正值 $M^m = \rho_i^m - R_i^m = c \times (\delta t_i - \delta t^m)$，从而实现自闭环时间同步。

（2）非同步融合定位：根据传统的伪距测量方程，从用户终端到阵列应急导航增强服务节点信道 i 和 j 的伪距测量 ρ_i 和 ρ_j 被分别建模为

$$\begin{cases} \rho_i = \sqrt{(x - x_i)^2 + (y - y_i)^2 + (z - z_i)^2} + T_i + (t_r - t_i) + \varepsilon_i \\ \rho_j = \sqrt{(x - x_j)^2 + (y - y_j)^2 + (z - z_j)^2} + T_j + (t_r - t_j) + \varepsilon_j \end{cases} \qquad (5.58)$$

式中：ρ_i、ρ_j 分别为用户位置 (x, y, z) 和第 i 个应急导航增强服务节点天线的位置 (x_i, y_i, z_i) 之间的距离，以及第 j 个应急导航增强服务节点天线的位置 (x_i, y_i, z_i) 之间距离；T_i 和 T_j 分别为应急导航增强服务节点 i 和节点 j 的对流层延迟；t_r 为接收机时钟误差；t_i 和 t_j 分别为应急导航增强服务节点 i 和节点 j 的时钟误差；ε_i 和 ε_j 分别为应急导航增强服务节点 i 和节点 j 的多径和接收机热噪声误差。

在式（5.58）中，由于应急导航增强服务节点在同一时刻发射信号，通道 i 和 j 的时间偏差相同，即 $t_i = t_j$，所以 ρ_j 和 ρ_i 之间的差可以写为 $\Delta\rho_{ij} = \sqrt{(x-x_i)^2 + (y-y_i)^2 + (z-z_i)^2} - \sqrt{(x-x_j)^2 + (y-y_j)^2 + (z-z_j)^2} + \varepsilon_{ij}$。如果 $\sqrt{(x-x_i)^2 + (y-y_i)^2 + (z-z_i)^2} = r^i - r_u$，$\sqrt{(x-x_j)^2 + (y-y_j)^2 + (z-z_j)^2} = r^j - r_u$，则方程可以简化为

$$\Delta\rho_{ij} = \| r^i - r_u \| - \| r^j - r_u \| + \varepsilon_{ij} \tag{5.59}$$

如果方程中的非线性项定义为 F^{ij}，$F^{ij}(r_u) = \| r^i - r_u \| - \| r^j - r_u \|$，则它关于 r_u 的偏导数为

$$\frac{\partial F^{ij}(r_u)}{\partial r_u} = -\frac{(r^1 - r_u)^{\mathrm{T}}}{r^1 - r_u} + \frac{(r^2 - r_u)^{\mathrm{T}}}{r^2 - r_u} \tag{5.60}$$

如果根据牛顿-拉弗森（Newton-Raphson）法解更新过程所用的 r_u 的初始值被描述为 $r_{u,0} = (x_0, y_0, z_0)$，并且如果忽略 $F^{ij}(r_u)$ 的泰勒展开的二阶和高阶项，则第一更新解被表示为

$$F^{ij}(r_{u,1}) = \frac{F^{ij}(r_{u,0})}{\partial r_{u,0}} \Delta r_{u,0} + F^{ij}(r_{u,0}) \tag{5.61}$$

方程可表示为

$$\Delta\rho_{ij} = F^{ij}(r_{u,1}) + \varepsilon_{ij} \approx \frac{\partial F^{ij}(r_{u,0})}{\partial r_{u,0}} \Delta r_{u,0} + \partial F^{ij}(r_{u,0}) + \varepsilon_{ij} \tag{5.62}$$

这些阵列伪距的观测方程用矩阵的形式表示为

$$\begin{bmatrix} \dfrac{\partial F_0^{12}}{\partial x_0} & \dfrac{\partial F_0^{12}}{\partial y_0} & \dfrac{\partial F_0^{12}}{\partial z_0} \\ & \vdots & \\ \dfrac{\partial F_0^{ij}}{\partial x_0} & \dfrac{\partial F_0^{ij}}{\partial y_0} & \dfrac{\partial F_0^{ij}}{\partial z_0} \end{bmatrix} \begin{bmatrix} \Delta x_0 \\ \\ \Delta y_0 \\ \\ \Delta z_0 \end{bmatrix} = \begin{bmatrix} \Delta\rho_{12} - F_0^{12} \\ \vdots \\ \Delta\rho_{ij} - F_0^{ij} \end{bmatrix} + \begin{bmatrix} \varepsilon_{12} \\ \vdots \\ \varepsilon_{ij} \end{bmatrix} \tag{5.63}$$

式（5.63）的等号左侧的矩阵定义为 G，等号右侧的两个列矢量分别定义为 b 和 ε，有

$$G \cdot \Delta r_{u,0} = b + \varepsilon \qquad (5.64)$$

方程的解为

$$\Delta r_{u,0} = (G^{\mathrm{T}} G)^{-1} G^{\mathrm{T}} b \qquad (5.65)$$

通过下面公式迭代更新估计的位置为

$$\hat{r}_{u,1} = r_{u,0} + \Delta r_{u,0} \qquad (5.66)$$

从而得到无钟差测量方程，实现非同步应急导航增强系统与 GNSS 融合定位。

第 6 章
应急导航增强系统未来发展趋势

在现代信息化社会，应急导航增强系统成为了不可或缺的技术支撑，特别是在遇到自然灾害、事故灾难等紧急情况下，能够为救援团队提供精确的位置信息，保障救援行动的高效性和安全性。应急通信在抢险救灾、公共安全等领域发挥重要作用，市场需求持续增长，尤其是在海洋渔业、森林防火等场景。

6.1 通导一体化

卫星导航技术的发展与通信技术的发展相辅相成，通导一体化技术有助于提升导航性能的准确性和可靠性，同时提高通信的实时性和覆盖性，为紧急情况下的导航和通信提供了强有力的技术支持。纵观卫星导航技术的发展，卫星导航本质上也是一种具有特殊功能（即定位功能）的通信技术。它利用了通信传输中的技术和基本方法，如扩频调制技术、多址（包括码分、时分、频分、空分）技术等。这些技术的不断进步，为导航技术的发展与应用提供了坚实的基础。

目前，应急通信领域初步建立空、天、地、海一体化网络，融合5G、卫星通信等技术，提升应急响应效率。应急通信管理着力建立跨部门、跨层级、跨区域的协同联动和信息共享机制，健全通信保障应急预案体系。应急通信技术和产品向空天领域扩展，装备数智化水平提升，应急通信标准体系和装备测试能力正在加快推进。

尽管卫星导航定位系统定位精度高、覆盖地表范围广，但是，在人口密度较集中的城市区域信号易于受遮挡的影响，尤其在室内应用环境中，卫星导航定位信号被削弱，定位精度和定位概率下降较大，甚至无法为用户提供基础的定位导航授时服务。而通信技术可为卫星导航定位系统提供信号覆盖和通信方面上的辅助。地面移动通信网能够很好地解决信号在室内外、城市等区域的覆盖问题，但是地面移动通信网的定位精度很低（一般超过 50m），远远不能满足用户对于导航和定位服务等方面位置需求。因此，将卫星导航系统与移动通信系统进行信号层面或信息层面上的融合，卫星导航系统发挥其定位精度高的优势，移动通信系统提供优异的信号覆盖，从而为用户提供更加强大、健全的位置服务，实现用户与用户之间和用户与用户中心之间更加及时、有效的交流，更好地服务于监控、指挥和救援的应急导航场景。

通信和导航的一体化设计具有单一系统不具备的优势并为通导系统的性能提供了额外的增益。从应用层面看，多个节点间实时通信交换位置信息，能有效提升定位性能、合理分配功率；导航定位系统能够进一步提升通信网络的运行质量。在物理层面上看，通信和导航波形如果在载波频率、射频天线、波形设计、调制方式和信号处理等方面实现统一，就能实现通信、导航定位系统更深层次的一体化融合设计，极大地降低了网络系统资源占用、信号处理复杂度，减少了频谱占用和能量消耗。因此，研究通信和导航一体化具有十分重要的意义。从通信和导航的研究目标和应用来看，一体化的实现方式可以有以下两种：

1）应用层融合

由于通信和导航定位在业务上具有耦合关系，于是出现了将通信系统和导航定位、测距系统简单明了地组合相加形成的系统。这种系统中，通信系统处理通信信号，导航系统处理导航、定位或测距的信号，两者占用不同的信号带宽、互不干扰。较为典型的例子如 2002 年中国科学院提出的中国转发式卫星导航定位系统（China Area Positioning System，CAPS）。它由地面站产生导航电文和测距码，上行发送至通信卫星；利用通信卫星上的信号转发器，再下行广播给目标用户来实现定位。这种做法，可以减少甚至不发射专门的导航卫星，利用通信卫星来组成导航星座，可以极大地降低导航系统部署的时间和成本。这种系统是一种通信和导航的资源整合，使不同的功能在一个系统上实现，但是并没有真正做到从物理层到应用层的融合设计。因此，也就没有信号处理中的相互辅助和性能上的提升。

最早进行研发和应用的通导融合主要是指通过移动终端设备和移动通信网络的配合，提供一定精度的位置信息和地理坐标，并结合导航系统的接收端设备，为用户提供更高精度的位置服务。这种融合系统从本质上讲是提供移动增值服务的位置服务系统。最早的基于位置的服务（Location Based Services，LBS）源于北美，为了改善公众安全系统，美国联邦通信委员会于 1996 年 7 月正式将移动电话定位列为其增强型应急救援系统实施的强制规范，对移动台的定位精度作了明确的规定。20 世纪初，欧盟对欧洲的无线应急呼叫也提出了类似的要求。

美国军方在最开始进行 GPS 系统的规划、设计和应用的时候，并没有专门在其中添加通信相关的功能。但是随着用户对基于位置服务的通信功能的需求不断增加和通信技术、导航技术的日益成熟和发展，必须着手考虑解决此问题。就目前现有的设计理念和技术来讲，通常采用的方式是将卫星导航系统与卫星通信系统或者地面移动通信系统进行结合，尤其随着移动设备的飞速普及，形成了比较成熟和广泛应用的 A – GNSS 技术，其中的 A 即为 Assistant，即通过卫星通信系统和地面移动通信系统为卫星导航系统提供辅助性的增值服务。在满足基本的定位需求外，使用户设备具备了导航相关的报文功能，既增强了 GNSS 的导航功能，又提高了定位信号捕获的速度和最终定位的精度，极大的方便人们的生活。

2008 年 7 月，美国海军研究室联合波音公司推出"高度完善全球定位系统"计划，旨在推动低地球轨道通信卫星系统在军事方面的应用，并于 2009 年 7 月完成对铱星星载计算机的增强型窄带软件升级，提供在轨可重编程功能。在提高定位精度和抗干扰能力的同时，加快地面轨迹变换速度，提高信号功率和传输带宽（铱星现役星座的带宽为 2400b/s），实现更快速更准确的捕获、跟踪、解算，以便更实时地实现导航定位和授时。

德国宇航局提出了 L 波段数字航空通信系统，既具备导航功能，又有通信功能，并且采用加权最小二乘进行定位解算，同时采用扩展卡尔曼滤波技术。但尽管如此，精度仍然不高（10m），只能在大基站数目和巡航阶段达到米级精度。目前使用较多的通用访问收发机（Universal Access Transceiver，UAT）和 1090MHz 扩展电文（1090MHz Extended Squitter，1090ES）的空空数据链必须依靠卫星定位的结果，才能达到飞机自动相关监视的目的，不能直接作为卫星定位的代用系统，也不能与卫星导航定位融合后提供更好的安全性和完好性。

2）物理层融合

通信与导航一体化波形设计。在信号帧结构方面，通信一般为带特殊前导训练字的突发通信信号帧结构，通信系统依靠前导训练字快速地完成捕获和同步，而导航信号一般为不含前导训练字的扩频信号帧结构，依靠扩频码完成导航信号的捕获、同步估计和跟踪。通过一体化波形设计使通导系统在信号和信息两个层面上进行融合，使得通信网络和导航定位系统共用一个波形却仍能正常运行。另外，还可以通过通信与导航定位的信号处理和相互辅助同步方法进行融合。通信和导航发送机主要完成信道编码、调制映射、上变频、波束成形等环节；通信和导航接收机主要完成波束对准与跟踪、下变频、信号捕获、载波和符号同步、判决、信道译码、测距测向等环节。针对通信导航一体化波形，可以从两者的发送或者接收方法环节进行优化，使导航定位系统获得更高的定时定位精度，通信系统获得更低的误码率。

　　近年来，针对通信和导航一体化波形的设计已经有了一些理论研究和工程实践成果。约翰霍大学的应用物理实验室（Applied Physics Laboratory, APL）提出了 APL 系统，融合了通信与导航，利用 TDMA 循环测距方法实现相对导航定位。但由于 TDMA 系统时延较大，目前国内外的导航系统中已较少采用。雷达通信和测距一体化波形设计也可作为通信导航一体化波形设计的参考。西安电子科技大学的陈文娟以雷达信号作为载波，通过模糊函数的仿真证明加载通信信号之后，并不会对雷达信号的测距定位功能造成影响。在此基础上，用通信信号控制雷达信号脉幅、脉宽、到达时间等参数，实现在无先验知识条件下对雷达参数的准确估计。

　　南京大学冯奇从通信和导航的基本性能指标出发，提出了基于向量正交频分复用（Vector Orthogonal Frequency – Division Multiplexing, V – OFDM）调制的通信和导航一体化系统。为了降低通信导航一体化系统的误码率，他对比了瑞利信道下不同解码方法的误码率性能并对解码复杂度进行了研究。为了确保一体化系统的可靠传输，他提出了 V – OFDM 系统数据和导频通道的分配方案。在此基础上，针对 V – OFDM 稀疏的矩阵结构，提出了一种基于部分分集球形解码接收机的方案。同时，为了提高一体化系统精确定位的性能，基于导频在导航系统中的重要性，他给出了 V – OFDM 系统导频信道的分配和具体的信号设计方案。通过仿真对比说明该系统具有频带利用率高、适合长距离高速传输、误码率低、时延估计均方误差小的特点，然而，该波形的低误码率意味着解码的高复杂度，如何更好地选取球面半径使两者性能均提升依然是个挑战。

　　北京邮电大学邓中亮教授率领研发团队研制出基于时分码分正交频分复用（Time and Code Division – Orthogonal Frequency – Division Multiplexing, TC – OFDM）技术的导航系统与通信系统进行融合的新型信号体制，构建天地一体化的室内外无缝定位体系，实现了基于移动通信系统基站的广域室内外无缝定位，并且定位精度大大提高，水平定位精度达到 3m，高度方向精度达到 1m，TC – OFDM 导航通信融合系统首次突破基于移动通信网络的广域室内外关键技术，具有自主知识产权，为在国家应急救援、公共安全服务等方面提供广域室内外导航定位服务基础技术。

随着移动通信技术的不断发展，和 5G 通信系统、6G 网络建设的不断推进，通信网的覆盖面积几乎遍布全球，移动端的通信越来越广泛、便捷和迅速，为导航定位系统提供了良好的技术和设备基础。导航系统和通信系统的融合，既有提供更优的位置服务的必要性，又有实现融合的技术可行性。随着未来移动通信技术的不断创新发展，随着通信、导航和遥感技术的深度融合，应急导航能力将得到显著提升。

6.2 协同导航

在紧急情况下，如自然灾害、军事行动或重大安全事故中，应急导航服务是实施有效救援和保障人员安全的关键。智能集群系统成为应急场景中不可或缺的手段，其通过集成多种传感器、通信技术和人工智能算法，极大地提升了应急导航的弹性和准确性。在这些集群系统中，协同导航技术是核心组成部分，尤其在 GNSS 受到干扰或欺骗时，无人机集群的协同导航能力显得尤为重要。协同导航技术通过整合各无人机的传感器数据和通信能力，实现了集群中个体间的信息共享和协同决策，从而提高了整个集群在执行任务时的导航精度和鲁棒性。

在集群协同导航领域，研究人员已经提出了多种算法和体系架构。早在2008 年，英国就提出了一种在卫星导航信号失效或者卫星拒止情形下的微型飞行器进行协同导航的方法，该方法通过收集相邻无人机的惯性测量单元（Inertial Measurement Unit，IMU）量测信息，进而根据无人机之间的相对方位约束使用扩展卡尔曼滤波估计导航状态，在 GPS 不可用的条件下可有效约束无人机的姿态估计误差漂移，不过对位置估计精度的提升有限。这种方法通过对无人机之间的信息进行融合滤波来估计导航状态，本质上是基于贝叶斯估计的协同导航算法，因此也不可避免地需要解决系统的非线性、量测噪声的非高斯性等问题，存在较大的优化空间。2009 年，麻省理工学院针对无线传感器网络的协同定位问题，从估计理论和因子图出发，提出了基于马尔可夫场的网络协作定位模型，并采用超宽带（Ultra Wide Band，UWB）测距设备对算法进行了实际验证，结果表明该算法定位结果明显优于非协作定位情形，但是计算量大、对通信带宽需求较大，且在动态场景下定位性能表现不佳。到了 2015 年，奥尔堡大学对基于马尔可夫场的网络协作定位模型进行了改进，提出了一种基于混合消息传递算法的分布式协作定位方案，将置信传播和平均场消息传递分别用于与节点运动相关和观测相关的部分，计算量和通信要求均小于原有模型，但是定位性能却有所降低。近年，美国、意大利、法国等国家的科研人员针对传统协同导航的局限性进行了深入研究。2020 年，美国西弗吉尼亚大学解决了在 GNSS 拒止环境中一小群无人机的协同定位问题，提出了一种协同测距定位的算法，采用扩展卡尔曼滤波（Extended Kalman Filter，EKF）利用车辆间测距测量估计每个无人机在组内的相对姿态。2021 年，意大利那不勒斯大学提出 GNSS 对抗环境下无人机飞行的被动测距协同导航与视觉跟踪的方法，利用视觉与 GNSS 的有效融合来满足导航需求，同期，法国图卢兹大学提出全球导航卫星系统协同导航的多维尺度方法，采用基于多维尺度的协同定位 GNSS 方法解决传统协同导航方法的局限性。

国内方面，西北工业大学提出了一种基于信息熵理论和概率密度假设的滤波器用于多无人水下航行器协同导航过程中的位置估计。2018 年，北京航空航天大学提出了一种动态非参数置信度传播算法，用来解决编队系统内卫星导航接收机发生故障的无人机节点的定位问题，该算法通过结合非参数置信传播和粒子滤波算法，适用于非线性、非高斯模型，算法精度较高，但其本质上仍是基于马尔可夫场的网络协作定位模型，且采用粒子逼近方法导致计算量过大。2019 年，哈尔滨工程大学针对自主水下航行器（Autonomous Underwater Vehicle，AUV）集群协同导航在海中实际工作时遇到的受洋流影响的问题，提出了一种基于改进粒子群算法和无迹卡尔曼滤波（Unscented Kalman Filter，UKF）相结合的协同导航滤波算法，有效提高协同导航系统的定位精度。2020 年，中北大学针对 UKF 协同导航算法中噪声矩阵对滤波精度的影响，提出了一种基于粒子群–遗传算法结合的 UKF 协同导航算法的改进方法，减小协同导航系统中的量测误差，提高协同导航系统的性能。2021 年，海军航空大学研究基于联邦滤波算法的无人机集群分层协同导航算法，提高集群对导航信息的利用率以及集群导航性能的稳定性。此外，南京航空航天大学、西北工业大学、航空/航天各研究单位等院所，也积极推进该内容，并且进行了大量的分析。

国内外学者针对协同导航定位算法的研究主要可分为两类：一是基于贝叶斯框架；二是基于优化问题求解。然而对于复杂动态的环境如何最大程度提高实时性、降低计算量还需作进一步的研究。

1）基于优化的协同导航算法

协同导航问题可以采用非线性优化技术来求解。基于优化技术的分散式算法的实现形式不尽相同。有的是将导航状态的求解近似拆分为多个子问题，对每一个子问题应用优化技术求解。有的是采用某种优化技术求解整个协同导航问题，然后寻找这种优化算法的等价的分布式计算形式。

利用分布式优化算法可以对多个运动平台协同定位进行极大似然估计。例如，通过将整体状态的极大似然估计拆分为多个子问题，每个平台解决一个子问题，即根据自身的运动测量数据以及与其他平台之间的相对测量数据进行局部优化，在优化过程中将其他平台的位置作为常值处理。这种处理方式忽略了平台之间的相关性，易造成过优估计。

若将协同定位纳入二次约束二次规划问题的框架下，通过拉格朗日松弛可将其转化为凸优化问题求解。与贝叶斯估计算法相比，这种优化算法不必考虑平台状态的相关关系和模型线性化问题，并能给出一致的估计结果。尽管是针对静止多平台的协同定位设计的，这种优化技术可以推广应用到运动平台的协同定位，并且其分散式实现仅要求平台间交流观测信息。

同时，多运动平台的协同导航也可以建模为非线性最小二乘问题，采用列文伯格 – 马夸尔特（Levenberg – Marquardt）最小化算法法代求解，估计结果为极大验后估计。分散式算法实现的核心是利用分布式计算技术实现共轭梯度法和高斯 – 约旦消元法。这种方法的主要不足在于对平台间的计算同步要求严格。

通过李代数均值法也实现多平台的协同导航。单一平台不同时刻的相对位姿或者不同平台相同时刻的相对位姿可以在特殊欧氏群（Special Euclidean Group）中表示，利用李代数定义李群的均值，从而融合平台间相对位姿的信息，获得每个平台的位姿估计。李代数均值法的核心是最小二乘法，采用的分散式数据融合结构将每个平台都作为一个处理中心，每个平台广播自身的位姿估计和对其他平台的相对位姿观测。利用李代数均值法进行协同导航对平台的运动模型误差不敏感。但是，如何在理论上保证这种方法的性能还有待于进一步研究。

2）基于贝叶斯框架的协同导航算法

将协同导航问题建模为参数估计问题是一种比较独特的思路。通过法代求解线性方程组，可以获得最优线性无偏估计（Best Linear Unbiased Estimate，BLUE）。对一个协同导航问题，可以建立其测量图，测量图的结点集合对应所有平台在所有历史时刻的导航状态，测量图的边对应传感器的测量，包括同一个平台相邻两个时刻的运动测量和同一时刻不同平台之间的相对测量。导航状态的最优线性无偏估计。在没有先验知识的情况下，BLUE 与卡尔曼滤波的估计结果是等价的。线性方程组可以通过雅可比（Jacobi）迭代法求解，并且这种法代可以拆分到各个平台上实现。也就是说，每个平台建立一个测量子图, 子图的结点仅包含自身的状态和邻居的状态, 子图的边为与自身状态结点相关联的边。每个平台以邻居的状态为已知量, 对自身状态进行估计。每次法代后, 将当前估计广播到邻居平台, 并且从邻居平台获得邻居状态的最新估计。对动态系统, 如果要进行最优线性无偏估计, 那么计算量和存储量都是随时间无限增长的。为了限定计算量和存储量, 可以在仅包含近期状态结点的测量子图上进行近似估计。

针对卫星编队的协同导航, 研究人员提出了法代级联扩展卡尔曼滤波 (Iterative Cascade Extended Kalman Filter, ICEKF)。每个卫星根据本地的观测信息估计自身的导航状态 (轨道、速度), 然后将自身的状态估计广播到其他卫星; 在收到其他卫星更新的导航状态后, 每个卫星重新进行观测更新计算, 如此法代求解。ICEKF 算法中, 每个卫星在进行观测更新时, 假定其他卫星的状态是确定已知的。这种假定使得该算法在卫星间观测相对于 GPS 观测数量少且精度相当的情况下表现出良好的性能, 但当卫星间观测数量比 GPS 观测数量多或者精度高时, 算法性能大大降低。针对后面这种情形, 研究者对ICEKF 进行了改进, 考虑了其他卫星状态的不确定性。ICEKF 及其改进算法中都存在同一个观测量被多次融合的问题, 因此估计结果均为过优估计。

卡尔曼滤波、信息滤波等高斯滤波对满足线性和高斯假设的系统进行估计, 可以得到满意的估计结果。但是当实际系统的非线性、非高斯较强时, 受限于线性和高斯假设的高斯滤波很难得到好的估计效果, 此时粒子滤波是一种可选方案, 因为粒子滤波在理论上适用于任意的非线性、非高斯系统。自 20 世纪 80 年代以来, 粒子滤波吸引了来自不同领域的研究人员的重视。基于粒子滤波的分散式协同导航算法按照机器人之间是否共享粒子可以分为两类。

一类是每个机器人进行完整的粒子滤波。例如, 通过简化机器人之间相对观测带来的相关性, 每个机器人融合自身的运动传感器信息、对环境的感知信息以及机器人之间的相对观测信息, 利用蒙特卡罗 (Monte Carlo) 滤波估计自身的导航状态。这种对相关性的简化造成估计结果为过优估计。文中用两个机器人进行了实验, 机器人装备了摄像机和激光测距仪。

另一类是机器人之间共享部分粒子信息, 如基于三边定位 (Trilateration) 原理的多机器人协同导航。在空间上构成一个三角形的三个机器人的位置可以通过三角形的重心的位置及三条边的长度来表示, 因此, 研究者用粒子来表示三角形重心的位置, 从而间接表示三个机器人的位置。当仅对三个机器人进行定位时, 机器人之间直接共享权重大的粒子。当对多个机器人进行定位时, 由于机器人的分组关系是动态变化的, 因此机器人之间共享的是转化后的表示单个机器人位置的粒子。这种方法只利用到了同一个三角形之内机器人之间的相对测量，没有利用隶属不同三角形的机器人之间的相对测量。

协同导航具有下列优势：

（1）利用系统中其他平台的高精度导航信息，装备低精度导航设备的运动平台可以提高自身的导航精度。例如，在一个机器人群中，某些机器人配备了高精度惯导系统和全球卫星定位系统，其他机器人配备了码盘和超声波传感器，如果机器人间可以测量彼此之间的距离，那么部分机器人的高精度导航信息可以在机器人间共享，每个机器人的定位精度相比于独立导航时都会有所提高。

（2）多运动平台系统中，部分平台具有有界定位误差的导航能力（导航系统中含有无线电导航、卫星导航、地形匹配导航等），通过协同导航实现信息共享，可以使得系统中每个平台都具有误差有界的定位能力。例如，在进行协同导航的水下潜航器群中，某一个潜航器浮出水面进行 GPS 定位可以提高群中多个潜航器的定位精度，在减少机动能耗、增强隐蔽性的同时提高集群导航能力。

（3）当某些平台由于传感器或环境因素丧失独立导航能力时，协同导航可以在一定程度上恢复这些平台的导航能力。如果一个平台自身的导航系统无法正常工作，但是能够和其他正常工作的平台相互通信并且进行距离或者方位观测，那么这个平台的位置可以通过协同导航来估计。

未来协同导航技术将继续向高精度、高可靠性方向发展。随着高精度地图、量子导航、仿生导航等新技术的不断涌现和应用协同导航系统的定位精度和可靠性将得到进一步提升。同时 AI 和大数据技术的应用也将使得协同导航系统更加智能化和个性化能够根据用户需求提供更加精准的导航服务。

参 考 文 献

[1] ZUMBERGE J F, HEFLIN M B, JEFFERSON D C, et al. Precise point positioning for the efficient and robust analysis of GPS data from large networks[J]. Journal of geophysical research: solid earth, Wiley Online Library, 1997, 102(B3): 5005 – 5017.

[2] 周平. GNSS 精密单点定位及模糊度固定研究[D]. 西安: 长安大学, 2023.

[3] 孟键. 伪卫星定位技术与组网配置研究[D]. 郑州: 解放军信息工程大学, 2007.

[4] 刘尚雄, 王玲, 姚铮. 基于 NSGA – Ⅱ算法的地基伪卫星定位系统布站方法研究[J]. 计算机应用研究, 2020, 37(06): 1839 – 1843.

[5] Jiang, Q, Wang, T, Zhong, Y, et al. Research on Pseudo Satellite Positioning System based on Closed Environment[J]. Scientific Journal of Economics and Management Research, 2023, 5(3): 22 – 28.

[6] 陈健熊, 彭良福, 黄勤珍. Locata 定位系统的时间同步机制[J]. 全球定位系统, 2018, 43(02): 54 – 59, 64.

[7] 韩雅兰, 黄智刚, 赵昀. 基于双向测距的伪卫星网络高精度时钟同步方法研究[J]. 遥测遥控, 2010, 31(03): 8 – 11, 20.

[8] 吴刚, 刘银年, 王建宇. 伪卫星时钟同步方法的研究[J]. 光纤与电缆及其应用技术, 2007(02): 25 – 28.

[9] 黄星, 赵利, 蔡成林, 等. 伪卫星时钟同步算法的研究[J]. 测控技术, 2021, 40(01): 95 – 99.

[10] 陈竞. 基于无线反馈的分布式伪卫星时钟同步系统设计[D]. 桂林: 桂林电子科技大学, 2023.

[11] 江全, 王天国, 钟阳, 等. 基于封闭环境的伪卫星定位系统研究[J]. 经济管理研究, 2023, 5(03): 22 – 28.

[12] 曾凌川. 导航卫星激光星间链路信号体制与组网拓扑优化技术研究[D]. 中国科学院大学, 2023.

[13] 闫俊刚. 北斗全球导航系统组网与数传资源联合优化方法及其混合进化算法研究[D]. 国防科技大学, 2021.

[14] 张永兴. 北斗星基增强系统性能提升技术研究[D]. 长安大学 2023.

[15] 张键, 邵博, 田宇, 等. 北斗星基增强系统双频多星座服务覆盖范围评估[J]. 导航定位与授时, 2023, 10(5): 81 – 88.

[16] 刘瑞华, 耿海潮, 刘亮. 北斗星基增强系统性能评估分析[J]. 空间科学学报, 2023, 43(4): 736 – 746.

[17] Jun Xie, Haihong Wang, Peng Li, et al. Satellite Navigation Systems and Technologies [M]. Beijing: Beijing Institute of Technology Press, 2021.

[18] International Civil Aviation Organization. Guide for Ground Based Augmentation System Implementation [S]. 2013: 4 – 31.

[19]Sergio Camacho – Lara. Current and Future GNSS and Their Augmentation Systems[M]. New York:Springer, 2013.

[20]Jade Morton,Frank van Diggelen,Bradford Parkinson,et al. Position,Navigation,and Timing Technologies in the 21st Century: Integrated Satellite Navigation,Sensor Systems,and Civil Applications[M]. New Jersey : John Wiley & Sons,Inc. ,Hoboken,2020.

[21]范曹明. 高精度伪卫星系统关键技术研究与应用[D]. 山东大学,2022.

[22]蔚保国,甘兴利,李雅宁. GNSS伪卫星定位系统原理与应用[M]. 北京:国防工业出版社,2022.

[23]HOFFIELD H S. Tropospheric Effect on Electron – magnetically Measured Range:Prediction from Surface Weather Data[J]. Radio Science,1971,6(3):357 – 367.

[24]SAASTAMOINEN J. Contribution to the Theory of Atmospheric Refraction[J]. Bulletin Geodesique,1973 (107):13 – 34.

[25]Collins J P,Langley R B. A tropospheric delay model for the user of the Wide Area Augmentation System [J]. Final Contract Report for Nav Canada,Department of Geodesy and Geomatics Engineering Technical Report No. 187. Fredericton:University of New Brunswick,1997.